KB027361

다중 회귀

상호작용의 테스트와 해석

Leona S. Aiken · Stephen G. West 공저

조승빈 역

Multiple Regression : Testing and Interpreting Interactions

학지사

Multiple Regression: Testing and Interpreting Interactions
by Leona S. Aiken and Stephen G. West

이 역서는 부산대학교 기본연구지원사업에 의하여 출판되었음

역자 서문

회귀 모형, 특히 다중 회귀(multiple regression)는 사회과학의 연구의 통계 분석을 위해 가장 많이 사용하는 모형이라고 할 수 있다. 그뿐만 아니라 다중 회귀 모형은 다양한 통계적 모형의 기반이 된다. 예를 들어, 사회과학의 여러 분야에서 많이 사용하는 매개 모형, 선형 혼합 모형(linear mixed model), 구조방정식(structural equation) 모형 등은 다중 회귀 모형의 응용 또는 확장이라고 할 수 있다. 따라서 다중 회귀 모형에 대한 이해는 사회과학 연구의 통계 분석을 성공적으로 수행하기 위한 기반이 된다.

심리학을 비롯한 사회과학 분야의 연구는 많은 경우 귀납적이기보다는 연역적 성격을 가진다. 다시 말해, 통계 분석을 통해 현상을 설명하는 이론을 유도해 내기보다는 통계 분석을 통해 이론을 검증하는 것이 목적인 경우가 더 일반적이다. 다중 회귀 모형에서 상호작용은 결과에 영향을 미치는 예측 변인들 간의 복잡한 관계를 이해하는 도구로서 다중 회귀 모형을 통한 이론의 검증에서 중요한 역할을 한다. 구체적으로, 상호작용에 대한 테스트와 사후 규명(probing)을 통해 모집단(예를 들어, 문화권이나 성별) 간 예측 변인의 효과의 변화 또는 예측 변인의 효과가 증폭 또는 감소하는 조건을 파악할 수 있으며, 이러한 정보는 예측 변인이 결과 변인에 대해 가지는 효과의 기제에 대한 이해를 가능하게 한다.

1991년에 Aiken과 West가 집필한 『Multiple Regression: Testing and Interpreting Interactions』(다중 회귀: 상호작용의 테스트와 해석)은 그 제목에서 알 수 있듯이 다중 회귀의 여러 측면 중에서 특히 상호작용에 대한 이해를 다룬 기념비적 저서다. 이 책은 특히 연속형 변인의 상호작용에 대해 다룬다. 상호작용의 테스트와 해석은 연속형 변인의 경우 보다 범주형 변인의 경우에 더 직관적이고 명확하며 분산 분석(analysis of variance: ANOVA)의 맥락에서 분석과 해석의 지침이 잘 정립되어 있다. 그러나 이 책이 출판되기 전까지는 연속형 변인과 관련한 상호작용에 대한 테스트와 해석을 위한 절차와 지침이 명확하게 정리되어 있지 않았다. Aiken과 West는 이 책에서 연속형 변인과 관련된 상호작용의 테스트와 해석, 그리고 이를 위한 이론적 배경과 실질적인 절차를 제시하였다.

이 책의 내용은 상호작용을 포함하는 다중 회귀 모형의 이해를 위한 심도 깊고 포괄적인 논의를 담고 있으며, 선형 회귀 모형에 대한 기초적인 이해를 가지고 있다면 충분히 접근과 이해가 가능하다. 그러나 이 책은 다중 회귀 모형에 대한 개론서는 아니다. 따라서 이 책은 다중 회귀 또는 선형 회귀 모형에 대한 기본적인 이해를 가진 연구자가 상호작용을 포함하는 다중 회귀 모형을 자신의 연구에 사용하려고 할 때 분석의 설계와 수행, 결과의 해석을 위한 참고 서적으로서 적절한 역할을 할 수 있을 것이다. 또한 다중 회귀 모형을 다루는 통계학 수업의 부교재로 사용하기에도 유용하다.

이 책에서 제시한 방법은 지금까지 많은 연구에서 다중 회귀 모형의 상호작용을 분석하기 위한 표준적인 절차로 사용되었으며, 번역 작업을 마무리할 즈음에 구글스칼라에서 검색한 이 책의 인용 수는 약 52만 건에 달한다. 이 책이 출판된 지 벌써 30년 이상 지났지만 아직까지도 다양한 분야의 통계 수업에서 교재로 사용되고 있다는 사실은 다중 회귀의 상호작용에 대해 이 책만큼 심도 있고 폭넓은 내용을 담은 책을 찾기가 쉽지 않다는 것을 보여 준다. 역자 또한 대학원 시절에 이 책으로부터 많은 도움을 받았으며 번역 작업을 시작하면서 이 책이 아직 한국어로 번역되지 않았고 그 기회가 나에게 기회가 온 것이 행운이라는 생각을 하였다. 본 역서를 통해 다양한 분야의 연구자들이 다중 회귀를 이해하고 활용하는 데 도움이 되기를 희망한다.

역자 조승빈

저자 서문

사회과학자들은 오랫동안 변인들 간의 상호작용에 관심을 가졌다. 이론에 따라 가정되거나(hypothesized) 관계에 대한 한정조건을 정립하기 위한 시도에서 비롯되기도 하는 상호작용의 테스트는 사회과학자들의 연구에서 중요한 부분이었다.

1984년에 우리는 연속형 변인들 간의 복잡한 상호작용과 관련된 연구를 시작하였다. 비록 몇몇 좋은 논문과 여러 교과서의 작은 섹션에서 다중 회귀의 상호작용에 대해 언급했지만 그중 포괄적인 해법을 필요로 하는 학생과 동료들에게 권할 만한 것은 없었다. 이러한 상황은 범주 변인 간의 상호작용을 조사하는 절차의 설정과 명백히 대조된다. 많은 분산 분석(Analysis of Variance) 교과서들은 오랫동안 범주 변인 간 상호작용에 대한 테스트, 시각화, 사후 규명(probing)에 대해 심도 깊게 다루었다. 연속형 변인 간 상호작용이 상당수의 주요 심리학 학술지들에서 불완전하거나 적절하지 않게 다루어진다는 사실은 연속형 변인들 간의 상호작용의 분석에 대한 가이드라인이 심리학자들 사이에서 명확하지 못하다는 짐작에 대해 확신을 주었다. 물론 1984년에 일반적으로 받아들여진 절차는 분산 분석의 절차에 따라 연속형 변인들 간의 상호작용을 무시하거나 연속형 변인의 중간값을 기준으로 나누어 분석하는 것이었다. 따라서 다중 회귀에서 상호작용의 처리에 대한 포괄적 안내서 필요성은 명확하다. 그러한 안내서는 이러한 통계적 문제에 직면하게 되는 대학원생과 연구자 모두에게 유용할 것이다.

범주형 변인들 간 상호작용의 규명과 해석에 대해서 기존에 정리된 바와 같이, 이 책에서는 연속형 변인들 간 상호작용의 규명과 해석 방법에 대해 명확하게 정리할 것이다. 이 책에서는 비선형적 요소를 포함하는 2원, 3원 연속형 변인 상호작용의 규명과 해석 방법을 정리한다. 공분산분석(analysis of covariance)으로 일컬어지는 연속형 변인과 범주 변인 간 상호작용은 이 책에서는 일반적 방법의 특수한 경우로 취급될 것이다. 연속형 변인 상호작용의 검정력, 측정오차가 검정력에 미치는 영향도 다룰 것이다. 일반적인 컴퓨터 통계 패키지를 통한 사후테스트(post hoc tests) 방법에 대한 간단한 접근방법도 제시한다.

이 교재는 연속형 예측 변인과 결과 변인(criterion) 간 선형적 관계에 대한 다중 회귀에 익숙한 연구자와 대학원생을 위해 집필되었다. 따라서 일반적인 사회과학 저학년 대학원생이라면 이 책의 내용에 대해 접근할 수 있다. 이 책은 대학원 수준의 통계 수업의 부교재로 사용될 수 있다. 내용 이해를 위해 필요한 수학적 지식은 고등학교 수준의 대수(algebra)이다. 미적분과 선형대수도 등장하지만 그러한 수학적 개념에 익숙하지 않더라도 교재의 내용이나 그 적용에 대한 이해에 문제가 생기지는 않는다.

이 책의 집필에 많은 도움을 준 분들이 계신다. Ray Reno는 그중 가장 많은 기여를 하였다. Ray Reno는 교재 전반에 등장하는 시뮬레이션과 컴퓨터 분석을 제공하였다. 일반적인 통계 패키지를 이용한 회귀분석에 대한 지식이 있다면 누구나 Ray Reno가 작성한 예제 프로그램들을 통해 우리가 기술한 방법에 대해 접근할 수 있다. 그 외 원고를 읽고 심도 깊은 검토와 조언을 해 준 분들은 다음과 같다. Arizona State University의 Sanford Braver, Patrick Curran, Joseph Hepworth, Jenn-Yun Tein, Cornell University

의 Richard Darlington, University of Colorado의 Charles Judd, the University of Western Sydney, Macarthur의 Herbert Marsh, the University of Connecticut의 David Kenny, State University of New York, Albany의 James Jaccard. 이들의 조언(input)은 이 책의 최종판에 확실하게 반영되었다. David Kenny와 Patrick Curran의 매우 자세하고 꼼꼼한 조언에 특별한 감사를 표한다.

또한 Susan Maxwell의 상호작용에 대한 고찰에 감사한다. 마지막으로, Sage의 편집자인 Deborah Laughton의 격려와 조언, 융통성, 인내심에 감사하고 이 책의 제작을 위해 엄청난 수고를 하신 제작 편집자 Susan McElory에게 감사한다. 책이 나오기까지 관련 업무와 편집에 수고하신 Jane Hawthorne과 Kathy Sidlik에게도 감사를 표한다. Andrea Fenaughty는 참고문헌과 범례 제작에 큰 도움을 주었다. 집필을 보조한 대학원생 Ray Reno와 Jane Hawthorne, Kathy Sidlik는 College of Liberal Arts와 Sciences, Arizona State University의 지원을 받았다. Steve West는 National Institute of Mental Health의 P50MH39246 과제의 지원을 일부 받았다.

Leona S. Aiken과 Stephen G. West
1991년 1월 Tempe

차례

제 5 장 고차항 관계를 반영하기 위한 회귀방정식의 구조화 95

제 6 장 고차항을 가진 모형과 효과에 대한 테스트 139

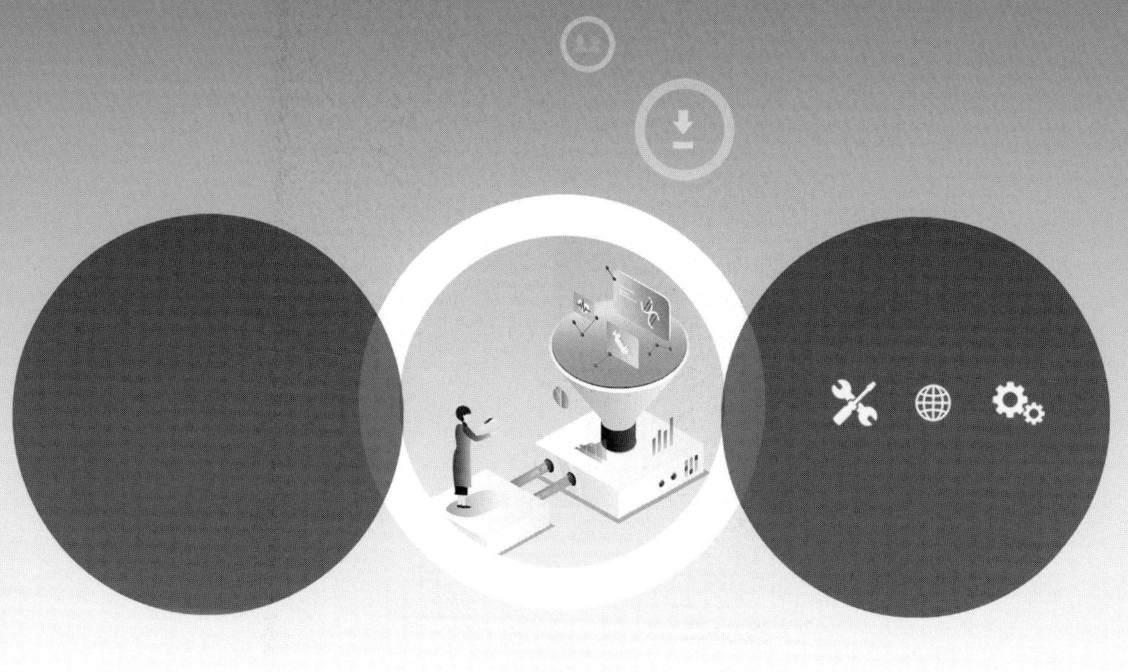

제 1 장

도입

이 책은 사회과학, 비즈니스, 교육 및 커뮤니케이션 분야의 연구자들이 일반적으로 직면하는 통계적 문제인 상호작용과 곡선형 효과를 포함하는 다중 회귀 모형의 구조화(structure), 테스트, 해석의 문제를 다룬다. 이 문제를 이해하기 위해 다음의 예를 살펴보자. 한 연구자가 생활스트레스(X)와 사회적 지지(Z)가 신체질환(Y)에 미치는 영향을 조사하고자 한다. 이 연구자는 큰 표본으로부터 각 변인에 대한 신뢰도 높은 연속형 척도로 측정된 자료를 수집하였다. 여러 연구 분야의 '표준 관행(standard practice)'으로 인식되는 방법에 따라, 연구자는 결과 변인과 두 예측 변인을 회귀분석 패키지에 입력하여 다음과 같은 익숙한 회귀방정식을 추정한다.

$$\hat{Y} = b_1X + b_2Z + b_0 \tag{1.1}$$

b_1과 b_2는 간단하게 테스트할 수 있으며 그 결과를 통해 스트레스와 사회적 지지 각각이 신체질환과 0이 아닌 선형 관계를 가지는지 알 수 있다. 이 책에서 회귀방정식을 작성할 때 항상 마지막 항으로 등장하게 될 b_0은 회귀 상수 또는 절편(intercept)을 나타내며, 보통 이론적 중요성을 가지지 않는 경우가 대부분이다. $\hat{Y}$는 Y의 예측값을 나타낸다.

그러나 이것이 연구자가 정말 테스트하고자 하는 회귀 모형인가? 다른 많은 사회과학자들과 마찬가지로 이 연구자의 관심은 식 1.1에 나타난 스트레스와 사회적 지지가 신체질환과 가지는 선형 관계가 아니다.

그것보다는 선행이론(Cobb, 1976; LaRocco, House, & French, 1980)에 따라 스트레스가 신체질환에 가지는 영향을 사회적 지지가 완화시킨다는 가설을 테스트하려고 한다. 다시 말해, 스트레스는 신체질환과 정적 관계가 있는 반면 그 관계의 강도는 사회적 지지가 강할수록 약화된다고 예측한다. 물론, 높은 수준의 사회적 지지가 있다면 스트레스와 신체적 건강 간에 미약한 관계만 존재할 것이다. 이러한 가설은 신체질환을 예측하는 데 있어 스트레스와 사회적 지지가 상호작용한다는 것을 의미하며 아래의 식 1.2로 표현할 수 있다.

$$\hat{Y} = b_1X + b_2Z + b_3XZ + b_0 \tag{1.2}$$

따라서 식 1.1로 연구자의 가설을 테스트할 수 없다.

위에서 설명한 스트레스-완충 모형과 같은 실질적인 이론들은 결과 변인의 값이 2개 이상의 예측 변인과 결합적으로(jointly) 관련되어 있다고 지정(specified)하는 경우가 많다. 또한, 새로운 분야의 실증적인 작업의 초기 단계에서 연구자들은 X가 Y를 유발한다는 형태의 일반적인 인과관계를 찾는 시도를 하는 경우가 많다. 그러한 관계가 정립되면 연구자들은 인과관계가 약화되거나(중재, moderated) 증폭되는(amplified) 조건을 찾게 된다. 이러한 것을 상호작용(interaction)이라고 한다.

많은 분야에서 단순한 선형 회귀방정식으로는 적절히 표현되지 않는 복잡한 가설에 대한 관심을 가지고 있다. 이러한 복잡한 가설은 상호작용뿐만 아니라 예측 변인과 결과 간에 곡선관계(curvilinear relationship)를 포함한다. 아래에 소개된 예시들을 통해 사회과학, 경영, 교육 등의 분야에서 사용되는 복잡한 가설들을 확인할 수 있다. 각 예에서 연구자의 가설을 적절히 테스트하기 위해 상호작용이나 곡선 효과, 또는 두 가지 모두를 포함하는 회귀방정식이 필요하다.

1. 근무 연수는 근로자의 연봉과 정적으로 연관되어 있다. 그러나 이러한 관계는 해당 직업군의 여성 근로자의 비율에 따라 달라진다. 근무 경험에 따른 연봉의 증가폭은 여성 근로자의 비율이 높은 직업군에 비해 여성 근로자의 비율이 낮은 직업군에서 더 크다(England, Farkas, Kilbourne, & Dou, 1988).
2. 많은 연구자들이 학생의 개인적 특성과 교실환경이 어울릴 때 수행이 향상된다는 가설을 세운다(Cronbach & Snow, 1977 참고). 그 예로, Domino

(1968, 1971)는 학생들의 개인적인 독립성과 선생의 지시적 태도 간의 상호작용이 그 과목에서 학생의 성적을 예측한다는 가설을 세웠다.

3. 근무 공간에 대한 연구들에 따르면 사람 수가 많은 사무실일수록 이직률이 높다는 것을 발견했다. 그러나 근무자들의 책상에 칸막이를 설치했을 경우 이러한 관계가 약화되었다(Oldham & Fried, 1987).
4. 지도력에 대한 이론들은 집단의 수행은 지도자의 스타일과 상황적 특성 간의 복잡한 함수라고 제안한다. 예를 들어, Fiedler(1967; Fiedler, Chemers, & Mahar, 1976)에서 우호적 상황(잘 조직된 작업, 지도자와 구성원 간의 원만한 관계, 강한 지도력)과 매우 비우호적 상황(조직되지 않은 작업, 지도자와 구성원 간의 갈등, 약한 지도력)에서는 작업 중심의 지도자가 가장 높은 집단의 수행을 이끌어 냈다. 그러나 중도적 상황에서는 작업 중심의 지도자를 가진 집단이 가장 낮은 수행을 보였다.
5. 미국 대통령의 법안 거부권 행사에 대한 한 연구에서 Simonton(1987)은 대통령이 거부권을 관철시키는 정도는 대통령 개인의 융통성의 정도와 선거에서 대통령을 지지한 선거인단의 비율 간의 상호작용을 반영한다는 가설을 세웠다.
6. 심리학의 한 고전적인 이론에 따르면(Yerkes & Dodson, 1908) 수행과 신체적 각성 간의 관계는 역 U 형태를 띤다. 최대 수행 지점과 관계의 형태는 작업의 난이도에 따라 결정된다.

이러한 가설들을 정식으로 테스트하기 위해 회귀방정식을 구성하는 일반적인 방법은 약 20년 전 사회과학 분야에서 처음으로 제안되었다. Cohen (1968)은 다중 회귀분석을 일반적인 분석 전략으로 제시하였다. 이러한 전략에 따르면 범주 변인과 연속형 변인의 조합은 범주 변인에 대한 적절한 더미 코딩을 통해 다중 회귀의 틀 안에서 분석될 수 있다. 상호작용은 회귀방정식의 곱셈항(produc term), 곡선형 관계는 고차항(higher order term)을 통해 포함할 수 있다.

그 외에도 Allison(1977), Blalock(1965), Southwood(1978) 등은 사회학에서, Friedrich(1982)와 Wright(1976)는 정치학에서 상호작용과 고차항과 관련된 복잡한 회귀 모형을 구성하고 테스트하는 방법을 제안하였다.

다중 회귀를 통해 상호작용과 곡선형 효과를 테스트하는 일반적 절차가 존재함에도 불구하고 사회과학, 경영학, 교육학의 많은 영역의 연구들이 이러한 절차를 따르는 일은 드물었다. 많은 연구자들이 앞에서 들었던 스트레스, 사회적 지지, 신체질환의 예처럼 잠재적인 상호작용 효과를 무시하고 단순덧셈 회귀 모형(simple additive regression model)을 활용하였다.

분산 분석(ANOVA) 모형의 활용에 대해 훈련받은 연구자들은 연속형 변인을 중간값(median)을 기준으로 분할하는 방법을 자주 사용하였다. 이러한 방법은 익숙한 2×2 요인 ANOVA의 절차를 사용할 수 있게 해 준다. 불행히도 이러한 방법 또한 상당한 문제를 수반한다. 연속형 변인을 그 중앙값 중심으로 분할하는 것은 정보의 손실을 일으키고 통계적 검정력을 감소시켜 실제로는 유의미한 효과를 발견하기 어렵게 만든다(Cohen, 1983). 중간값 분할 방법을 사용하는 경우 상호작용을 포함한 다중 회귀 접근에 비해 적절한 검정력을 얻기 위해 필요한 표본의 크기가 훨씬 크다. 결과 변인과 예측 변인 간에 고차함수 관계(higher order relationship)가 존재할 경우 중간값 분할 방법이 다중 회귀방법에 비해 상호작용을 제대로 보여주지 못하는 경우가 많을 수도 있다. 마지막으로, 다중 회귀 방법은 효과 크기와 설명된 분산의 비율을 추정하기 위해 예측 변인의 모든 정보를 사용한다.[1)]

사회과학의 한 분야에서 상호작용을 포함하는 다중 회귀를 사용하지 않음으로 인해 발생할 수 있는 문제를 보여 주기 위해, 다수의 연속형 예측 변인과 관련된 분석 결과가 자주 실리는 4개의 심리학 학술지에 대한 조

---

1) ANOVA 모형은 다음을 만족시킬 때 적절하다. ① 예측 변인이 연속형 변인이 아니라 불연속 변인일 때 또는 ② 예측 변인과 결과 변인 간의 관계가 선형이나 곡선형 함수가 아니라 단계적 함수(step function)일 때(Kenny, 1985). Cohen과 Cohen(1983; 또한 이 책의 제7장)이 보여 준 것처럼 이러한 경우에도 다중 회귀 접근이 잘 적용될 수 있다.

사를 실시하였다.[2)] 연속형 예측 변인과 관련된 분석 전략은 다음의 세 가지로 나누었다. ① 연속형 변인을 분할하여 범주 변인으로 변환한 ANOVA(대부분의 경우 중간값 기준), ② 상호작용을 포함하지 않는 다중 회귀, ③ 상호작용을 포함하는 다중 회귀. 두 개 이상의 연속형 변인을 포함하는 148개의 논문이 검색되었고, 그중 77%가 상호작용을 포함하는 다중 회귀가 아니라 ① 또는 ② 전략을 사용하였다. 비슷하게 교육학이나 경영학 등 다른 분야에서도 정식으로 조사하지는 않았지만 ①이나 ② 방법에 비해 상호작용을 포함하는 복합다중 회귀 모형(complex multiple regression: MR)의 활용은 드문 것으로 보인다.

Blalock(1965)과 Cohen(1968)이 사회과학의 일반적 자료 분석 전략으로 다중 회귀 모형을 제안한 지 20년 이상 지났다. 다른 저작물에서도 Cohen의 제안은 반복되어 왔다(예를 들어, Cohen & Cohen, 1975, 1983; Darlington, 1990; Kenny, 1985; Neter, Wasserman, & Kutner, 1989; Pedhazur, 1982). 두 개 이상의 예측 변인과 관련된 분석에서 연구자들이 이러한 전략을 이용하는 것이 늦어지는 이유는 무엇일까? 이러한 낮은 사용률의 가장 큰 이유는 연구자들이 실제로 다중 회귀 방법을 사용하고 그 결과를 해석할 때 겪게 되는 어려움이다. 이 책의 목표는 상호작용과 비선형 고차항을 포함하는 회귀방정식을 구성하고 테스트하고 해석하는 절차에 대한 상세한 설명을 제공하는 것이다. 이러한 목표를 위해, 연구자들을 혼란스럽게 만들었던 또 다른 요인인 기존 문헌의 혼란을 규명한 심리학, 사회학, 통계학의 최근 연구들을 종합한다.

제2장에서는 다중 회귀에서 두 개의 연속형 변인 간 상호작용의 해석에

---

2) 집필을 시작하면서, 1984년에 발행된 『Journal of Abnormal Psychology, 『Developmental Psychology』, 『Journal of Consulting and Clinical Psychology』, 그리고 『Journal of Personality and Social Psychology』의 4개의 주요 학술지의 내용을 살펴보았다. 이러한 학술지들이 선택된 이유는 이들이 심리학의 선도적 학술지들이며, 다수의 연속형 변인과 관계된 연구들이 많이 실리기 때문이다. 따라서 두 개 이상의 연속형 변인과 관계된 연구 중 23%가 상호작용을 포함하는 다중 회귀를 사용하였다는 우리의 추정은 1984년 현재 관련 분야의 평균적인 상황이라기보다는 최선의 상황을 반영한다고 할 수 있다.

관련된 이슈들을 언급한다. 다중 회귀의 사용을 방해하는 중요한 요인 중 하나는 유의미한 상호작용을 표시하고 규명(probing)하는 방법이 명확하지 않다는 것이다. 다시 말해, 유의미한 상호작용을 발견했다면 그다음 단계로 무엇을 해야 하는가? 제2장에서는 식 1.2의 상호작용을 조사하는 방법으로 Cohen과 Cohen(1975, 1983)이 개발한 시각적 접근 방법, 상호작용의 형태(순서적 · 비순서적)를 알아보는 법, 마지막으로 ANOVA의 단순효과 검증과 유사한 방법으로 연속형 변인 간 상호작용에 대한 통계적 사후 규명 방법을 도출한다.

제3장에서는 상호작용을 포함하는 다중 회귀의 사용을 가로막는 또 다른 요인인 단순선형 변환을 포함한 자료의 변환에 따른 다중 회귀 결과의 변동성에 대해 다룰 것이다. 이 문제를 이해하기 위해 X와 Z의 1차항과 X와 Z간의 선형 상호작용을 포함하는 식 1.2를 사용한 자료 분석을 고려해 보자.

$$\hat{Y} = b_1X + b_2Z + b_3XZ + b_0$$

원점수를 사용한 분석과 X와 Z를 중심화되고 중심화된 변인들 간의 상호작용으로 구성된 두 가지의 경우를 고려해 보자. 두 경우의 분석 결과는 상당히 다를 것이다. 두 식에서 상호작용항의 b_3 계수만 변하지 않고 남을 것이다(Cohen, 1978 참고). 상호작용 또는 고차항을 포함하는 회귀분석의 결과가 자료의 변환에 따라 이렇게 변화한다는 사실은 성가신 문제다. 사회과학에서는 이러한 문제에 대해 상당한 논의가 오갔으며(예를 들어, 정치과학 분야에서 Friedrich, 1982; 심리학에서 Cohen, 1978, Sockloff, 1976; 사회학에서 Althauser, 1971, Arnold & Evans, 1979 참고), 혼란스럽고 상반되는 권장사항이 도출되었다(예를 들어, Schmidt, 1973 v.s. Sockloff, 1976). 제3장에서는 불변성이 지켜지지 않는 문제의 원인을 규명하고 연구자들이 고차항을 포함하는 방정식을 다루고 그 효과들에 대한 명확한 해석을 유지할 수 있는 절차를 조명한다. 상호작용을 포함하는 회귀방정식의 모든 항에 대한 해석에 대해 설명한다. 마지막으로, 상호작용을 포함하는 회귀방정식에 대한 표준화된 해법을 제시한다.

제4장과 제5장에서는 좀 더 복잡한 회귀방정식에서 상호작용의 테스트에 대한 문제점에 대해 알아볼 것이다. 다중 회귀의 상호작용에 대한 논의의 대부분은 식 1.2에 제시된 것과 같은 두 개의 예측 변인과 그들 간의 상호작용으로 이루어진 간단한 모형에 초점을 맞추어 왔다. 이러한 논의는 제4장에서 세 개의 예측 변인이 존재하는 경우에 적용될 것이다. 상호작용의 본질을 이해하는 데 유용한 3원 상호작용의 시각화와 사후테스트에 대해 논의한다.

제5장에서는 곡선(2차)형 효과와 이와 관련된 상호작용을 나타내는 고차항을 포함하는 회귀방정식을 구조화, 테스트, 해석할 때 발생할 수 있는 몇 가지 어려움을 고려해 볼 것이다. 앞선 장에서 개발된 상호작용의 시각화, 사후테스트 방법들은 다양한 복잡 회귀 모형에 적용될 것이다.

제5장과 제6장은 또한 ANOVA를 공부한 연구자들의 복잡한 다중 회귀 모형의 사용을 제한하는 또 다른 장애물에 대해 다룬다. 자유도가 1인 XZ항이 X와 Z간 상호작용을 전적으로 나타내는 식 1.2에서는 ANOVA와 회귀 모형 간 일반화가 비교적 용이하다. 상호작용이 하나 이상의 자유도를 가질 때는 이러한 일반화가 그리 간단하지 않다. ANOVA에서는 상호작용이 몇 개의 자유도를 가지더라도 언제나 전체 상호작용에 대한 하나의 변산성과 하나의 포괄적 유의도 테스트(omnibus test for significance)가 존재한다. 그러나 복잡한 다중 회귀(complex MR) 방정식에서는 각각 하나의 자유도를 가지는 일련의 항들이 상호작용을 나타낸다. 예를 들어, X와 Z 간 상호작용에 대해 선형 X와 선형 Z의 곱셈항(XZ)과 곡선형 X와 선형 Z의 곱셈항(X^2Z)이 회귀방정식에 포함될 수 있다. 이러한 경우, ANOVA의 하나의 변산성과 하나의 포괄적 테스트(omnibus test)를 다중 회귀의 틀(framework)에서 일반화하는 것은 많은 연구자들에게 익숙하지 않다. 상호작용이 없는 다중 회귀에서 다수의 자유도를 가지는 '주효과(main effects)'를 테스트하는 것도 비슷한 문제를 가진다. 제5장에서는 이러한 복잡한 회귀방정식을 구조화하고 해석하는 지침을 제공한다.

제6장에서는 복잡한 회귀방정식에서 모형을 만들고 테스트를 하는 다양한 절차를 개발함으로써 이러한 이슈에 대해 더 자세히 고려한다. 다중회귀의 저차항 효과를 테스트하고 해석하는 전략을 수립한다. 다양한 가설(예를 들어, 회귀의 전체적인 선형성)을 테스트하기 위한 방정식에 포함된 항의 세트에 기반한 포괄 테스트(global tests)에 대해 논의한다. 복잡한 회귀방정식의 단순화를 위한 방법으로 효과와 항의 단계적 제거를 통한 위계적 테스트 방법을 제시한다. 각 단계에서 적절히(legitimately) 테스트될 수 있는 스케일 독립적(scale-independent) 항을 확인하는 방법을 제시함으로써 해석이 가능한 적절한 축소방정식(reduced equation)을 도출한다.

제7장에서는 상호작용의 처리를 범주형과 연속형 예측 변인이 조합된 경우로 확장한다. 범주형 변인의 표현과 그 회귀 계수의 해석에 관한 이슈를 논의한다. 상호작용의 사후테스트를 통해 범주 변인으로 정의된 집단들 간 회귀방정식의 차이를 알아보는 방법을 제시한다.

제8장에서는 예측 변인의 측정오차의 문제와 측정오차가 상호작용에 미치는 영향을 다룬다. 측정오차를 교정할 수 있는 몇 가지 방법을 제시하고 그러한 방법들의 성능에 대해 평가한다. 측정오차가 검정력(statistical power)에 미치는 극적인 영향을 제시한다.

최종적으로 제9장에서는 실질적인 적용에 있어 ANOVA와 다중 회귀의 접근을 간략히 비교한다. ANOVA는 고전적으로 실험 설계에 적용되었던 반면 다중 회귀는 측정된 변인에 적용되었다. ANOVA와 다중 회귀에 대해 남아 있는 이러한 전통으로 인해 모형 설정, 함수 형태, 가정의 적절성 등의 측면에서 두 접근이 달라지는 점을 살펴본다.

우리는 이 책을 통해 다양한 사회과학 분야의 연구자들이 하나 이상의 연속형 변인과 관계된 연구의 설계와 분석에 대해 소개할 수 있기를 희망한다. 또한 이 책을 통해 다중 회귀의 상호작용에 대한 이해를 증진시키고 다중 회귀를 일반적인 분석 전략으로 사용하는 것에 대한 장애물을 제거하는 데 도움이 되었으면 한다.

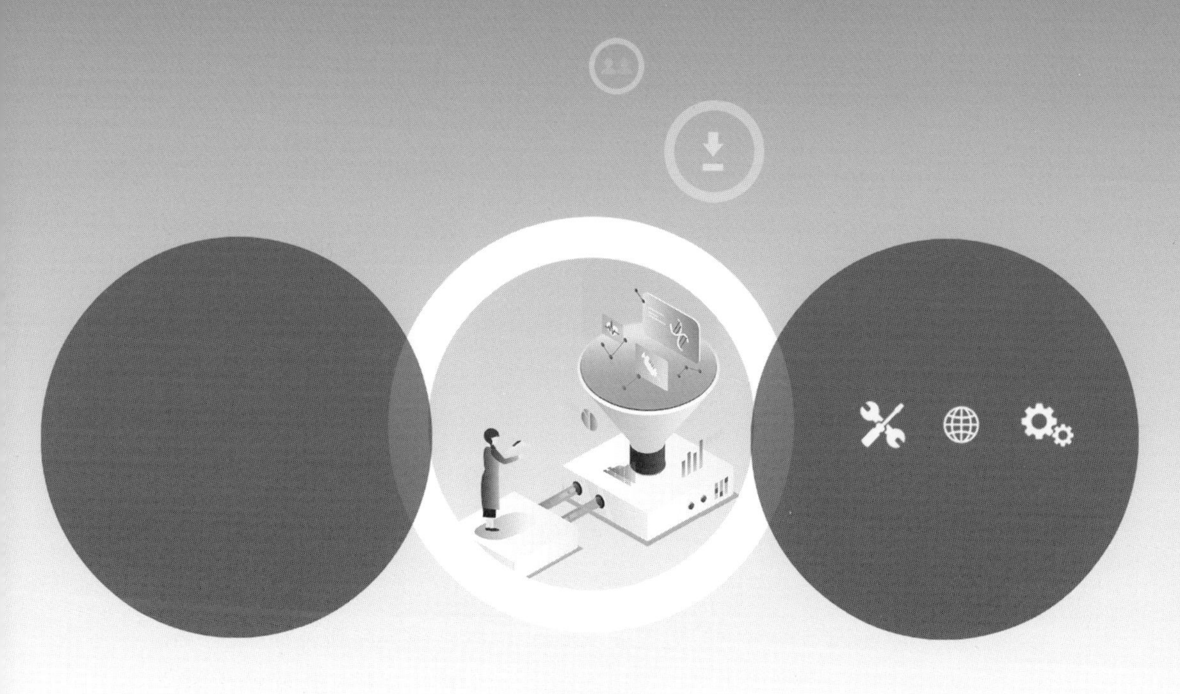

제 2 장

다중 회귀에서 연속형 예측 변인 간 상호작용

- 회귀에서 상호작용이 의미하는 것
- 수치적 예시를 위한 데이터
- 회귀방정식에서 유의미한 상호작용의 규명
- 요약

이 장은 회귀분석에서 두 개의 연속형 예측 변인 간의 상호작용이 예측 변인들과 결과 변인(criterion) 간의 관계에 대해 의미하는 바가 무엇인지에 대한 설명으로 시작한다. 다음으로는 다중 회귀에서 연속형 변인 간 상호작용을 표시하고 통계적으로 규명하는 문제에 대해 X와 Z와 관련한 단일 항(b_3XZ)만 존재하는 단순한 경우를 통해 언급한다. 이는 식 2.1에서 제시된다.

$$\hat{Y} = b_1X + b_2Z + b_3XZ + b_0 \tag{2.1}$$

설명의 용이함을 위해 각 변인들(X와 Z)은 중심화(평균이 0이 되는 편차의 형태로 변환)되었으며, XZ항은 두 중심화된 변인들의 곱으로 형성되었다고 가정한다. 중심화된 변인은 제3장에서 설명할 다양한 바람직한 통계적 특성을 가진다.

회귀에서 상호작용이 의미하는 것

다중 회귀분석에서 각 예측 변인과 결과 변인 간의 관계는 결과 변인 Y의 예측 변인에 대한 회귀선의 기울기로 측정되며 이러한 기울기가 바로 회귀 계수다. 먼저 상호작용이 없는 2개의 예측 변인으로 이루어진 익숙한 회귀방정식 $\hat{Y} = b_1X + b_2Z + b_0$을 고려해 보자. 이 회귀방정식에서 Y의 X에 대한 기울기(또는 회귀)는 Z의 전 범위에서 일정한 값을 가진다. 모든 개별 Z값에서 Y의 X에 대한 회귀분석을 한다면 모든 하위 표본에서 계산된 X의 회귀 계수는 전체 표본에서 계산된 회귀 계수와 같은 값을 가질 것이다. 다시 말해, Y의 X에 대한 회귀는 Z에 대해 독립적이다. 이 회귀방정식에서 Y의 Z에 대한 회귀는 b_2로 표현되며 X의 전 영역에서 일정한 값을 가진다.

이번에는 XZ 상호작용을 포함하는 식 2.1을 살펴보자. XZ 상호작용은 X에 대한 Y의 회귀관계가 X에 대한 기울기가 측정되는 Z의 특정값에 종속되어 있다는 것을 나타낸다. Z의 모든 값에 대해 각각의 X에 대한 Y의 회귀선이 존재한다. Z의 특정값들에 대한 X에 대한 Y의 회귀는 회귀선의 집단을 형성한다. Z의 한 값에 대한 이러한 회귀선을 단순 회귀선(simple regression line)이라고 한다. X에 대한 Y의 회귀는 Z의 값에 종속되어 있기 때문에 식 2.1에서 X의 효과는 조건부(conditional) 효과라고 한다(예를 들어, Darlington, 1990).

XZ 상호작용은 대칭적이다. 식 2.1에서 XZ 상호작용항의 존재는 동시에 Z예측 변인의 효과는 X에 대해 조건부임을 의미한다. 다시 말해, 각각의 X값에 대해 서로 다른 Z에 대한 Y의 회귀가 존재한다.

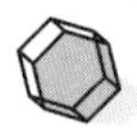 수치적 예시를 위한 데이터

상호작용의 사후 규명 방법을 설명하기 위해 현재 장과 다음 장에서 하나의 데이터셋이 사용되었다. 이 예시에서는 관리자의 자기확신(self-assurance)(결과 변인 Y)을 관리자로서 근무기간(X)과 관리능력(Z)의 두 예측 변인을 통해 예측한다. 이 데이터는 X와 Z 간의 상호작용을 포함할 수 있도록 인위적으로 가공되었다. 이 데이터에서 높은 관리능력을 가진 개인은 관리자 근무기간이 길수록 자기확신이 향상되었다. 한편 관리능력이 낮은 개인은 근무기간이 길어질수록 자기확신이 감소하였다. 이러한 관계 양상에 따라, X에 대한 Y의 회귀는 Z의 함수다. 세 변인 모두 연속형 변인이다.

우리의 시뮬레이션은 약간의 상관관계를 가지는 2변량 정규 분포를 이루는 X와 Z, 그리고 두 변인 간 상호작용 XZ로 이루어지며, 400개의 케이스가 생성되었다. X와 Z 두 예측 변인으로부터 XZ의 교차곱항(cross-product term)이 만들어졌다. 예측값은 X, Z 그리고 그 둘 간의 상호작용으로부터 생성되었다. 예측값에 무선오차(random error)를 더하여 관찰값이 만들어졌다. 최종적인 회귀방정식은 최초의 예측값과 관찰값(Y)을 기반으로 추정되었다.

지금부터 살펴볼 회귀분석과 XZ 상호작용에 대한 사후 규명의 결과는 〈표 2-1〉, 〈표 2-2〉, 〈표 2-3〉, [그림 2-1]에 제시되어 있다. 한 가지 주목할 것은 이 장에서는 '중심화된 자료(centered data)' 부분만 다룰 것이며, '비중심화 자료(uncentered data)'는 제3장에서 다룰 것이다. 여기서 가장 중요한 것은 〈표 2-1c〉(ii)의 회귀방정식이 상호작용을 포함한다는 것이다.

$$\hat{Y} = 1.14X + 3.58Z + 2.58XZ + 2.54$$

이 식에서 Z의 효과와 XZ 상호작용 모두 유의미하다. 전체 방정식에서, 근무시간(X)는 자기확신(Y)에 미치는 효과가 없고 관리능력(Z)은 정적인 효과가 있으나 근무시간과 자기확신 간 관계는 관리능력에 의해 중재되는 것으로 보인다(XZ). 〈표 2-1〉에서 다른 주목할 부분은 X와 Z의 평균, 표준편차와 표준화된 X, Z, XZ 간 상관 행렬이다.

〈표 2-1c〉(i)는 상호작용이 생략된 회귀방정식을 보여 준다.[1)]

---

1) 예측 변인 X, Z가 중심화되고 2변량 정규 분포(bivariate normal distribution)이라면 실제 분석에서는 상호작용을 포함하는 회귀방정식[예를 들어, 〈표 2-1c〉(ii)]의 b_1과 b_2 계수와 상호작용을 포함하지 않는 회귀방정식[예를 들어, 〈표 2-1c〉(i)]의 b_1과 b_2 계수의 차이는 거의 없다.

〈표 2-1〉 상호작용을 포함하는 중심화, 비중심화 회귀분석

a. 중심화된 데이터	b. 비중심화 데이터
$\overline{X}=0(s_X=0.95)$	$\overline{X}'=5(s_X'=0.95)$
$\overline{Z}=0(s_Z=2.20)$	$\overline{Z}'=10(s_Z'=2.20)$

상관 행렬					상관 행렬				
	X	Z	XZ	Y		X'	Z'	$X'Z'$	Y
X	–	.42	.10	.17	X'	–	.42	.81	.17
Z		–	.04	.31	Z'		–	.86	.31
XZ			–	.21	$X'Z'$			–	.21

c. 중심화된 데이터에 기반한 회귀방정식

(i) 상호작용 없음: $\hat{Y}=1.67X+3.59Z^{**}+4.76$

(ii) 상호작용 있음: $Y=1.14X+3.58Z^{**}+2.58XZ^{**}+2.54$

d. 비중심화 데이터에 기반한 회귀방정식

(i) 상호작용 없음: $\hat{Y}=1.67X'+3.59Z'^{**}-39.47$

(ii) 상호작용 있음: $Y=-24.68X'^{**}-9.33Z'^{**}+2.58X'Z'^{**}+90.15$

$^{**}p<.01$, $^{*}p<.05$

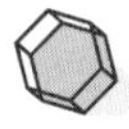

회귀방정식에서 유의미한 상호작용의 규명

유의미한 상호작용이 발견된다면 그 의미를 정확히 이해하기 위해 상호작용에 대해 규명하게 된다. 상호작용 규명의 주요 방법은 플롯을 통한 시각화와 사후 통계검정이다.

상호작용 플롯 그리기

다중 회귀에서 유의미한 상호작용을 규명하는 것은 한 예측 변인을 통해 결과를 예측하는 회귀방정식을 다시 작성하는 것에서 시작한다.[2] 예를

2) 대부분의 논의는 Z의 값에서 X에 대한 Y의 회귀에 대한 것이지만 상호작용은 X의 값에서 Z에 대한 Y의 회귀에 대해서도 마찬가지로 논의할 수 있다. 논의의 명료함을 위

들어, Z의 수준에 따른 Y의 X에 대한 회귀방정식을 표시하기 위해 간단한 대수(algebra)를 통해 회귀방정식을 재구성할 수 있다.

$$\hat{Y} = (b_1 + b_3)X + (b_2 Z + b_0) \quad (2.2)$$

식 2.1을 재구성한 이 식에서 X에 대한 Y의 회귀의 기울기 $(b_1 + b_3 Z)$는 기울기가 계산되는 Z의 특정값에 종속되어 있다. $(b_1 + b_3 Z)$를 Z에서 X에 대한 Y의 회귀의 단순 기울기(the simple slope of the regression of Y on X at Z)라고 한다. 단순 기울기는 Z의 한 값에서 [혹은 그 값에 대한 조건부(conditional on)로서] Y의 X에 대한 회귀의 기울기를 의미한다. 단순 기울기$(b_1 + b_3 Z)$는 Y의 X에 대한 회귀 계수(b_1)와 상호작용 계수(b_3)를 결합한다는 것에 주목하자. ANOVA에 익숙하다면 다중 회귀의 단순 기울기가 ANOVA의 단순효과(simple effect)에 대응한다고 생각한다면 도움이 될 것이다.

다음, 일련의 단순 회귀방정식(simple regression equation)을 생성하기 위해 식 2.2에 대입할 몇 개의 Z값을 선택해야 한다. Z가 성별과 같은 범주형이라면 남자와 여자를 위한 두 개의 단순 회귀방정식을 계산하게 된다(범주형과 연속형 변인과 관련한 회귀는 제7장에서 자세히 다룬다.). 이에 반해 Z가 앞서 예의 관리능력과 같은 연속형이라면 연구자는 Z의 전체 범위 안에서 어떤 값이라도 선택할 수 있다. 어떤 경우에는 어떤 Z값을 선택해야 하는지에 대해 이론, 측정에 대한 고려 사항, 또는 이전 연구를 참고할 수 있다.

예를 들어, 임상적 진단검사에서 병리 현상을 나타내는 기준점이 되는 점수가 있다면 그 점수를 기준으로 높은 점수를 임상 조건, 낮은 점수를 정상 조건의 모집단을 대표하도록 나눌 수 있다. 소득에 대한 연구에서 주 정부가 지정한 4인 가족 기준 빈곤층의 기준값을 사용할 수도 있다. 관리능력과 같은 가상의 예에서는 Z 값의 선택에 대해 사회과학 연구에 기반

해 이 책의 설명은 대부분의 경우 Z의 값에서 X에 대한 Y의 회귀의 관점에서 이루어진다.

한 논리가 존재하지 않는다. 그런 경우에 Cohen과 Cohen(1983)은 평균, 평균에서 1표준편차 위, 평균에서 1 표준편차 아래에 해당하는 Z_M, Z_H, Z_L를 가이드라인으로 제시하였다. 어떤 Z값을 선택하든 각 값을 식 2.2에 대입하여 특정 Z값에서 Y의 X에 대한 단순 회귀방정식을 생성한다. 상호작용을 나타내기 위해서 이 회귀방정식들의 플롯을 만든다.

수치적 예시

[그림 2-1a]는 우리의 데이터에서 근무기간(X)에 대한 자기확신(Y)의 회귀를 세 개의 관리능력 값 Z_M, Z_H, Z_L의 함수로서 나타낸 세 개의 단순 회귀선을 보여 준다. 세 개의 단순 회귀선의 대칭적 양상에 주목할 필요가 있는데 이는 유의미한 XZ 상호작용항을 가지는 방정식의 특성이다.

단순 회귀선을 생성하기 위해 전체 회귀방정식 $\hat{Y} = 1.14X + 3.58Z + 2.58XZ + 2.54$는 Z의 수준에 따른 X에 대한 Y의 회귀를 나타내기 위해 재정리(rearrange)된다.

$$\hat{Y} = (1.14 + 2.58Z)X + (3.58Z + 2.54) \tag{2.3}$$

다음, Cohen과 Cohen(1983)에 따라 Z의 평균에서 1 표준편차 아래($Z_L = -2.20$), Z의 평균($Z_M = 0$), Z의 평균에서 1 표준편차 위($Z_H = 2.20$)의 값을 선택한다. 이 값들을 식 2.3에 대입하여 단순 회귀방정식을 생성한다. 예를 들어, $Z_H = 2.20$에서 단순 회귀방정식은 다음과 같다.

$$\begin{aligned}\hat{Y} &= [1.14 + 2.58(2.20)]X + [3.58(2.20) + 2.54] \\ &= 6.28X + 10.41\end{aligned}$$

Z_M, Z_L에 대한 계산 결과는 〈표 2-2a〉에 나와 있다. 단순 회귀방정식을 X에 대한 Y의 회귀가 Z_H에서 정적, Z_L에서 부적, Z_M에서는 관계가 존재하지 않음을 알 수 있다.

〈표 2-2〉 중심화, 비중심화 데이터에 대한 단순 회귀방정식

a. 중심화 데이터의 Z의 특정값에서 X에 대한 Y의 회귀

일반적으로: $\hat{Y}=(1.14+2.58Z)X'+(3.58Z+2.54)$

At $Z_{\mathrm{H}}=2.20$: $\hat{Y}=6.82X+10.41$

At $Z_{\mathrm{M}}=0.00$: $\hat{Y}=1.14X+2.54$

At $Z_{\mathrm{L}}=-2.20$: $\hat{Y}=-4.54X-5.33$

b. 비중심화 데이터의 Z'의 특정값에서 X'에 대한 Y의 회귀

일반적으로: $\hat{Y}=(-24.68+2.58Z')X'+(-9.33Z'+90.15)$

At $Z_{\mathrm{H}}'=12.20$: $\hat{Y}=6.82X'-23.67$

At $Z_{\mathrm{M}}'=10.00$: $\hat{Y}=1.14X'-3.15$

At $Z_{\mathrm{L}}'=7.80$: $\hat{Y}=-4.54X'+17.38$

** 주: Z의 수준에서 X에 대한 Y의 회귀를 보이기 위해 회귀방정식이 재정리됨:
$\hat{Y}=(b_1+b_3Z)X+(b_2Z+b_0)$

[그림 2-1a]에서 X에 대한 Y의 회귀가 Z의 수준에 종속되어 있는 복잡한 양상을 보여 준다. 만약 〈표 2-1c〉(ii)의 유의미하지 않은 계수만 살펴본다면 X와 Y가 관계가 없다는 결론을 내리게 된다.

사후 규명

플롯이 그려지고 나면, ANOVA의 단순효과에 대응하는 질문 두 가지를 할 수 있다. ① 특정 Z값에 대해 X에 대한 Y의 회귀 계수가 0과 다른가, ② 두 단순 회귀방정식 기울기가 서로 다른가? (같은 질문을 X값에 따른 Z에 대한 Y의 회귀에 대해서도 할 수 있다.)

단순 회귀의 기울기가 유의미하게 0과 다른가

여기서 제시하는 상호작용 규명에 대한 접근을 통해 두 번째 변인의 한 값에 대한 회귀선의 기울기에 대한 가설 테스트가 가능하다. XZ 상호작용에 대한 이러한 접근은 Friedrich(1982; Darlington, 1990 참조; Jaccard, Turrisi, & Wan, 1990)에서 기술되었다.

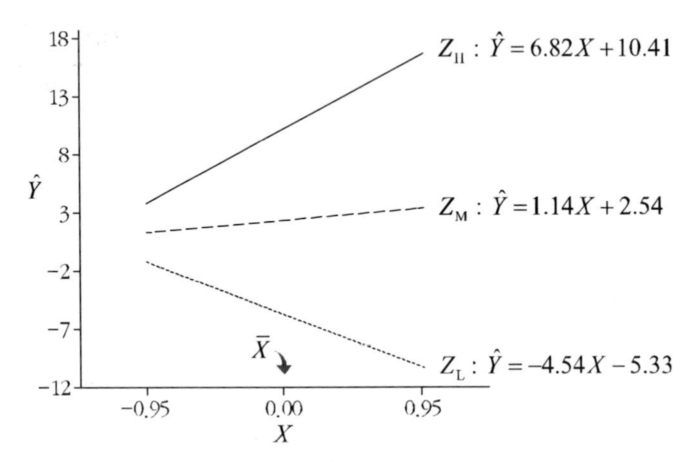

a. 중심화 분석의 단순 회귀: $\hat{Y} = 1.14X + 3.58Z + 2.58XZ + 2.54$

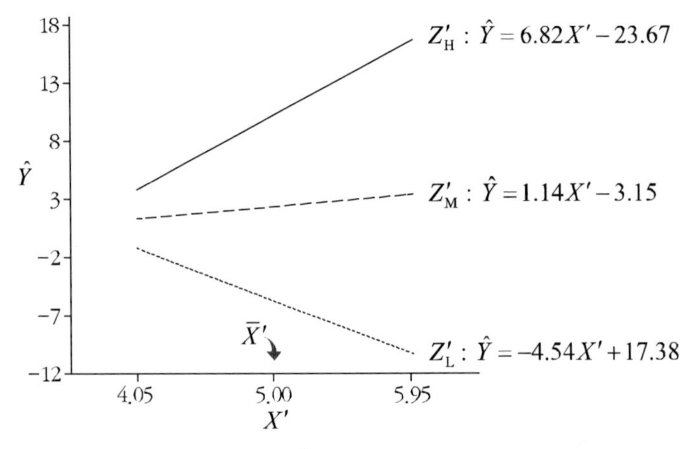

b. 비중심화 분석의 단순 회귀: $\hat{Y} = -24.68X' - 9.33Z' + 2.58X'Z' + 90.15$

[그림 2-1] 중심화, 비중심화 데이터에서 그린 상호작용

이러한 가설 테스트는 단순 회귀방정식의 단순 기울기(simple slope)에 대한 표준오차(standard error)의 계산이 필요하다. 다음, 단순 기울기의 유의도에 대한 t-테스트가 이루어진다. 이어지는 내용에서 이러한 전략에 대한 개괄과 수치적 예시를 먼저 제시한 다음 단순 기울기에 대한 가설 테스트가 시중의 통계 패키지에 의해 간단히 이루어질 수 있음을 보인다. 이 장의 마지막에는 고급자들을 위해 단순 기울기의 표준오차에 대한 일반적

인 유도 방법이 제시된다.

단순 기울기의 표준오차를 구하기 위해 회귀 계수의 분산–공분산 행렬의 값들을 이용한다.[3] 이 값들의 추정치는 SPSS나 SAS와 같은 표준 통계 패키지에서 얻을 수 있다. 단순 기울기에 해당하는 특정 원소들(elements)에 가중치가 주어지고 조합되어 단순 회귀 계수의 표준오차를 계산한다.

식 2.2의 단순 기울기(b_1+b_3Z)로 돌아가서, 표준오차는 다음과 같이 계산된다.

$$s_b = \sqrt{s_{11} + 2Zs_{13} + Z^2 s_{33}} \tag{2.4}$$

s_{11}과 s_{33}은 각각 b_1과 b_3의 분산에 해당하며 표본에서 추정된 예측 변인의 분산–공분산 행렬 S_b에서 추출한다. s_{13}은 S_b 행렬에서 b_1과 b_3의 공분산이다. 단순 기울기에서 Z의 값이 변하기 때문에 식 2.4의 표준오차도 함께 변한다. 식 2.4는 식 2.2의 (b_1+b_3Z)만 다루고 있다는 점을 주목하자.

단순 기울기의 t-테스트. 단순 기울기가 0과 다른지에 대한 t-테스트의 통계량은 단순 기울기를 그 표준편차로 나눈 t 값이며 $(n-k-1)$의 자유도를 가진다. n은 관찰값의 수, k는 상수(절편에 해당)를 제외한 예측 변인의 수(이 경우에 $k=3$)이다.

수치적 예시. 중심화된 예측 변인으로 이루어진 시뮬레이션 데이터에 대한 회귀 계수의 공분산 행렬 S_b는 〈표 2–3a〉에 제시되어 있다. 이 행렬은 중심화된 데이터에 대해 SPSS–X에서 계산되었다.[4] 이 행렬의 값들을 통해

---

3) 회귀 계수의 모집단 분산–공분산 행렬 Σ_b는 개념적으로 다음과 같이 이해할 수 있다. 주어진 모집단에서 무한히 많은 횟수로 샘플을 추출하여 식 2.1을 계산한다고 생각해 보자. 각 회귀 계수(예를 들어, b_1)의 모든 샘플에 걸친 분산이 Σ_b의 대각 원소다. 모든 샘플에 걸쳐 회귀 계수 간 (예를 들어, b_1과 b_2) 공분산이 Σ_b의 비대각 요소가 된다.

4) SPSS–X에서 계수 추정치 간 공분산 (s_{12}, s_{13}, s_{23})와 상관은 한 행렬에 출력되는데, 계수 추정치의 분산 (s_{11}, s_{22}, s_{33})이 대각 요소에 위치하고 대각 요소 아래에 공분산이, 대각 요소 위에 상관계수가 위치한다. 이 행렬은 SPSS–X의 REGRESSION 명령어의

단순 기울기의 표준오차를 계산한다. [그림 2-1a]와 〈표 2-2a〉에서 Z_M, Z_H, Z_L 값에서 X에 대한 Y의 회귀의 단순 기울기는 각각 6.82, 1.14, −4.54라는 것을 기억하자. 식 2.4를 통해 이러한 각각의 기울기에 대한 표준오차를 유도한다.

이 식에는 S_b의 원소(element) 세 가지가 필요한데 구체적으로 $s_{11} = 2.35$과 $s_{13} = 0.08$, $s_{33} = 0.40$이다. $Z_H = 2.20$을 식 2.4에 대입하여 Z_H에서 X에 대한 Y의 회귀의 단순 기울기의 표준오차를 구한다.

$$s_H = \sqrt{2.35 + 2(2.20)(-0.08) + (2.20^2)(0.40)} = \sqrt{3.93} = 1.98$$

마찬가지로, 〈표 2-3a〉에 정리된 것처럼 $Z_M = 0$, $Z_L = -2.20$에 대해서도 $s_M = 1.53$, $s_L = 2.15$를 구할 수 있다. 마지막으로, 〈표 2-3a〉는 각 단순 기울기의 0에 대한 테스트 결과가 제시되었다. 테스트의 결과를 통해 X에 대한 Y의 회귀가 Z_H에서는 정적, Z_L에서는 부적, Z_M에서는 0과 유의미하게 다르지 않음을 확인할 수 있다.

Z에 대한 Y의 회귀. 위에서 Z의 수준에 따른 X에 대한 Y의 회귀의 예를 제시하였다. 반대로 X의 수준에 따른 Z에 대한 Y의 회귀에 관심이 있다면 단순 기울기 방정식은 $\hat{Y} = (b_2 + b_3X)Z + (b_1X + b_0)$와 같이 표현된다. 이 방정식에서 단순 기울기는 $(b_2 + b_3X)$이며 그 표준오차는 다음과 같이 계산된다.

$$s_b = \sqrt{s_{22} + 2Xs_{23} + X^2 s_{33}} \quad (2.5)$$

하위 명령어 STATISTICS에 BCOV 옵션을 통해 얻을 수 있다. 공분산을 대각 요소 아래 위로 배치하면 식 2.3a(i)의 공분산 행렬 S_b이다.

SAS에서 공분산 행렬은 PROC REG 모듈의 MODEL 명령어 COVB 옵션을 통해 얻을 수 있다. SAS에서 얻어진 분산 행렬 S_b는 〈표 2-3a〉(i)과 같은 분산과 공분산만 포함하는 행렬이다. 따라서 SAS 아웃풋은 SPSS에서와 같은 변형이 필요하지 않다.

〈표 2-3〉 단순 기울기에 대한 표준오차의 계산과 t-테스트

a. 중심화 데이터의 분석

(i) 회귀 계수의 공분산 행렬

$$S_b = \begin{matrix} & b_1 & b_2 & b_3 \\ b_1 & 2.35 & -0.41 & -0.08 \\ b_2 & -0.41 & 0.43 & -0.00 \\ b_3 & -0.08 & -0.00 & 0.40 \end{matrix}$$

(ii) 단순 기울기, 단순 기울기의 표준오차와 t-테스트

단순 기울기	표준오차	t-테스트
$b_H = 6.82$	$s_H = 1.98$	$t = 6.82/1.98 = 3.45^{**}$
$b_M = 1.14$	$s_M = 1.53$	$t = 1.14/1.53 = 0.74$
$b_L = -4.54$	$s_L = 2.15$	$t = -4.54/2.15 = -2.11^{*}$

b. 비중심화 데이터의 분석

(i) 회귀 계수의 공분산 행렬

$$S_b' = \begin{matrix} & b_1' & b_2' & b_3' \\ b_1' & 43.88 & 19.96 & -4.07 \\ b_2' & 19.96 & 10.42 & -2.00 \\ b_3' & -4.07 & -2.00 & 0.40 \end{matrix}$$

(ii) 단순 기울기, 단순 기울기의 표준오차와 t-테스트

단순 기울기	표준오차	t-테스트
$b_H' = 6.82$	$s_H' = 1.98$	$t = 6.82/1.98 = 3.45^{**}$
$b_M' = 1.14$	$s_M' = 1.53$	$t = 1.14/1.53 = 0.74$
$b_L' = -4.54$	$s_L' = 2.15$	$t = -4.54/2.15 = -2.11^{*}$

** $p<.01$, * $p<.05$

또한 단순 기울기가 0과 다른지에 대한 t-테스트의 통계량은 단순 기울기를 그 표준편차로 나눈 t 값이며 $(n-k-1)$의 자유도를 가진다.

컴퓨터를 이용한 단순 기울기 분석. 표준적인 회귀분석을 이용한 절차를 통해 단순 기울기 분석 전체를 진행할 수 있다(Darlington, 1990, 개인적 서신 교환, 1990; Judd & McClelland, 1989). 여기서는 식 2.2의 Z 값에서 X에 대한 Y의 회귀만을 다루기로 한다. 이 절차는 더 복잡한 방정식으로 확장이 가능하다.

Darlington(1990)에 따라 X에 대한 Y의 회귀를 규명하는 특정 Z 값들을 조건부 Z값(conditional value of Z, CV_Z)이라고 부르기로 한다. Z의 평균에서 1 표준편차 위인 $Z_H = 2.20$에서 X에 대한 Y의 단순 기울기를 찾는 경우를 생각해 보자. 컴퓨터를 통해 단순 기울기 분석을 하기 위해 예측 변인 Z에서 CV_Z를 빼서 새로운 변인 Z_{cv}를 만든 다음($Z_{CV} = Z - CV_Z$) Z 대신 Z_{cv}를 회귀분석에서 사용한다. 이 분석에서 얻어진 b_1의 값이 $Z = 2.20$에서 X에 대한 Y의 회귀의 단순 기울기다.

컴퓨터를 통한 단순 회귀분석의 진행은 다음 세 단계로 요약할 수 있다.

1. Z에서 우리가 관심을 가지는 조건부 값인 CV_Z를 뺀 새로운 변인 Z_{cv}를 만든다($Z_{cv} = Z - CV_Z$).
2. 새로운 변인 CV_Z와 예측 변인 X 간의 교차곱(crossproduct) $(X)(Z_{cv})$를 생성한다.
3. 결과 변인 Y를 Z_{cv}와$(X)(Z_{cv})$에 대해 회귀분석을 실행한다.

이렇게 계산된 b_1의 값이 Z의 조건부값인 CV_Z에서 X에 대한 Y의 단순회귀 계수다. 이 분석에서 얻어진 회귀 상수(절편)은 단순 회귀의 상수(절편)이다. b_1의 표준오차는 CV_Z에서 X에 대한 Y의 회귀의 단순 기울기의 표준오차이며 그 t-테스트는 단순 기울기에 대한 테스트가 된다.

마찬가지로 Z의 평균에서 1 표준편차 아래인 $CV_Z = -2.20$에서 X에 대한 Y의 단순 기울기를 구하기 위해서는 새로운 $Z_{CV} = Z - CV_Z$를 계산한다. 여기서 $Z_{CV} = Z - (2.20)$이며 X, Z_{cv}, $(X)(Z_{cv})$에 대한 Y의 회귀분석이 이루어진다. 이 분석에서 얻어지는 b_1, b_1의 표준오차, b_1의 t-테스트가 Z의 평균에서 1 표준오차 아래 $CV_Z = -2.20$에서 단순 기울기 분석이 된다.

〈표 2-3〉에서 보고된 단순 기울기 분석에 대한 SPSS-X 아웃풋이 〈표 2-4〉에 제시되어 있다. 첫 번째, 〈표 2-1c〉(ii)를 재현하기 위해 중심화

된 X, Z, XZ를 사용한 전체(overall) 회귀분석의 결과를 제시하고 두 개의 변환된 변인을 계산한다.

1. Z의 평균에서 1 표준편차 위인 $CV_Z = 2.20$에서 X에 대한 Y의 회귀를 위한 ZABOVE$= Z - (2.20)$
2. Z의 평균에서 1 표준편차 아래인 $CV_Z = -2.20$에서 X에 대한 Y의 회귀를 위한 ZBELOW$= Z - (-2.20)$

두 번째, X와 ZABOVE, ZBELOW 간의 교차곱항들을 계산한다. 세 번째, 위에서 설명한 두 개의 회귀분석을 실행한다. X, ZBELOW, ZABOVE를 사용한 회귀분석이 〈표 2-4〉에 정리되어 있다. 〈표 2-4a〉에서 회귀 계수 b_1과 상수 b_0, 표준오차와 테스트 결과는 〈표 2-3a〉의 Z_L에서 X에 대한 Y의 회귀의 결과와 같다. 〈표 2-4d〉에서 X, ZABOVE, ZBELOW와 관련된 휘귀분석의 결과가 정리되어 있으며 이는 〈표 2-3a〉의 Z_H에서 X에 대한 Y의 회귀에 해당한다.

단순 기울기에 대한 이러한 컴퓨터를 이용한 접근은 좀 더 복잡한 회귀분석으로 일반화할 수 있는데, 그 예로서, 제4장, 제5장에서 소개되는 세 개의 선형 예측 변인과 그들 간의 상호작용, 고차항과 관련된 상호작용(예: X^2, X^2Z 등)을 포함하는 회귀 모형을 들 수 있다.

두 단순 회귀선의 기울기가 서로 다른가

X에 대한 Y의 회귀 계수가 0과 다른 Z 값을 확인하고 나면 X에 대한 Y의 단순 기울기가 예를 들어 앞에서 정의한 Z_H와 Z_L와 같은 두 Z 값에서 다른지 확인하고자 할 수도 있다. 비교 대상인 두 단순 기울기는 $(b_1 + b_3 Z_H)$와 $(b_1 + b_3 Z_L)$이고 그들 간의 차이는 b_3의 함수, 즉 $d = (b_3 Z_H - b_3 Z_L) = (Z_H - Z_L)b_3$이다. 기울기의 차이에 대한 t-테스트는 다음과 같다.

$$t = \frac{d}{s_d} = \frac{(Z_H - Z_L)b_3}{\sqrt{(Z_H - Z_L)^2 s_{33}}} = \frac{b_3}{\sqrt{s_{33}}}$$

이는 전체 분석의 b_3 계수에 대한 유의도 t-테스트와 동일하다는 것에 주목하자. 다시 말해, Z가 연속형 변인이라면 전체 분석에서 b_3 계수의 유의도는 X에 대한 Y의 회귀가 Z에 따라 변한다는 것을 의미한다.

〈표 2-4〉 회귀방정식 $\hat{Y} = b_1X + b_2Z + b_3XZ + b_0$의 XZ 상호작용에 대한 컴퓨터를 이용한 단순 기울기 분석을 위한 계산

a. 중심화 X와 중심화 Z를 사용한 전체 분석

(i) 평균과 표준편차

	평균	표준편차
Y	4.759	28.091
X	0.000	0.945
Z	0.000	2.200
XZ	0.861	2.086

(ii) 회귀 계수(b)의 분산-공분산 행렬

대각선 아래: 공분산, 위: 상관

	X	Z	XZ
X	2.34525	−0.41324	−0.08489
Z	−0.41469	0.42938	−0.00453
XZ	−0.08211	−0.00187	0.39895

(iii) 회귀분석

변인	B	SE B	T	Sig T
X	1.136404	1.531420	0.742	.4585
Z	3.577193	0.655271	5.459	.0000
XZ	2.581445	0.631627	4.087	.0001
(Constant)	2.537404	1.418212	1.789	.0744

b. 단순 기울기 분석에 필요한 ZABOVE, ZBELOW, 곱셈항의 계산

```
COMPUTE ZABOVE=Z−2.20
COMPUTE ZBELOW=Z−(−2.20)
COMPUTE XZABOVE=X*ZABOVE
COMPUTE XZBELOW=X*ZBELOW
```

c. ZABOVE와 ZBELOW를 이용한 회귀분석에서 도출된 Z_L에서 단순 기울기 분석(Z의 평균에서 1 표준편차 아래에서 X에 대한 Y의 회귀분석)

(i) 평균과 표준편차

	평균	표준편차
Y	4.759	28.019
X	0.000	0.945
ZBELOW	2.200	2.200
XZBELOW	0.861	3.082

(ii) 회귀분석

변인	B	SE B	T	Sig T
X	−4.542777	2.153481	−2.110	.0355
ZBELOW	3.577193	0.655271	5.459	.0000
XZBELOW	2.581446	0.631627	4.087	.0001
(Constant)	−5.332421	2.020502	−2.639	.0086

d. ZABOVE와 ZBELOW를 이용한 회귀분석에서 도출된 Z_H에서 단순 기울기 분석(Z의 평균에서 1 표준편차 위에서 X에 대한 Y의 회귀분석)

(i) 평균과 표준편차

	평균	표준편차
Y	4.759	28.091
X	0.000	.945
ZABOVE	−2.200	2.200
XZABOVE	0.861	2.801

(ii) 회귀분석

변인	B	SE B	T	Sig T
X	6.815584	1.978606	3.445	.0006
ZABOVE	3.577193	0.655271	5.459	.0000
XZABOVE	2.581446	0.631627	4.087	.0001
(Constant)	10.407229	2.024012	5.142	.0000

X에 대한 Y의 단순 기울기가 Z에 따라 서로 다른지에 대한 추가 테스트는 필요하지 않다.

단순 기울기 테스트의 사용에 있어 주의할 점

위에서 기술한 임상 진단의 예에서와 같이 미리 정해진 값이나 모집단에 기반한 값을 사용하여 단순 기울기를 평가할 때, 이 장에서 기술한 절차를 통해 적절한 테스트 통계량(test statistics)의 값을 구할 수 있다. 마찬가지로, Cohen과 Cohen(1983)이나 다른 가이드라인에 따라 Z의 높거나 낮은 값을 선택하고 연구자의 관심사가 그러한 특정값에 대한 단순 기울기를 언급하는 경우에는 이러한 테스트 통계량은 비편향적(unbiased)이며, 연구자가 접하게 될 상황의 대부분은 이런 경우다.

반면에, 연구자의 관심사가 모집단에 기반한 특정값(모집단 평균, 모집단 평균에서 1 표준편차 위 등)에서 단순 기울기에 대한 추론(inference)이라면 이 장과 이후에 언급되는 단순 기울기에 대한 t-테스트는 정적으로 편향된다. 표본 크기가 커질수록 이러한 편향의 정도는 줄어든다. West와 Aiken(1990)은 이러한 문제에 대한 두 가지 해결책을 요약하였다. ① Lane(1981)이 개발한 단순 기울기에 대한 보수적 테스트 절차와 ② 표준오차에 대한 실증적(empirical) 추정치를 제공하는 부트스트랩 방법(Darlington, 1990, 개인적 서신 교환, 1990; Stine, 1990). 현재는 편향의 정도와 제안된 해결책의 적절성에 대한 체계적 연구가 존재하지 않는다.*

순서적 · 비순서적 상호작용

상호작용을 구별하는 유용한 방법으로 ANOVA에서 유래한 비순서적(disordinal), 순서적(ordinal)(Lubin, 1961) 상호작용의 분류가 있는데, 이를 순서대로 교차형(crossover), 비교차형(noncrossover) 상호작용이라고 부르기도 한다. 이러한 기술적(descriptive) 구분법에 따르면 단순 회귀선(또는

---

* 역자 주: 현재는 관련 연구가 존재한다. 예를 들어, Liu, Y., West, S. G., Levy, R., & Aiken, L. S. (2017). Tests of simple slopes in multiple regression models with an interaction: Comparison of four approaches. *Multivariate Behavioral Research, 52*(4), 445-464.

범주형 변인에 대한 회귀선)들이 다른 변인의 가능한 범위 안에서 교차하지 않을 때 순서적(또는 비교차형) 상호작용이라고 한다. 반대로, 단순 회귀선들이 다른 변인의 가능한 범위 안에서 교차할 때 비순서적(또는 교차형) 상호작용이라고 한다. 예를 들어, 우리의 예에서 관리능력의 척도의 범위가 1에서 7이고 교차점이 5라면 이는 비순서적(교차형) 상호작용이다. 반대로, 회귀선이 −2나 12에서 교차한다면 순서적 상호작용이다.

연속형 변인들 간의 상호작용을 포함하는 다중 회귀의 맥락에서 이러한 기술적 구분의 잠재적 문제점은 연속선의 끝을 정의하는 분명한 극단점이 존재하지 않는다는 것이다. 이러한 경우에 대한 한 가지 접근은 자료의 실제 범위에 대한 교차점을 점검하는 것이다. 상호작용의 교차점이 X 값들의 실제 범위를 벗어난 곳에 위치하는 경우에 순서적, 교차점이 실제 범위 안에 위치하는 경우에 비순서적으로 분류한다. 척도나 자료에 기반한 준거가 없을 경우에 택할 수 있는 다른 접근은 회귀방정식으로 설명하려고 하는 시스템의 관점에서 변인의 의미 있는 범위(meaningful range)를 고려하는 것이다. 시각이나 청각 등 감각 시스템에서는 이러한 의미 있는 범위를 변인의 역동 범위(dynamic range)라고 부른다(Teghtsoonian, 1971). 유의 범위 안에서 회귀선이 교차하는 경우를 비순서적, 교차점이 범위 밖에 있는 경우를 순서적이라고 한다.

상호작용을 순서적 또는 비순서적으로 분류하는 것은 변인의 설정에 달려 있다는 사실을 명심하자. 상호작용이 한 방향, 즉 Z의 값에서 X에 대한 Y의 회귀에서는 비순서적이지만 다른 방향, 즉 X의 값에서 Z에 대한 Y의 회귀에서는 순서적일 수 있다. 상호작용을 Z의 값에서 X에 대한 Y의 회귀 또는 X의 값에서 Z에 대한 Y의 회귀 중 어떤 방향에서 정의할 것인지는 이론과 테스트하고자 하는 구체적인 예측의 내용에 따른다. 예를 들어, 대부분의 이론에 따르면 생활스트레스(X)가 건강(Y)에 대한 예측 변인이며, 사회적 지지(Z)를 생활스트레스와 건강 간의 관계를 중재하는 것으로 가정한다. 따라서 이 경우는 Z의 값에서 X에 대한 Y의 회귀를 고려하는 것이 적절하다. 그러나 Z의 값에서 X에 대한 Y의 회귀와 X의 값에서 Z에 대한 Y의 회귀 모두를 고려하는 것이 일반적이다. 양쪽 방향 모두 삼차원의 회귀 면의 실체에 대한 유용하고 상호 보완적인 2차원 표현을 제공한다.

상호작용에서 교차점의 확인

두 개의 단순 회귀선이 교차하는 점은 산술적으로 확인할 수 있다. Z의 값에서 X에 대한 Y의 회귀의 단순 회귀방정식을 두 개의 구체적인 Z값 Z_{H}와 Z_{L}에 대해 만들 수 있다.

$$\hat{Y}_{\mathrm{H}} = (b_1 + b_3 Z_{\mathrm{H}})X + (b_2 Z_{\mathrm{H}} + b_0)$$
$$\hat{Y}_{\mathrm{L}} = (b_1 + b_3 Z_{\mathrm{L}})X + (b_2 Z_{\mathrm{L}} + b_0)$$

두 방정식을 등치로 놓으면 두 회귀선이 교차하는 지점에 대한 해를 구할 수 있다.

$$X_{\mathrm{cross}} = \frac{-b_2}{b_3} \qquad (2.6)$$

만약 상호작용이 없다면(다시 말해, $b_3 = 0$), 회귀선은 교차하지 않는다.

X의 값에서 Z에 대한 Y의 단순 회귀에 대한 교차점 또한 같은 방법으로 도출할 수 있다. 이 교차점은 $Z_{\mathrm{cross}} = -b_1/b_3$이다.

수치적 예시

〈표 2-1c〉(ii)의 $b_2 = 3.58$일 때 Z 값에서 X에 대한 Y의 회귀는 $X_{\mathrm{cross}} = -3.58/2.58 = -1/39$에서 교차한다. 중심화된 $X(\overline{X} = 0.0,\ s_X = 0.95)$에서는 단순 회귀선이 평균에서 $(-1.39 - 0.0/0.95) = -1.47$ 표준편차 아래에 위치한다. [그림 2-1]에서 X의 범위가 평균에서 위, 아래 1표준편차의 범위 안에서 상호작용을 묘사한다. 이 범위 안에서 상호작용은 순서적이다. 이 범위가 X의 유의 범위라면 상호작용을 순서적으로 분류하고 X의 범위에 대해 서술할 것을 권장한다.

심화 섹션: 단순 회귀의 표준오차 유도

이번 섹션에서는 회귀 계수가 선형인 모든 회귀 모형을 포함하는(Kmenta, 1986) 아래 형태의 일반최소제곱(Ordinary Least Square: OLS) 회귀의 단순 기울기에 대한 표준오차를 유도하는 일반적인 방법에 대해 설명한다.

$$\hat{Y} = b_1X + b_2Z + \cdots + b_pW + b_0$$

이러한 접근은 이 책에 등장하는 더 복잡한 회귀 모형에도 적용된다. 선형대수에 익숙하다면 더 쉽게 이해할 수 있을 것이다. 선형대수에 익숙하지 않은 독자들을 위해 단순 기울기의 분산(표준오차의 제곱)에 대한 공식(expression)을 아래 식 2.10에 표시하였다.

단순 기울기의 표준오차를 유도하는 것은 단순 기울기가 회귀 계수의 선형 조합이라는 사실에서 시작한다. 식 $\hat{Y} = (b_1 + b_3Z)X + (b_0 + b_2Z)$에서 X에 대한 Y의 회귀의 단순 기울기는 $(b_1 + b_3Z)$이다.

선형 조합의 성질을 이용해 단순 기울기 $(b_1 + b_3Z)$의 표집분산(sampling variance)을 유도할 수 있다. 변인 $b_1 \cdots b_p$와 가중치 $w_1 \cdots w_p$로 구성된 선형 조합 U를 예로 들어 보자. U는 벡터방정식 형태 $U = w'b$ 또는 아래와 같이 표현될 수 있다.

$$U = w_1b_1 + w_2b_2 + \cdots + w_pb_p$$

여기서 회귀 계수 $b' = [b_1\ b_2\ \cdots\ b_p]$는 선형 조합의 원소(elements)이고 $w' = [w_1\ w_2\ \cdots\ w_p]$는 선형 조합을 정의하는 가중치다. 선형 조합의 분산 σ_b^2는 $b_1\ b_2\ \cdots\ b_p$의 공분산 행렬 Σ_b와 가중치의 함수로 다음과 같은 2차 형식(quadratic form)으로 표현된다.

$$\sigma_b^2 = w' \quad \Sigma_b w \tag{2.7}$$

이미 설명한 바와 같이 OLS 회귀의 경우에 필수적인 공분산 행렬은 회귀 계수 그 자체의 공분산 행렬인 s_b, 즉 Σ_b의 표본 추정치다. OLS의 일반적인 가정, 즉 ϵ_i가 평균 $0[E(\epsilon_i = 0)]$, 분산 σ_ϵ^2의 정규 분포를 이룰 때 회귀계수의 최소제곱 추정치는 공분산 행렬[5] 추정치 $S_b = MS_{Y-\hat{Y}}S_{XX}^{-1}$을 가지는 정규 분포를 이룬다. 이 방정식에서 $MS_{Y-\hat{Y}}$는 전체 회귀분석(analysis of regression: ANOReg)의 잔차 제곱 평균(mean square residual)이며 S_{XX}^{-1}는 예측 변인의 공분산 행렬의 역행렬이다(다중 회귀의 OLS 추정치의 표집 특성에 대한 명확한 설명은 Madala, 1977를 참고, 정규 분포를 가지는 변인들의 선형조합의 특성에 대한 명확한 설명은 Morrison, 1976을 참고).

단순 기울기는 b_0을 제외한 모든 계수의 선형 조합으로 나타낸다. $(b_1 + b_3Z)$은 가중치 벡터 $w' = [1\ 0\ Z]$를 사용하여 $U = (1)b_1 + (0)b_2 + (Z)b_3$와 같이 나타낼 수 있다. 따라서 어떤 Z 값에 대해 단순 기울기 $(b_1 + b_3Z)$의 분산에 대한 표본 추정치는 다음과 같이 주어진다.

$$S_b^2 = w'S_bw = [1\ 0\ Z]\begin{bmatrix} s_{11} & s_{12} & s_{13} \\ s_{21} & s_{22} & s_{23} \\ s_{31} & s_{32} & s_{33} \end{bmatrix}\begin{bmatrix} 1 \\ 0 \\ Z \end{bmatrix} \quad (2.8)$$

이 방정식에서 s_{jj}는 회귀 계수 b_j의 분산추정치, s_{ij}는 회귀 계수 b_i와 b_j 간 공분산의 추정치다. 이 식을 계산하면 Z의 값에서 X에 대한 Y의 회귀의 단순 기울기(식 2.2)의 분산을 다음과 같이 표현할 수 있는데 이는 식 2.4의 표준오차의 제곱이다.

$$s_b^2 = s_{11} + 2Zs_{13} + Z^2s_{33} \quad (2.9)$$

X의 값에서 Z에 대한 Y의 회귀에서 단순 기울기는 $(b_2 + b_3X)$이고 따라서 $w' = [0\ 1\ X]$이다. $[1\ 0\ X]$ 대신 $[0\ 1\ X]$를 사용하여 X의 값에서 Z에 대한 Y의 회귀의 단순 기울기를 구할 수 있다(식 2.5의 루트 기호 아래 식).

5) 일반적으로 계수의 공분산 행렬은 Fisher information 행렬의 역행렬이다(Rao, 1973).

회귀 계수의 선형 조합의 분산에 대한 일반적 공식 식 2.7 또한 산술적으로 표현할 수 있다(Stolzenberg & Land, 1983, p. 657). 모수치(population values)에 대한 일반 공식은 다음과 같다.

$$\sigma_b^2 = \sum_{j=1}^{k} w_j^2 \sigma_{jj} + \sum_{j=1}^{k} \sum_{i \neq j} w_i w_j \sigma_{ij} \tag{2.10}$$

k는 회귀방정식에서 b_0을 제외한 예측 변인의 회귀 계수의 수, 식 2.1의 경우 $k=3$
w_j는 위에서 정의된 바대로 선형 조합을 정의하기 위한 가중치, 제곱은 w_j^2
σ_{jj}는 회귀 계수 b_j의 분산이며 표본 추정치는 식 2.5에서 제시된 것과 같이 s_{jj}
σ_{ij}는 회귀 계수 b_i와 b_j 간 공분산 표본 추정치는 식 2.5에서 제시된 것과 같이 s_{ij}

제4장, 제5장, 제7장에 걸쳐 다양한 회귀방정식에서 단순 기울기의 분산에 대한 공식을 기술하는데, 모든 공식은 식 2.10의 형태를 따른다. 다양한 회귀방정식에 대한 단순 기울기의 유도와 관련된 가중치 벡터를 제시할 것이다. 이를 토대로 식 2.7의 행렬식이나 식 2.10의 산술식을 활용해 단순 기울기의 분산에 대한 공식을 확인할 수 있다.

요약

이 장에서는 식 $\hat{Y} = b_1X + b_2Z + b_3XZ + b_0$에서 두 연속형 변인 X, Z 간 유의미한 상호작용에 대한 규명(probe)에 대해 기술하였다. 첫째, 회귀방정식을 재정리하여 Z의 값에서 X에 대한 회귀방정식을 구성하고 단순 기울기를 도출한다. 상호작용의 사후 규명(post hoc probing)은 플롯을 그리는 것에서 시작한다. 단순 기울기에 대한 t-테스트와 통계 패키지를 통해 t-테스트를 할 수 있는 간단한 방법을 소개하였다. 두 연속형 변인 간 상호작용에 대해 순서적과 비순서적 (또는 비교차형과 교차형) 상호작용의 구분을 설명했으며 단순 회귀선의 교차점을 결정하는 절차를 보여 주었다. 마지막으로, 심화 섹션에서 OLS 회귀방정식에서 단순 기울기의 표준오차에 대한 일반적인 유도 방법을 제시하였다.

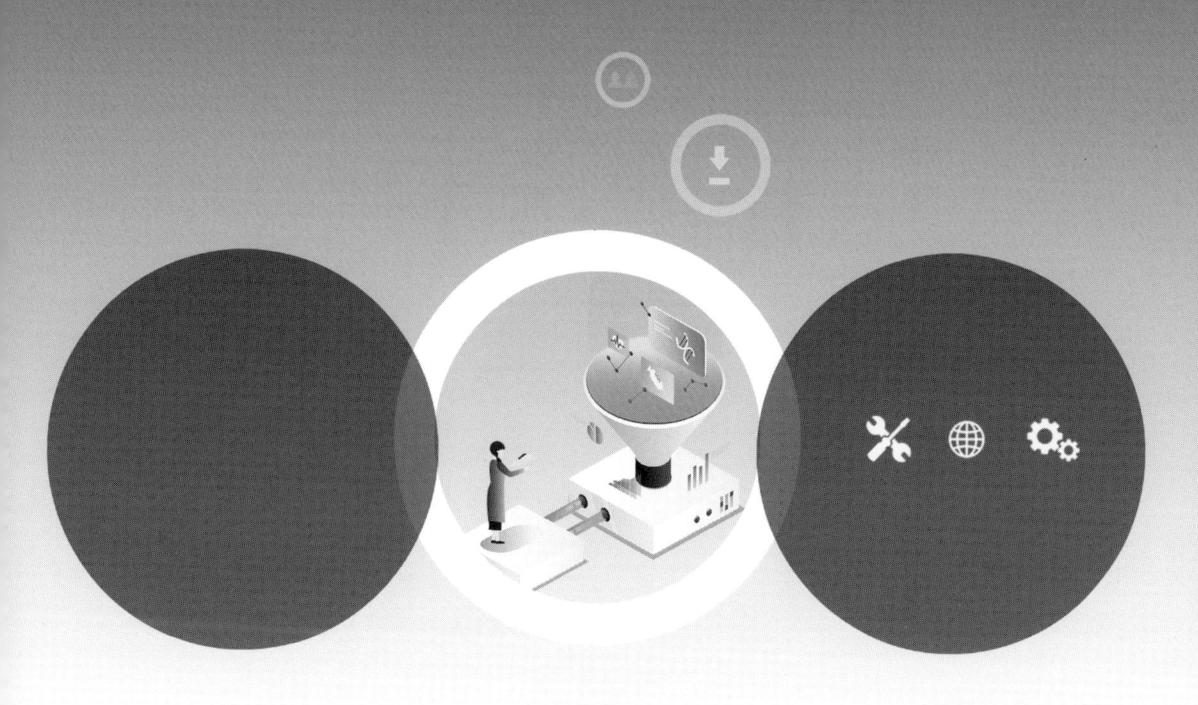

제 3 장

예측 변인의 스케일링이 회귀 계수에 미치는 영향

- 스케일 불변성의 문제
- 회귀 계수의 해석
- 곱셈항이 있을 때 표준화 솔루션
- 요약

제1장에서 상호작용을 포함하는 회귀방정식에서 간단한 선형 변환(linear transformation)에서 회귀 계수의 불변성이 유지되지 않을 때(lack of invariance) 발생하는 문제에 대해 소개하였다. 그러나 아직까지 여러 연구에서 상당한 혼란을 야기해 온 이 문제에 대해 구체적으로 설명하지 않았다(관련 논의는 Friedrich, 1982; Schmidt, 1973; Sockloff, 1976). 이번 장에서는 하나의 XZ 상호작용항을 포함하는 회귀방정식의 경우에서 이러한 문제에 대해 산술적, 수치적으로 알아본다. 중심화 vs. 비중심화 솔루션에 대한 필수적인 이해를 위해 스케일링의 효과를 고려한 후 식 2.1, $\hat{Y} = b_1X + b_2Z + b_3XZ + b_0$의 각 계수의 해석에 대해 알아본다. 마지막으로 중심화 솔루션과 몇 가지의 가능한 표준화 솔루션 간의 관계에 대해 알아보고 Friedrich(1982)가 제안한 절차만이 완전히 해석 가능한 표준화 솔루션을 제공함을 보인다.

 스케일 불변성의 문제

이번 섹션에서는 예측 변인의 선형 변환에서 스케일 불변성의 부족(lack of scale invariance)을 산술적으로 보여 준다. 여기서 고려되는 스케일 변환(scale transformation)은 덧셈 상수(additive constants, 즉, 예측 변인의 점수에서 상수를 더하거나 빼는 것)를 이용한 스케일 변환이다. 예를 들어, 원점수 X에서 그 평균(상수)을 빼서 X의 중심화 점수를 구한다. 또는 −3에서 3의 범위를 가지는 변인에 4를 더해서 범위가 1에서 7이 되도록 스케일 변환(rescaling)을 할 수 있다. 일반적으로 이러한 스케일 변환은 변형된 변인들의 상관관계 특성에 영향을 미치지 않으며 따라서 선형 회귀에도 영향을 미치지 않는다. 이렇게 원점수와 변환된 변인을 통한 솔루션이 같은 경우가 바람직하다. 그러나 회귀방정식에 상호작용이 존재할 때 단지 덧셈 상수를 통한 스케일 변환이 회귀 계수에 상당한 영향을 미친다.

스케일 변환의 효과를 알아보기 위해 제2장의 회귀방정식을 사용한다.

$$\hat{Y} = b_1X + b_2Z + b_3XZ + b_0 \tag{3.1}$$

또는 이 식을 Z의 값에서 X에 대한 Y의 회귀를 보여 주기 위해 아래와 같이 전개할 수 있다.

$$\hat{Y} = (b_1 + b_3Z)X + (b_2Z + b_0) \tag{3.2}$$

덧셈 상수에 의한 스케일 변환의 결과는 네 가지가 있는데 이러한 결과에 대한 산술적 증명을 위해 Cohen(1978)의 접근을 사용할 것이다.

1. 고차항이 없는, 즉 식 3.1에서 $b_3 = 0$인 선형 회귀에서 덧셈 상수에 의한 스케일 변환은 회귀 계수의 값에 아무런 영향을 미치지 않는다.
2. 하나 이상의 고차항을 포함하는 회귀방정식의 경우 덧셈 상수에 의한 스케일 변환은 최고차항을 제외한 모든 회귀 계수를 변화시킨다.
3. 단순 회귀방정식의 단순 기울기는 덧셈 상수 변환의 영향을 받지 않는다.
4. 덧셈 상수에 의한 변환에서 상호작용에 대한 순서적 또는 비순서적 해석은 바뀌지 않는다. 이러한 사실을 통한 중요한 결론은 덧셈 상수에 의한 변환에 따라 회귀 계수가 변하더라도 연속형 변인 간 상호작용의 구명을 위해 플롯을 그리고 사후조사를 하는 절차는 스케일 불변성의 부족의 영향을 받지 않는다는 것이다.

고차항이 없는 선형 회귀

덧셈 상수에 의한 변환은 1차항만으로 구성된 회귀방정식의 계수에는 영향을 미치지 않는다. 산술적으로 이를 보여 주기 위해 단순 회귀방정식,

$$\hat{Y} = b_1X + b_2Z + b_0 \tag{3.3}$$

을 만들고 새로운 변인 $X' = X + c$와 $Z' = Z + f$를 정의한다. 여기서 c와 f는 덧셈 상수다(c와 f가 X와 Z의 산술평균이라면 X와 Z는 중심화된 변인이 되고 따라서 X'와 Z'는 중심화되지 않은 변인을 나타나게 된다.). 최초의 중심화되지 않은 변인을 $X = X' - c$, $Z = Z' - f$와 같이 이항하고 이를 단순 회귀방정식에 대입하면 다음의 식을 구할 수 있다.

$$\hat{Y} = b_1(X' - c) + b_2(Z' - f) + b_0 \text{ 또는}$$
$$\hat{Y} = b_1X' + b_2Z' + (b_0 - b_1c - b_2f) \tag{3.4}$$

여기서 중심화되지 않은 1차항(X'와 Z')의 계수 b_1과 b_2는 중심화된 X와 Z에 기반한 식 3.3의 계수와 같다. 회귀의 절편만 $(b_0 - b_1c - b_2f)$로 변한다.

고차항이 있는 회귀방정식

회귀방정식이 상호작용이나 고차항을 포함하면 상황이 달라진다. $X = X' - c$, $Z = Z' - f$를 식 3.1에 대입하고 정리하면 다음과 같은 식을 얻는다.

$$\hat{Y} = (b_1 - b_3f)X' + (b_2 - b_3c)Z' + b_3X'Z' + (b_0 - b_1c - b_2f + b_3cf) \tag{3.5}$$

식 3.1의 원 계수 b_1은 $b_1' = (b_1 - b_3 f)$, 식 3.1의 원 계수 b_2는 $b_2' = (b_2 - b_3 c)$, 계수 b_2은 $(b_0 - b_1 c - b_2 f + b_3 cf)$으로 변한 것을 확인한다. 상호작용 계수 b_3만 원래의 값을 유지하고 있다.[1] X와 Z의 스케일 변환으로 인한 1차항 계수의 변화는 그 변인들 간에 상호작용이 존재할 때 발생한다. 상호작용항(XZ)과 각 요소(X와 Z) 간의 공분산의 일부는 각 변인의 평균에 따라 결정된다. 스케일 변환은 평균을 변화시키고 따라서 예측 변인들 간의 공분산을 변화시켜 결과적으로 고차함수에 포함된 예측 변인들의 계수 b_1과 b_2를 변화시킨다. 이는 개별 예측 변인 X와 Z 간 상관이 없을 때에도 마찬가지다.[2] [관심 있는 독자는 교차곱(crossproduct)항 XZ의 평균과 분산을 각 요소 X와 Z의 평균과 분산으로 표현하는 산술적 방법을 설명한 〈부록 A〉를 참고하기 바란다. 교차곱항 XZ와 각 요소의 저차항 X, Z 간의 공분산에 대해서도 설명한다.]

단순 회귀방정식의 단순 기울기

상호작용으로부터 계산된 단순 기울기 또한 덧셈 스케일 변환의 영향을 받지 않는다. 이를 산술적으로 살펴보기 위해 식 2.2에서 $(b_1 + b_3 Z)$가 Z값에서 X에 대한 Y의 단순 회귀에 대한 일반적인 표현이었던 것을 떠올려 보자. 한 번 더 $X = X' - c$, $Z = Z' - f$를 식 3.2에 대입하면 아래의 식을 얻을 수 있다.

$$\hat{Y} = [b_1 + b_3(Z' - f)](X' - c) + [b_2(Z' - f) + b_0] \tag{3.6}$$

1) 중심화, 비중심화 분석 간 비표준화 b_3의 항상성(constancy)은 표준화 솔루션에서는 유지되지 않는다.

2) 상호작용에 대한 이러한 언급은 식 3.1의 XZ 항에도 적용된다. 제5장에서 언급할 X^2와 X^2Z와 같은 고차항을 포함하는 회귀방정식에서 오직 최고차항의 회귀 계수만이 선형 스케일 변환에 대한 불변성을 가진다.

아래와 같이 항을 정리할 수 있다.

$$\hat{Y} = (b_1 + b_3 Z' - b_3 f) X' + (-b_1 c - b_3 c Z' + b_3 cf + b_2 Z' - b_2 f + b_0) \quad (3.7)$$

식 3.2의 단순 회귀 계수 $(b_1 + b_3 Z)$와 식 3.7의 단순 회귀 계수 $(b_1 + b_3 Z' - b_3 f)$를 비교하기 위해 $Z' = Z + f$를 식 3.7에 대입한다.

$$\hat{Y} = (b_1 + b_3 Z) X' + (-b_1 c + b_2 Z - b_3 c Z + b_0) \quad (3.8)$$

Z의 값에서 X'에 대한 Y의 회귀의 단순 회귀 계수 $(b_1 + b_3 Z)$는 식 3.2와 식 3.8에서 변하지 않았다. 예측 변인의 스케일 변환은 회귀 상수(절편)을 변화시키지만 단순 회귀방정식의 계수는 변화시키지 않았다.

순서적 · 비순서적 상호작용

X와 Z의 스케일 변환을 하고 나면 단순 회귀선이 교차하는 지점은 X와 Z에 대해 각각의 덧셈 상수 c와 f의 배수로 움직인다. 이를 보이기 위해 식 3.5의 $b_2' = (b_2 - b_3 c)$를 활용할 것이며 중심화, 비중심화된 식 3.1에서 $b_3' = b_3$인 점을 상기한다. 이를 식 2.6에 대입하면 회귀방정식이 교차하는 값을 구할 수 있다.

$$X'_{\text{cross}} = \frac{-b_2'}{b_3'} = \frac{-(b_2 - b_3 c)}{b_3} = \frac{-b_2}{b_3} + c \quad (3.9)$$

따라서 X를 덧셈 상수를 통해 변환하는 것은 X에 대한 Y의 단순 회귀선의 교차점을 정확히 상수만큼 이동시킨다. 따라서 상호작용에 대한 순서적 또는 비순서적 여부는 예측 변인의 스케일 변환과 독립적이다.

위에서 기술한 산술적 관계는 한 가지 중요한 결론을 의미한다. 원래 변인에 대한 어떤 덧셈 변환도 전체 상호작용이나 조사하고자 하는 상호작용의 요소들에 영향을 미치지 않는다.

수치적 예시–중심화, 비중심화

앞선 장에서 〈표 2–1〉, 〈표 2–2〉, 〈표 2–3〉에 대한 분석은 오직 중심화된 X와 Z 변인을 분석한 부분에 초점이 맞추어져 있었다. 이러한 표에는 비중심화 변인 $X' = X+5$, $Z' = Z+10$에 대해 똑같은 분석을 한 결과도 포함되어 있다. 이러한 예를 통해 중심화, 비중심화 변인들의 회귀분석, 플롯, 사후조사 간 직접적인 분석이 가능하다.

상관

〈표 2–1a〉에서 중심화항 X와 XZ, Z와 XZ 간의 상관은 각각 .10, .04로 낮았다는 점을 주목한다. 그러나 비중심화 변인의 경우 X'와 $X'Z'$ 간, Z'와 $X'Z'$ 간에 강한 상관이 존재하게 되었다. 예를 들어, 비중심화 변인 Z'와 $X'Z'$ 간 상관은 .86이었다. 이 예를 통해 변인이 중심화되지 않았을 때 어떻게 회귀방정식에 다중공선성(multicollinearity)이 개입하게 되는지를 알 수 있다(Marquardt, 1980). 매우 높은 수준의 다중공선성은 회귀 계수의 추정에 기술적인 문제를 야기한다. 변인의 중심화는 많은 경우 이러한 문제를 완화시킨다(Neter, Wasserman, & Kutner, 1989).

고차항이 없는 회귀방정식

〈표 2–1c〉(ii)와 〈표 2–1d〉(ii)를 비교하면 상호작용항 계수 b_3는 비중심화, 중심화 식에서 동일하며 테스트 결과 또한 동일하다는 사실을 알 수 있다. 그러나 비중심화 회귀방정식에서는 X'와 Z'의 계수 모두 음수이고 유의했다. 대조적으로 중심화된 회귀방정식에서는 두 계수 모두 양수이며 Z의 계수는 유의하였다. 단순한 덧셈 상수로 인한 이러한 극적인 차이는 상호작용을 포함하는 회귀분석의 어려움을 보여 준다. 중심화, 비중심화 분석 간 단순 기울기의 동일함은 이미 산술적으로 확인하였다.

단순 기울기

식 3.2는 Z의 특정값에서 X에 대한 Y의 회귀를 표현한다. 비중심화 데이터를 사용하여 $Z_H' = \overline{Z}' + 1$ 표준편차, $Z_M' = \overline{Z}'$, $Z_L' = \overline{Z}' - 1$ 표준편차의 세 Z 값에서 단순 기울기식을 계산한다. 비중심화 데이터를 사용한 단순 회귀방정식을 계산하기 위해 〈표 2-1d〉(ii)의 상호작용을 포함하는 비중심화 회귀방정식을 사용한다.

$$\hat{Y} = -24.68X' - 9.33Z' + 2.58X'Z' + 90.15$$

〈표 2-1d〉(ii)의 이 식은 〈표 2-2b〉에서 식 3.2의 형태로 표현된다.

$$\hat{Y} = (-24.68 + 2.58Z')X' - (9.33Z' + 90.15)$$

중심화되지 않은 $Z_H' = 12.20$을 대입하면 $\hat{Y} = [-24.68 + 2.58(12.20)]X' + [(-9.33)(12.20) + 90.15] = 6.82X' - 23.67$을 얻는다. 중심화된 $Z_H = 2.20$에 대해서는 $\hat{Y} = [1.14 + 2.58(2.20)]X + [3.58(2.20) + 2.54] = 6.82X + 10.41$이었던 것을 기억하자. 〈표 2-2a〉와 〈표 2-2b〉의 Z_H, Z_M, Z_L에서 중심화, 비중심화 솔루션에 대한 단순 기울기의 비교는 각 지점에서 단순 기울기는 동일하다는 중요한 결과를 보여 준다. 다시 말해, 상대적 위치가 동일한 Z값에서(예를 들어, 평균에서 1표준편차 위인 Z_H) 중심화, 비중심화 단순 기울기 식의 기울기가 동일하다. 따라서 단순 기울기가 중심화 또는 비중심화 식에서 생성되었는지에 관계없이 단순 기울기의 식을 통해 Y와 X의 관계를 혼란 없이 설명할 수 있다. [그림 2-1a]와 [그림 2-1b]의 비교를 통해 중심화나 비중심화 자료에서 생성된 상호작용의 동일함을 확인할 수 있다.

단순 기울기의 표준오차와 t-테스트

단순 기울기의 표준오차와 이를 통한 t-테스트는 덧셈 변환(additive transformation)의 영향을 받지 않는다. 비중심화 회귀 계수의 분산-공분산 행렬 S_b'는 〈표 2-3b〉에 제시되어 있다. 이 행렬은 SPSS-X를 이용해 비중심화 데이터에 대해 회귀분석을 수행하여 얻어진다. 식 2.4의 단순 기울기 분산의 제곱근 $[s_b = (s_{11} + 2Zs_{13} + Z^2 s_{33})^{1/2}]$는 비중심화, 중심화 데이터 모두에 적용된다. 예를 들어, $Z_{\mathrm{H}}{}' = 12.20$에서 X'에 대한 Y의 단순 기울기의 표준오차 추정치 $s_{\mathrm{H}}{}'$는 $[43.88 + (2)(12.2)(-4.07) + 12.2^2(0.40)]^{1/2} = 1.98$로 구해진다. 행렬 $S_b{}'$로부터 $s_{11}{}' = 43.88$, $s_{13}{}' = -4.07$, $s_{33}{}' = 0.40$임을 알 수 있다. 중심화 $Z_{\mathrm{H}} = 2.20$에 대해 b_{H}는 $[2.35 + 2(2.2)(-0.08) + 2.2^2(0.40)]^{1/2} = 1.98$로 구해진다. 〈표 2-3〉에서 볼 수 있듯이 비중심화, 중심화 데이터에서 단순 기울기, 표준오차, t-테스트는 동일하다.

순서적 · 비순서적 상호작용

상호작용의 순서적 · 비순서적 상태에 대한 중심화의 효과를 알아보기 위해 변환(transformation)이 단순 회귀선의 교차점에 미치는 영향을 결정해야 한다. X'에 대한 Y의 모든 회귀선의 교차하는 X'를 구하기 위해 식 2.6, $X'_{\mathrm{cross}} = b_2{}'/b_3{}'$을 적용하면 $X'_{\mathrm{cross}} = -(-9.33)/2.58 = 3.61$을 구할 수 있다. $\overline{X} = 5.0$, $s_X{}' = 0.95$일 때 X'에 대한 Y의 회귀선은 평균에서 $(3.61 - 5)/0.95 = -1.47$ 표준편차 아래에서 교차함을 알 수 있다. 제2장에서 중심화 회귀의 교차점 또한 X의 평균에서 정확히 1.47 표준편차 아래임을 확인하였다(p. 46 참조).

● Y도 중심화가 필요한가

제2장과 제3장에서 중심화된 예측 변인을 사용할 때도 Y는 중심화시키지 않았다. 상호작용을 포함하는 회귀에서 결과 변인에 상수를 더하는 것은 회귀 계수에 영향을 주지 않는다. 결과 변인을 중심화되지 않은 원래의 변인으로 남겨둠으로써 예측값들이 결과 변인의 원 척도와 일치하게 되어 편리하다. 예측 변인들을 중심화 하더라도 결과 변인 Y는 중심화를 할 이유가 없는 것이 일반적이다.

다중공선성: 필수적 · 비필수적 부적절 조건화

1차(first order) 변인 X와 Z가 중심화되지 않았다면 곱셈항(product term) XZ와 고차항 X^2는 그 변인들을 구성하는 저차항과 높은 상관을 가진다(X와 X^2 간 피어슨적률상관이 1에 근접한다.). 회귀 모형에서 이러한 곱셈항이나 고차항을 저차항과 함께 이용하면 최고차항 회귀 계수의 표준오차는 영향을 받지 않는 반면 최고차항으로 인해 저차항의 회귀 계수의 표준오차가 증가한다. 이러한 다중공선성(multicollinearity)으로 인한 계산상의 문제를 Cohen(1978)과 Pedhazur(1982)에서 지적하였다.

고차항을 포함한 회귀 모형에 대한 많은 문헌에서 다중공선성으로 인한 문제에 대해 경고한다. 그러나 이러한 문제들은 별개의 두 변인들 간에 높은 상관이 존재하는 일반적인 다중공선성의 문제와는 다르다. 고차항이 있는 회귀 모형의 맥락에서 다중공선성은 스케일링의 문제이고 중심화를 통해 상당 부분 해소될 수 있다. 이 책에서 고려하는 특수한 경우(예를 들어, X와 X^2 또는 X와 Z, XZ 간의 관계)는 일반적인 결과를 따른다. 중심화되지 않은 X'와 X'^2 간에는 강한 상관이 존재한다. 그러나 중심화된 X가 정규 분포를 따른다면 중심화된 예측 변인 X와 X^2 간 공분산은 0이 된다. X가 정규 분포가 아닌 경우에도 X와 X^2 간 상관은 X'와 X'^2 간 상관보다 매우 낮다. 중심화되지 않은 X'와 Z'는 둘 간의 교차곱항 $X'Z'$과 강한 상관을 가진다. 그러나 X'와 Z'가 2변량 정규 분포(bivariate normal)를 따른다면 X와 Z가 둘 간의 교차곱항 XZ와 가지는 공분산은 0이다. X와 Z가 중심화되었다면 1차항과 곱셈항 또는 1차항과 2차항 간의 남아있는 상관은 변인들의 비정규성으로 인한 것이다(수학적 기반에 관해서는 〈부록 A〉를 참고하라.). Marquardt(1980)은 중심화되지 않은 변인들 간 다중공선성의 문제를 비필수적 부적절 조건화(nonessential ill-conditioning), 모집단의 변인들 간에 존재하는 실제 다중공선성(예를 들어, 아동의 나이와 발달 단계)을 필수적 부적절 조건화(essential ill-conditioning)라고 명명하였다. 비필수적 부적절 조건화는 예측 변인들에 대한 중심화를 통해 제거된다.

계산의 편의를 위해서도 중심화는 권장된다. Marquardt(1980), Smith와 Sasaki(1979), Tate(1984)는 상호작용을 포함하는 회귀 모형에서 다중공선성을 줄이는 방법에 대해 명쾌한 논의를 제공하였다(Lance, 1988도 참고).

 회귀 계수의 해석

상호작용항 XZ

연속형 변인 간 상호작용은 한 예측 변인에 대한 결과 변인의 회귀가 다른 예측 변인의 값에 따라 달라지는 것이라고 제2장의 도입부에서 언급하였다. 식 3.2의 단순 기울기의 표현에서 볼 수 있듯이 회귀 계수 곱셈항의 회귀 계수 b_3은 X에 대한 Y의 회귀의 기울기가 Z의 단위 변화에 따라 변하는 양을 나타낸다(Cleary & Kessler, 1982; Finney, Mitchell, Cronkite, & Moos, 1984; Judd & McClelland, 1989 참고). 〈표 2-2〉의 단순 회귀방정식[3]에 의하면 Z의 여러 수준에서 X에 대한 Y의 회귀의 기울기는 Z의 단위 변화에 대해 2.58 증가한다. 이러한 변화는 단조(monotonic) 변화이며 Z의 모든 범위에서 동일하다. 곱셈항 XZ는 연속된 단순 회귀선을 그리게 되면 [그림 2-1]에서 보이는 것과 같은 부채 모양을 이루게 된다. 곡선형과 비균일적(nonuniform) 효과를 나타내는 상호작용 또한 회귀방정식에 포함시킬 수 있으나 이러한 복잡한 상호작용은 제5장에서 다루기로 한다.

식 3.1의 곱셈항 XZ는 측정의 스케일에 따라 달라지지 않는다는 것을 확인하였다. 따라서 그 해석 또한 덧셈 스케일 변환에 따라 달라지지 않는다. 그러나 이러한 불변성(constancy)은 비표준화(unstandardized) b_3 계수에만 해당된다. 이 장의 후반부에 기술되어 있듯이 상호작용에 대한 표준

---

3) 식 3.1에서 X의 값에서 Z에 대한 Y의 회귀의 단순 기울기는 $(b_2 + b_3X) = (3.58 + 2.58X)$이다. X의 단위 증가에 대해 Z는 2.58 증가한다. 따라서 Z에서 X에 대한 Y의 회귀와 X에서 Z에 대한 Y의 회귀는 대칭성이 존재한다.

화 계수(beta)는 덧셈 변환의 영향을 받는다.

1차항 X와 Z

중심화 대 비중심화 변인

상호작용을 포함하는 회귀방정식에서 1차항의 회귀 계수(식 3.1의 b_1과 b_3)은 일명 조건부 효과(conditional effects; Cleary & Kessler, 1982; Darlington, 1990)의 예다. 조건부 효과는 다른 변인이 특정값인 조건에서 예측 변인의 효과를 일컫는다. 조건부 효과가 유용하기 위해서는 다른 변인의 특정값이라는 조건이 의미 있는 것이어야 한다.

식 3.1에서 b_3 계수는 $Z=0$에서 X에 대한 Y의 회귀를, b_2 계수는 $X=0$에서 Z에 대한 Y의 회귀를 나타낸다. 예측 변인이 중심화되지 않았을 경우 이러한 계수들은 의미 있는 것이 아닐 수 있다. 예를 들어, 키(X)와 몸무게(Y)를 통해 운동선수의 능력을 예측한다면 키에 대한 회귀 계수(b_1)는 운동선수의 몸무게가 0일 때 키에 대한 운동능력의 회귀를 나타낸다. 사회과학에서 X와 Z가 간격척도인 경우가 많은데 이 경우 0은 아무 의미가 없는 값이다. 어떤 행동을 동기(X)와 7점 척도인 태도(Z)로 예측한다면 X에 대한 Y의 회귀 계수는 $Z=0$일 때 X에 대한 Y의 회귀의 기울기이며 $Z=0$은 정의조차 되지 않는다. 그러나 예측 변인이 중심화되었을 때 0이라는 값은 각 예측 변인의 평균이다. 따라서, Z가 중심화되었다면 X의 계수 b_1은 Z의 평균에서 X에 대한 Y의 회귀를 나타낸다. 일반적으로 중심화를 통해 연속형 변인의 의미 있는 0점이 얻어진다.

중심화된 회귀방정식의 b_1 계수와 단순 기울기 분석 간의 관계를 다음과 같이 밝힐 수 있다. 중심화된 휘귀식의 b_1 계수는 Z의 평균(Z_M)에서 X에 대한 Y의 회귀의 단순 기울기다. 〈표 2-3〉에서 $b_M = 1.14$는 Z_M에서 X에 대한 Y의 회귀의 단순 기울기다(비중심화 식에서 동치는 $b_M' = 1.14$). 〈표 2-2〉와 〈표 2-3〉의 단순회귀분석에서 Z의 평균에서 X에 대한 Y의 회귀의 개념을 접한 바 있다. 〈표 2-2〉에서 Z_M에서 X에 대한 Y의 회귀의 단순 기울기 또는 그 동치인 Z_M'에서 X'에 대한 Y의 회귀의 단순 기울기는 1.14였다. 〈표 2-1c〉(ii)에서 회귀 계수 b_1은 중심화된 회귀방정식에서 1.14였다.

중심화된 변인의 분석과 〈표 2-3〉에서 요약된 단순 회귀분석 간에는 더 많은 공통점이 존재한다. 중심화 변인을 사용한 회귀방정식의 S_b 행렬에서 b_1 계수의 분산 $s_{11} = 2.35$, 표준오차는 $2.35^{1/2} = 1.53$, $t = 1.14/1.53 = 0.74$이다. 이는 〈표 2-3〉의 단순 기울기 b_M 또는 b_M'의 표준오차와 t 값과 정확히 일치한다. 따라서 중심화된 회귀 모형의 각 b 계수에 대한 명확한 해석이 존재한다.

중심화되지 않은 회귀방정식에서도 b_M' 계수에 대해 $Z' = 0$에서 X'에 대한 Y의 회귀의 기울기라는 해석은 유지된다. 그러나 $Z' = 0$이라는 값은 더 이상 자료의 중심이 아니며 실제로는 Z 변인의 스케일에는 존재하지 않는 값일 수도 있다. 중심화되지 않은 변인 Z'이 의미 있는 0의 값을 가지는 특별한 경우에만 X'에 대한 회귀 계수가 의미를 가질 수 있다. 중심화된 변인의 회귀분석의 경우에 1차항의 회귀 계수에 대해 의미 있는 정보를 얻을 수 있기 때문에 Finney 등(1984)과 Marquardt(1980)이 권고한 바와 마찬가지로 이 책에서도 중심화된 회귀를 권장한다. 이는 또한 ANOVA 모형에서 각 주효과의 추정은 다른 요인들이 0일 때 이루어진다는 점과 일치한다.

상호작용이 존재할 때 해석

식 3.1의 b_1과 b_2 계수는 일반적인 의미의 '주효과(main effects)'를 나타내지 않는다. 주효과는 일반적으로 다른 변인의 모든 값에 대해 고정적인(constant) 한 변인의 효과로 정의된다(Cramer & Appelbaum, 1980). 다른 변인의 값의 범위에 걸친 평균(average)효과로 정의되기도 하지만(Finney et al., 1984) 이러한 정의가 일반적이라고 하기는 어렵다. Darlington(1990)은 평균효과(average effect)를 다른 변인의 모든 값에 대한 단순 기울기의 평균으로 정의하기도 하였다. 다시 말해, 단순 기울기 식 $(b_1 + b_2Z)$에 예측 변인의 모든 관찰값을 대입하여 계산한 단순 기울기를 모든 관찰값에 대해 평균을 구한 것을 X가 Y에 대해 가지는 평균효과라고 할 수 있다. 중심화된 회귀방정식에서 Y에 대한 X의 평균효과는 b_1이다. 다시 말해, Y의 X에 대한 회귀의 단순 기울기를 모든 Z값에 대해 계산하고 가중평균을 구하면 중심화 회귀의 b_1과 같다.

상호작용이 존재할 때 b_1과 b_2 계수는 예측 변인의 고정적인 효과를 나타내지 않는다. 중심화 회귀방정식에서 b_1과 b_2 계수는 항상 한 예측 변인의 평균에서 다른 변인의 효과를 나타낸다. 또한 한 변인의 단순 기울기의 다른 변인의 관찰값에 대한 가중 평균으로 생각할 수도 있다. b_1 또는 b_2 계수를 다른 예측 변인의 평균에서 조건부 효과로 해석하는 것은 연구 대상인 관계를 명확히 하는 데 유용할 수 있다. 따라서 우리는 효과가 고정적이지 않다는 이유로 무시되어야 하는 것이 아니라는 Finney 등(1984)의 관점을 지지한다. 또한 이러한 효과에 대한 해석을 위해 변인이 가진 스케일의 특성에 대한 신중한 고려가 필요하다는 Cleary와 Kessler(1982)의 지적에도 동의한다.

Z가 중심화되었을 때 계수 b_1이 항상 Z의 평균에서 X에 대한 Y의 회귀를 나타내기 때문에 b_1 계수나 나타내는 관계가 성립하는 Z의 범위에 대해 규명할 필요가 있다. 중심화된 회귀방정식 $\hat{Y} = 3X + 2Z + 0.5XZ + 5$를 $\hat{Y} = (3 + 0.5Z)X + (2Z + 5)$와 같이 재정리한 경우를 생각해 보자. 이때 Z는 중심화되었으며 $s_Z = 1.5$이다. $Z=0$일 때 Y의 X에 대한 회귀 계수는 3이다(즉, $b_1 = 3$). Z가 0보다 커지면서 X에 대한 Y의 회귀는 더 정적으로 변화한다. 다시 말해 Z가 증가함에 따라 단순 기울기 $(3 + 0.5Z)$가 증가한다. Z가 -1.5(평균에서 1 표준편차 아래)로 감소할 때 X의 단순 기울기는 여전히 양수다[즉, $3 + 0.5(-1.5) = 2.25$]. $Z = -3.0$, 즉 평균에서 2 표준편차 아래에서도 마찬가지다. 따라서 Z의 범위 안에서 X에 대한 Y의 회귀는 평균적으로 정적(positive)이라는 결론은 상당히 정확하다. 반면에, 〈표 2-1c〉(ii)의 b_1 계수는 Z의 평균에서 1표준편차 위 또는 아래에서 X에 대한 Y의 회귀 어느 것도 의미하지 않는다.

상호작용을 포함하는 회귀분석의 1차항을 해석할 때 각 변인의 1차항의 효과가 유효한 다른 변인의 범위를 고려할 것을 권장한다. 이를 통해 1차항의 조건부 효과를 고려하기 위한 엄격한 규칙을 따를 필요가 없어지며 결과에 대한 정확한 해석이 가능해진다.

기하학적 해석

b_1과 b_2의 조건부 효과와 b_3 상호작용(Cleary & Kessler, 1982)의 기하학적 표현을 통해 그 의미를 명확히 할 수 있다. Z에 대한 b_2 계수는 $X=0$일 때 예측값 $\hat{Y}$가 Z에 따라 어떻게 변화하는지를 나타낸다. [그림 2-1a]에서 $X=0.0$ 값은 X축의 가운데에 위치한다. $X=0.0$에서 Z_L의 단순회귀선에 해당하는 Y값들을 통해 $X=0.0$이고 $Z=Z_L$일 때 Y의 예측값을 구할 수 있다. $X=0.0$일 때 Z_L, Z_M, Z_H에 해당하는 Y의 예측값은 각각 −5.33, 2.54, 10.41이다. 이 값들은 단순 회귀방정식들의 회귀 상수(Y 절편)에 해당한다. 중심화 회귀방정식에서 $b_2=3.58$이고 Z가 증가할수록 $\hat{Y}$가 증가함을 확인할 수 있다.

비중심화 자료에 대한 [그림 2-1b]를 확장한 [그림 3-1]을 보자. [그림 3-1]에서 X축을 0.0까지 연장하고 단순 회귀방정식을 Y축의 절편까지 연장하였다. 비중심화 회귀방정식의 b_2' 계수는 여전히 $X'=0.0$에서 Z'에 대한 Y의 회귀로 해석된다. $X'=0.0$과 만나는 세 개의 단순 회귀방정식을 통해 Z'의 값들에 해당하는 $\hat{Y}$를 구할 수 있다. Z_L', Z_M', Z_H'에 해당하는 예측값은 각각 17.38, −3.15, −23.67이다. Z'가 증가함에 따라 $\hat{Y}$가 감소하며 비중심화 회귀방정식에서 $b_2'=-9.33$으로 음수다. 덧셈 상수를 통해 스케일 변환(rescaling)은 회귀 면의 원점을 이동시킨다. 이 예에서 중심화식에 비해 비중심화식에서 b_2의 부호가 변한 것은 단순 회귀방정식이 중심화가 된 경우에는 영점(zero) 위에서는 교차하지 않지만 비중심화의 경우에는 교차하기 때문이다. 마지막으로, 이러한 원점의 변화를 통해 중심화와 비중심화 솔루션에서 단순 기울기식의 Y 절편의 변화를 설명할 수 있다.

b_3의 경우, Z 값에 따른 X에 대한 Y의 회귀방정식들 간의 기울기, 또는 X 값에 따른 Z에 대한 Y의 회귀방정식들 간의 기울기를 나타낸다. 이러한 기울기는 스케일 변환에 의한 축의 원점 변화의 영향을 받지 않는다.

 곱셈항이 있을 때 표준화 솔루션

지금까지는 중심화의 경우처럼 덧셈 상수에 의한 스케일 변환이 상호작용항의 비중심화 계수에 영향을 미치지 않는다는 것을 확인하였다. 그러나 상호작용항의 표준화계수(standardized coefficients, beta)는 중심화와 비중심화 자료 간 차이가 있을까? 〈표 3-1〉에서 중심화, 비중심화 간 비표준화 솔루션을 수치적 예시를 통해 비교하였다(〈표 3-1〉의 사례 1a와 2a). 두 분석에 해당하는 표준화회귀 계수의 비교를 통해 다음 두 가지의 불편한 사실을 알 수 있다.

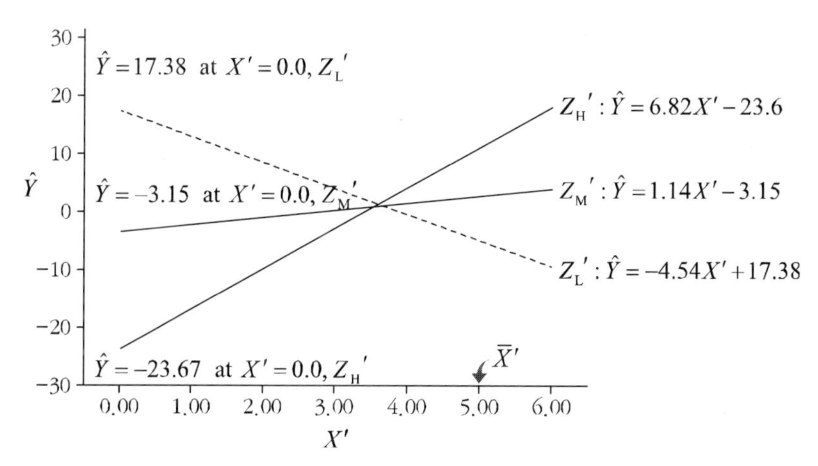

[그림 3-1] 비중심화 회귀방정식 $\hat{Y}=-24.68X'-9.33Z'+2.58X'Z'+90.15$에서 그린 상호작용 플롯

1. 상호작용의 계수에 대한 t-테스트는 중심화와 비중심화 경우 동일하다($t=4.087$).
2. 상호작용의 표준화 회귀 계수는 중심화와 비중심화의 분석에서 상당히 다르다(1.61 대 0.19).
3. 두 표준화 솔루션에서 도출된 단순 기울기 또한 상당히 다르다. 예를 들어, X에 대한 Y의 단순 기울기 (b_1+b_2Z)를 Z_{H} =(Z의 평균에서 1표준편차 위, 즉 표준화된 경우에는 Z=1에 해당)에 대해 계산해 보자. 〈표 3-1〉의 1b의 경우,

$$(b_1+b_2Z)=[-0.83210+1.61337(1)]=0.78127$$

〈표 3-1〉의 2b의 경우는

$$(b_1+b_3Z)=[0.0382+0.19218(1)]=0.23050$$

Friedrich(1982, 또는 Jaccard, Turrisi, & Wan, 1990 참고)에 따라 이번 섹션에서는 상호작용과 단순 기울기의 표준화 회귀 계수가 왜 예상과 달리 불일치하는지를 알아볼 것이다. 이러한 불일치의 중요한 시사점은 상호작용이 존재할 때 표준화된 중심화 솔루션 또는 표준화된 비중심화 솔루션(〈표 3-1〉의 1b와 2b)을 사용하지 않아야 한다는 것이다.

〈표 3-1〉 비중심화 회귀방정식 $\hat{Y} = -24.68X' - 9.33Z' + 2.58X'Z' + 90.15$에서 그린 상호작용 플롯

분석	b_1 (X의 계수)	b_2 (Z의 계수)	b_3 (XZ의 계수)	b_0	b_3에 대한 t-테스트	Z_H에서 단순 기울기 ($b_1 + b_3 Z_H$)
1a. 비중심화 Y, X, Z	−24.67759	−9.32984	2.58141	90.15337	4.087	
1b. 1a와 관련된 표준화 솔루션(즉, 비중심화 Y, X, Z)	−0.83210	−0.73528	1.61337	−	4.087	0.78127[b]
2a. 중심화 X, Z	1.13648	3.57720	2.58141	2.53743[a]	4.087	
2b. 2a와 관련된 표준화 솔루션(즉, 중심화 X, Z)	0.03832	0.28088	0.19218	−	4.087	0.23050[b]
3a. z_Y, z_X, z_Z, $(z_X z_Z)$를 예측 변인으로 사용	0.03832	0.28088	0.19150	−0.07930	4.087	0.22982
3b. 3a와 관련된 표준화 솔루션	0.03832	0.28088	0.19218	−	4.087	0.23050[b]

a. 예측된 점수를 원 척도로 보여 주기 결과 변인 Y는 중심화되지 않음.
b. 이러한 결과는 부적절한 인수 분해로 인한 것이며 사용하여서는 안 된다. 본문 참고.

상호작용항이 있을 때 적절한 표준화 솔루션

통계 패키지에서 표준화 회귀 계수의 계산은 예측 변인의 표준화로 시작된다(이는 상호작용을 포함하지 않는 회귀방정식에서는 적절하지만 상호작용을 포함하는 회귀방정식에서는 그렇지 않다.). 중심화되지 않은 원 변인의 분석에서 이러한 예측 변인은 X', Z', $X'Z'$이며 이에 해당하는 z 점수는 각각 $z_{X'}$, $z_{Z'}$, $z_{X'Z'}$이다. 마지막 항 $z_{X'Z'}$은 원 변인의 곱셈항 $X'Z'$의 z 점수이며, z 점수 $z_{X'}$, $z_{Z'}$의 곱셈항이 아니다. 이는 중심화된 원 변인의 분석에서도 마찬가지다. 투입되는 변인은 중심화된 X와 Z, 곱셈항 XZ이다. 표준화식에서는 상호작용항은 중심화된 원 변인으로 이루어진 곱셈항의 z 점수인 z_{XZ}이다. 이는 z 점수의 곱 $z_X z_Z$와 같지 않을 수 있다.

단순 기울기를 계산하기 위해 곱셈항을 인수분해(factor)하여야 한다. 비표준화 분석에서 Z의 여러 수준에서 X에 대한 Y의 회귀의 단순 기울기를 도출하기 위해 XZ 항을 인수분해하였다.

$$\widehat{Y} = b_1X + b_3XZ + b_2Z + b_0 = (b_1 + b_3)X + b_1Z + b_0$$

표준화 분석에서도 똑같이 적용할 수 있다.

$$\hat{z}_Y = b_1{}^* z_X + b_2{}^* z_Z + b_3{}^* z_Z z_Z + b_0{}^*$$
$$\hat{z}_Y = (b_1{}^* + b_3{}^*) z_Z + b_2{}^* z_Z + b_0{}^*$$

여기서 $b_i{}^*$는 표준화 회귀 계수이며 $\hat{z}_Y$는 Y에 해당하는 예측값의 표준화 점수다. 인수분해가 가능하기 위해 상호작용항의 예측 변인은 z 점수의 교차곱(crossproduct)이어야 한다. 그러나 〈표 3-1〉의 1b나 2b에서는 교차곱항이 표준화되었기 때문에 이 경우에 해당하지 않는다.

Friedrich(1982)는 이 문제를 풀기 위한 명쾌한 절차를 제안하였다. 먼저 z_X와 z_Z를 계산하고 이들 간의 교차곱 $z_X z_Z$를 계산하는 것이다. 이 값들을 통해 z_Y를 예측한다. 그 결과로 얻어진 비표준화 솔루션은 실제로는 곱셈항이 존재할 때 적절한 '표준화' 솔루션이라고 할 수 있다. 이 방법은 〈표 3-1〉(3a)에 제시되어 있다. 이 분석에서 회귀의 절편 b_0은 일반적인 표준화회귀에서 절편이 0으로 구해지는 것과는 다르게 보통 0이 아닌 값으로 구해진다.

절편의 이러한 차이를 이해하기 위해 $b_0 = \overline{Y} - b_1\overline{X}_1 - b_2\overline{X}_2 \cdots - b_K\overline{X}_K$으로 표현한다. 일반적인 덧셈 표준화 솔루션(additive standardized solution)* 에서 모든 변인은 평균이 0이다. 〈표 3-1〉(3a)의 Friedric(1982)가 제안한 절차에서 교차곱항 $z_X z_Z$의 평균은 0이 아니다. 중심화된 두 변인을 곱하

---

* 역자 주: 일반적으로 additive 모형은 상호작용이나 고차항이 없는 선형 결합 형태의 모형을 의미한다.

면 그 평균은 변인들 간 공분산과 같다(〈부록 A〉). 두 변인이 표준화된 경우에는 두 변인의 곱의 평균은 상관과 같다. 따라서 X와 Z의 상관이 0일 때만 교차곱항 $z_X z_Z$의 평균이 0이 된다. 마찬가지로 교차곱항 XZ의 분산은 X와 Z의 분산과 공분산의 함수다(X와 Z가 이변량 정규 분포일 때, $\sigma^2_{XZ} = \sigma^2_X \sigma^2_Z \text{Cov}^2_{XZ}$, 〈부록 A〉). 두 z 점수의 교차곱항의 분산은 z_X와 z_Z 간 상관이 없을 때만 1이 된다. 따라서 종합하면, 두 표준화 변인 z_X와 z_Z의 교차곱항은 X와 Z 간 상관이 존재하지 않을 때만 표준화된다. 곱셈항 $z_X z_Z$의 평균이 X와 Z 간 상관계수 r_{XZ}이기 때문에 3a에서 절편의 값은 $-b_3{}^* r_{XZ}$이다.

Friedrich의 절차를 따를 때는 비표준화 솔루션(unstandardized solution)을 사용해야 한다. 이 절차에 따른 표준화 솔루션(〈표 3-1〉(3b))은 상호작용항이 z 점수의 교차곱이 아니라는 1b와 2b의 문제를 여전히 가지고 있다. 1b와 2b의 솔루션이 표준화 솔루션으로서 적절하지 않다는 같은 이유로 3b의 솔루션 또한 적절하지 않다.

표준화 솔루션을 통한 단순 기울기 분석

Friedrich 절차에 따른 '표준화(standardized)' 솔루션은 〈표 3-1〉(3a)에서 다음과 같이 주어진다.

$$\hat{z}_Y = 0.03832z_X + 0.28088z_Z + 0.19150z_X z_Z - 0.07930$$

제2장에서 만들어진 절차에 따르면, 이를 일반적인 회귀방정식의 '표준화' 솔루션으로 취급하고 z_X가 높은(+1), 보통(0), 낮은(−1) 값일 때 단순 기울기를 계산할 수 있다. 그러고 나서 제2장에서 제공된 공식(식 2.4와 그 설명)에 적절한 값을 대입하여 표준오차를 계산하고 t 테스트를 수행할 수 있다. 결과는 〈표 3-2〉에 제시되어 있다. 〈표 2-3a〉에는 중심화된 원자료에 대한 동일한 분석의 결과다.

● 표준화되지 않은 솔루션과 '표준화' 솔루션 간의 관계

중심화된 X, Z와 둘 간의 교차곱항 XZ을 예측 변인으로 사용한 중심화된 원점수의 분석과 '표준화' z_X, z_Z, $z_X z_Z$를 예측 변인으로 사용한 '표준화' 분석 간에는 간단한 대수적 관계(algebraic relationship)가 존재한다. 이러한 관계는 단순 기울기의 테스트를 위한 값들에 대한 <표 3-2>와 아래에 제시되어 있다.

1. 회귀 계수는 아래와 같은 관계를 가진다.

$$b_1^* = b_i \frac{s_i}{s_Y}$$

b_i^*는 예측 변인 i에 대한 표준화 회귀 계수, b_i는 예측 변인 i에 대한 비표준화 회귀 계수, s_i는 예측 변인 i의 표준편차다. s_Y는 결과 변인 Y의 표준편차다. 예를 들어, <표 3-1>(2a)에서 $b_3 = 2.58141$이며 <표 3-1>(3a)에서 $b_3^* = 0.19150$이고 $s_Y = 28.01881$, $s_{XZ} = 2.08592$, 또는 $b_3^* = 2.58141(2.08592/28.01881)$이다. 이러한 관계는 회귀방정식의 모든 계수에 대해 성립한다. 이는 1차항만을 포함하는 선형 회귀분석에서 얻어지는 일반적인 관계다(Cohen & Cohen, 1983).

2. 두 분석에서 회귀 상수(절편)는 다음과 같은 관계를 가진다.

$$b_0^* = \frac{b_0 - \overline{Y}}{s_Y}$$

b_0^*과 b_0은 각각 표준화 상수와 비표준화 상수이고 $\overline{Y}$는 결과 변인의 평균이다. Y가 중심화되었다면 위의 식은 $b_0^* = (b_0)/s_Y$로 간략화된다.

3. 두 솔루션의 회귀 계수의 분산-공분산 행렬은 다음과 같은 관계를

가진다.

$$\text{표준화 원소}_{ij} = \text{비표준화 원소}_{ij}\left(\frac{s_i s_j}{s_Y^2}\right)$$

〈표 3-2〉 예측 변인 z_X, z_Z, $z_X z_Z$에 기반한 단순 기울기 분석(〈표 2-3a〉의 원-중심화 단순 기울기 분석과의 비교를 위해)

a. 회귀 계수의 공분산 행렬

	b_1	b_2	b_3
b_1	.00267	−.00110	−.00021
b_2	−.00110	.00265	−.00001
b_3	−.00021	−.00001	.00220

〈표 2-3a〉의 공분산 행렬과의 관계

$\text{표준화 요소}_{ij} = \text{원 요소}_{ij}\left[\frac{s_i s_j}{s_Y^2}\right]$

s_i와 s_j는 원 예측 변인의 표준편차

b. 단순 기울기

$b_L^* = -.15332$

$b_M^* = .03832$

$b_H^* = .22982$

〈표 2-3a〉의 원-중심화 분석의 단순 기울기와의 관계

X에 대한 Y의 표준화 단순 기울기 $=$ X에 대한 Y의 원 단순 기울기 $\left[\frac{s_X}{s_Y}\right]$

c. 단순 기울기의 표준오차

$s_L^* = .07267$

$s_M^* = .05167$

$s_H^* = .06678$

〈표 2-3a〉의 원-중심화 분석의 표준오차와의 관계

표준화 단순 표준오차 $=$ 원 단순 표준오차 $\left[\frac{s_X}{s_Y}\right]$

d. t-테스트

$t_L^* = -2.11$

$t_M^* = 0.74$

$t_H^* = 3.45$

〈표 2-3a〉의 원-중심화 분석의 t-테스트와의 관계

t-테스트는 원-표준화 분석과 표준화 분석에서 동일하다.

주: $S_X = 0.94476$, $S_Z = 2.20004$, $S_{XZ} = 2.08592$, $S_Y = 28.01881$

i와 j는 두 예측 변인, s_i와 s_j는 두 예측 변인의 표준편차, s_Y^2는 결과 변인(criterion)의 분산이다. 이러한 관계는 〈표 3-2〉(a)의 표준화 솔루션을 〈표 2-3〉(a)의 비표준화 솔루션과 비교를 통해 산술적으로 검증할 수 있다.

4. (3)으로부터 회귀 계수의 표준오차는 다음과 같은 관계를 가지는 것을 알 수 있다.

$$s_b{}^* = s_b \frac{s_i}{s_Y}$$

$s_b{}^*$와 s_b는 각각 예측 변인 i의 표준화 회귀 계수와 비표준화 회귀 계수의 표준편차이고 s_i는 예측 변인 i의 표준편차다.

5. 또한 (3)으로부터 예측 변인의 상관 행렬은 표준화 솔루션과 비표준화 솔루션 간 동일함을 알 수 있다.
6. (1)과 (4)를 통해 회귀 계수에 대한 t-테스트와 p값은 두 가지 분석에서 동일함을 알 수 있다.
7. 마지막으로, 〈표 3-2〉에서 표준화 솔루션과 비표준화 솔루션의 단순 기울기, 단순 기울기의 표준오차, 단순 기울기에 대한 t-테스트를 비교한다. 살펴본 바와 같이 단순 기울기와 단순 기울기의 표준오차 둘 다 표준화, 비표준화 솔루션 간에 동일한 대수적 관계를 가진다. 표준화, 비표준화 분석에서 단순 기울기의 t-테스트는 동일하다.

요약하자면, 표준화에 대한 Friedrich(1982)의 접근을 통해 선형 항만을 포함하는 회귀방정식에서 발견되는 표준화, 비표준화 솔루션 간의 일반적인 관계를 유지할 수 있다. 이러한 관계는 또한 단순 기울기 분석에서도 유지된다. 따라서 〈표 3-1〉에서 제시된 네 가지의 표준화 솔루션 중

Friedrich의 접근 (3a)만이 대수적으로 적절하며 (2a)의 비표준화 분석과의 명확한 관계를 유지할 수 있다. 이러한 접근에서 예측 변인은 모두 z-점수 또는 z-점수의 곱셈항으로 투입된다. 이러한 변인들은 더 이상 표준화되지 않는다. 이러한 접근을 통해 계산의 복잡함과 해석의 모호함을 피할 수 있다.

요약

이 장에서는 연속형 변인 간 상호작용이 존재할 때 스케일 불변성에 대해 알아보았다. 우리가 제안한 상호작용의 규명(probing)에 대한 지침(prescription)을 따랐을 때 중심화 분석과 비중심화 분석에서 얻어진 회귀계수의 불일치가 제거된다. 중심화 분석과 비중심화 분석에서 단순 기울기는 동일하며 최고차항의 테스트 또한 동일하다. 상호작용을 포함하는 회귀방정식에서 1차항의 해석 또한 살펴보았다. 이러한 1차항들은 단일 예측 변인의 고정된(constant) 효과가 아니라 조건부(conditional) 효과를 나타낸다. 계수에 대한 이러한 해석은 저차항과 고차항 간의 다중공선성을 고려했을 때와 마찬가지로 중심화의 이점을 명확히 보여 준다. 상호작용을 포함하는 회귀방정식의 표준화 솔루션에 대한 문제와 적절한 표준화 솔루션에 대해 논의하였다.

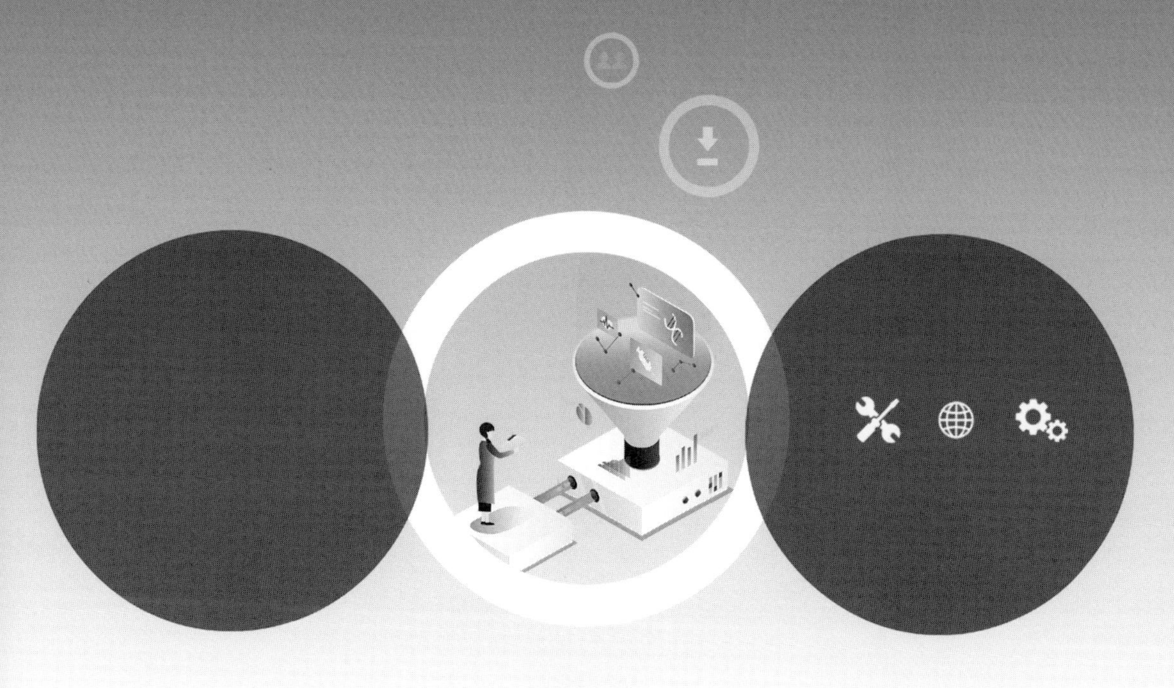

제4장

3원 상호작용의 규명과 테스트

- 3원 상호작용의 설정, 테스트, 해석
- 3원 상호작용의 규명
- 일련의 회귀방정식에서 단순 기울기와 그 분산
- 요약

제1장과 제3장까지는 두 예측 변인의 상호작용에만 초점을 맞추었다. 이 장에서는 이전 장에서 논의한 XZ 상호작용의 테스트, 해석, 규명을 위한 지침이 변인이 세 개인 경우에도 그대로 적용됨을 보여 준다. 제4장의 논의는 선형항(linear term)과 관련된 상호작용 XZW에 한정되며 고차항이나 곡선 요소와 관련된 상호작용은 제5장에서 논의한다.

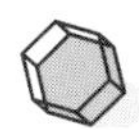 3원 상호작용의 설정, 테스트, 해석

3원 상호작용을 포함하는 회귀방정식을 구성할 때 모든 1차항과 2차항을 포함하는 것이 일반적이다.[1] 살펴본 바와 같이, 해석의 용이성을 최대화하고 다중공선성의 문제를 최소화하기 각각의 예측 변인은 중심화된다. 3원 상호작용의 예측 변인은 세 개의 예측 변인을 곱해서 만든다. 그 결과, 다음과 같은 회귀방정식이 구성된다.

$$\hat{Y} = b_1 X + b_2 Z + b_3 W + b_4 XZ + b_5 XW + b_6 ZW + b_7 XZW + b_0 \quad (4.1)$$

이 식에서 b_7 계수의 테스트는 3원 상호작용의 유의도(significance)를 나타낸다. 여기서 2원 상호작용(예를 들어, XZ)은 세 번째 변인(예를 들어, W)이 0일 때 조건부 상호작용 효과를 나타낸다. XZ 상호작용이 존재할 때 1차

1) 회귀방정식에서 저차항을 생략할 수 있는가에 대해 사회과학의 연구 영역에 따라 의견이 다르다. 저차항의 생략을 합리화할 수 있는 유일한 경우는 저차항의 효과가 0이라는 강한 이론적 근거가 있을 때다(Fisher, 1988; Kmenta, 1986 참고).

항 X와 Z의 경우와 같이 3원 상호작용이 존재할 때 2원 상호작용은 예측 변인의 스케일에 영향을 받는다. 예측 변인이 중심화되었을 때 2원 상호 작용은 세 번째 변인의 평균에서 조건부 상호작용을 나타낸다(예를 들어, W의 평균에서 조건부 XZ 상호작용). 1차항(예를 들어, X)의 계수 또한 조건부 효과(예를 들어, W와 Z가 0; pp. 60-67 참고)를 나타낸다. 만약 식 4.1의 XZW 상호작용이 유의미하다면 이러한 상호작용의 해석을 위해 규명(probe)할 필요가 있다. 최고차 상호작용이 유의미하지 않다면 제6장에 제시된 하향식(stepdown) 절차를 사용할 수 있다.

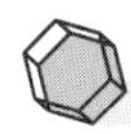 3원 상호작용의 규명

단순 회귀방정식

식 4.1을 X에 대한 Y의 회귀방정식으로 정리할 수 있다.

$$\hat{Y} = (b_1 X + b_4 Z + b_5 W + b_7 ZW)X + (b_2 Z + b_3 W + b_6 ZW + b_0) \tag{4.2}$$

식 4.2는 $(b_1 + b_4 Z + b_5 W + b_7 ZW)$이 주어졌을 때 X에 대한 Y의 회귀는 이를 고려하는 지점의 W와 Z값 모두에 종속적임을 보여 준다. 식 4.2는 예측 변인이 두 개인 경우의 $Y = (b_1 + b_3 Z)X + b_2 Z + b_0$를 세 개의 예측 변인이 존재하는 경우로 일반화시킨 단순 회귀방정식(simple regression equation)의 형태를 가진다. $(b_1 + b_4 Z + b_5 W + b_7 ZW)$는 이러한 단순 회귀방정식의 단순 기울기다.

수치적 예시

다변량정규 분포를 가지는 세 개의 예측 변인 X, Z, W를 시뮬레이션

하여 3원 상호작용의 규명을 설명한다. 회귀분석과 단순 기울기의 계산은 〈표 4-1〉에서 찾을 수 있다. 〈표 4-3a〉는 예측 변인과 결과 변인의 평균과 표준편차를 싣고 있다. 1차 예측 변인 X, Z, W는 중심화되었지만 결과 변인과 교차곱항은 중심화되지 않았음을 주의한다. 〈표 4-1a〉은 전체 회귀분석의 결과를 보여 주며 세 변인 상호작용 XZW항은 유의미하다. 〈표 4-1b〉에서 전체 회귀방정식은 Z와 W의 수준에 따라 X에 대한 Y의 회귀를 보여 주기 위해 식 4.2에 따라 정리되었다. 〈표 4-1c〉에서는 Z와 W의 평균으로부터 1 표준편차 위, 아래 네 개의 Z와 W값, 즉 Z_L, Z_H, W_L, W_H의 조합에 대해 네 개의 단순 회귀방정식이 생성되었다. 예를 들어, Z와 W가 중심화되어 있고 $s_Z = 3.096$, $s_W = 1.045$일 때 $Z_H = 3.096$, $W_H = 1.045$를 〈표 4-1b〉에 대입하면 아래와 같이 정리할 수 있다.

〈표 4-1〉 세 예측 변인 회귀분석

a. 전체 회귀방정식

$$\hat{Y} = 0.7068X + 2.8761Z + 14.2831W^{*} + 0.5234XZ^{**} + 1.007XW - 1.7062ZW + 0.7917XZW^{***} + 4.5710$$

b. Z와 W의 값에서 X에 대한 Y의 단순 회귀방정식을 보이기 위해 재작성한 회귀방정식

$$\hat{Y} = (-0.7068 + 0.5234Z + 1.0007W + 0.7917ZW)X + (2.8761Z + 14.2831W - 1.7062ZW + 4.5710)$$

c. Z와 W의 평균의 1표준편차 위와 아래의 값에서 단순 회귀방정식,

$s_Z = 3.096$, $s_W = 1.045$

(i) Z_H, W_H일 때: $\hat{Y} = 4.521X + 22.881$

(ii) Z_L, W_H일 때: $\hat{Y} = -3.843X + 16.112$

(iii) Z_H, W_L일 때: $\hat{Y} = -2.693X + 4.070$

(iv) Z_L, W_L일 때: $\hat{Y} = -0.811X - 24.779$

$^{***}p < .001$, $^{**}p < .01$, $^{*}p < .05$

$$\hat{Y} = [-0.7068 + (0.5234)(3.096) + (1.0007)(1.045) + (0.7917)(3.096)(1.045)]X + [(2.8761)(3.096) + (14.2831)(1.045) + (-1.7062)(3.096)(1.045) + 4.5710]$$

$$\hat{Y} = 4.521X + 22.881$$

이 결과는 〈표 4-1c〉(i)가 주어졌을 때 Z_H, W_H에서 X에 대한 Y의 단순 회귀방정식이다. 나머지 값들을 대입한 결과는 〈표 4-1c〉에 제시되어 있다.

3원 상호작용의 그래프 그리기

세 개의 예측 변인으로 이루어진 상호작용을 일련의 단순 회귀방정식으로 표현함으로써 상호작용의 그래프를 그릴 수 있다. [그림 4-1]에서 XWZ 상호작용을 표현하였다. ANOVA 맥락에서 3요인 상호작용에 익숙한 사람들에게는 이 그래프가 익숙할 것이다. [그림 4-1]의 두 그래프는 X에 대한 Y의 회귀를 두 번째 변인 Z의 수준에 따라 그래프를 그림으로써 XZ 상호작용을 표현한 [그림 2-1]의 일반화라고 할 수 있다. [그림 4-1]의 각 그래프 또한 두 번째 변인 Z의 수준에 따른 X에 대한 Y의 회귀를 보여 준다. XZW 상호작용의 세 번째 변인 W는 W의 다양한 값에 대한 일련의 그래프를 그림으로써 그래프를 그리는 과정에 포함된다. 따라서 두 예측 변인이 존재할 때 두 번째 변인 Z의 수준에 따른 X에 대한 Y의 단순 회귀방정식을 그리는 논리는 세 개의 예측 변인의 경우에 나머지 두 개의 변인의 수준에 따라 X에 대한 Y의 단순 회귀방정식을 그리는 방법을 통해 그대로 적용된다.

[그림 4-1]을 생성하기 위해 X의 평균에서 1표준편차 위, 아래에 해당하는 값 X_L과 X_H를 〈표 4-1c〉의 네 개의 단순 회귀방정식에 대입한다. 예를 들어, Z_H와 W_H에 대한 〈표 4-1〉에 따른 단순 기울기 식은 $\hat{Y}=4.521+22.811$이다. $s_X = 7.070$이므로 X_L과 X_H에 대한 그래프를 그릴 지점은 다음과 같다.

$$X_L = -7.070 \text{에 대해, } \hat{Y} = 4.521(-7.070) + 22.881 = -9.082$$
$$X_H = 7.070 \text{에 대해, } \hat{Y} = 4.521(7.070) + 22.881 = 54.844$$

Z_H와 W_H에서 X에 대한 Y의 회귀선을 그리기 위해 이 두 값을 사용한다.

[그림 4-1]에 제시된 형식에 얽매일 필요는 없다는 점에 주목할 필요가 있다. Z의 수준에 따라 그래프를 만들고 각 그래프 안에서 W의 수준에 따른 X에 대한 Y의 회귀를 표시할 수도 있다. 또는 X의 수준에 따라 그래프를 만들고 각 그래프 안에서 W의 수준에 따른 Z에 대한 Y의 회귀를 표시할 수도 있다. 상호작용을 다양한 방식으로 표시하는 것은 고차 상호작용의 해석에 도움을 주기도 한다. 그러나 그래프의 생성은 이론에 따라 이루어지는 것이 적절하다. 예를 들어, 생활스트레스와 건강 간의 관계에 대한 연구에서 일반적으로 생활스트레스가 주요 독립 변인이며 그 효과가 다른 변인(사회적 지지, 건강 관리에 대한 주관적 지각)에 의해 중재된다. 연구자는 일반적으로 그 중요성을 강조하기 위해 생활스트레스를 X축에 놓게 된다.

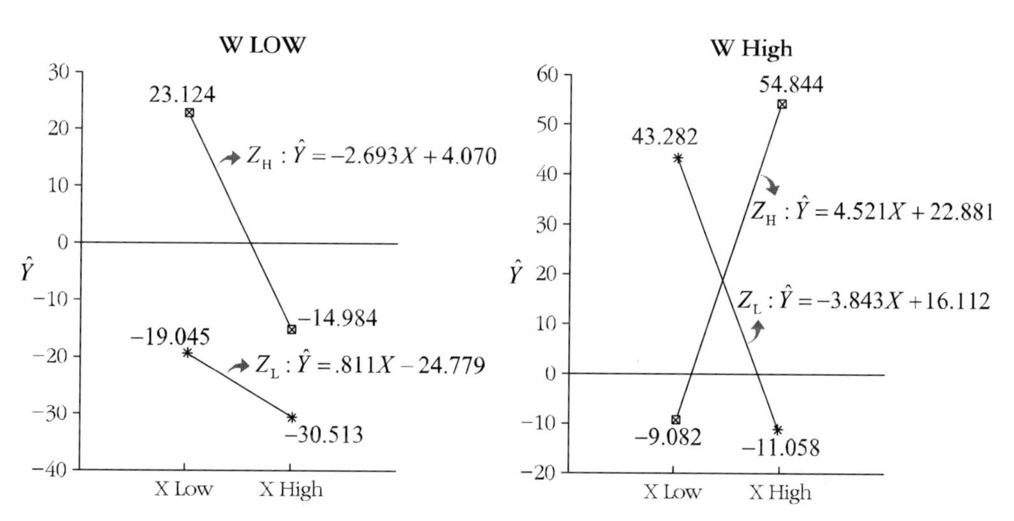

[그림 4-1] 세 개의 예측 변인의 경우 선형 X와 선형 Z와 선형 W 상호작용

단순 기울기의 유의도 테스트

단순 기울기의 테스트 또한 제2장에서 XZ 상호작용을 테스트하기 위해 사용한 것과 같은 절차를 따른다. 세 변인 상호작용의 경우 X에 대한 Y의 회귀의 단순 기울기는 $(b_1+b_4Z+b_5W+b_7ZW)$이다. 단순 기울기의 유의도는 연속형 변인 Z와 W의 어떤 조합에 대해서도 테스트할 수 있다. 이러한 테스트는 ANOVA에서 '단순 단순 주효과'(Winer, 1971)와 유사하다.

Z와 W의 값에서 X의 기울기의 표준오차에 대한 일반적인 공식은 다음과 같다.[2)]

$$s_b=[s_{11}+Z^2s_{44}+W^2s_{55}+Z^2W^2s_{77}+2Zs_{14}+2Ws_{15}+ \\ 2ZWs_{17}+2ZWs_{45}+2WZ^2s_{47}+2W^2Zs_{57}]^{1/2} \quad (4.3)$$

Z와 W의 값과 S_b 행렬의 적절한 요소를 식 4.3에 대입하면 단순 기울기의 표준오차를 구할 수 있다.

세 변인의 경우 Z_H, W_H 단순 회귀방정식의 단순 기울기의 계산은 〈표 4-2〉에서 볼 수 있다. 이전과 마찬가지로 표준오차 s_b는 단순 기울기에 대한 t-테스트의 분모가 되며 자유도는 $(n-k-1)$이다. k는 회귀 상수(절편)를 제외한 예측 변인의 수이며, 이 경우에는 7이다.

지금까지 단순 기울기 분석에서 Z와 W의 1표준편차 위 아래인 Z_H, Z_L, W_H, W_L의 경우만 고려하였다. 이러한 값을 선택하는 것이 필수적인 것은 아니며 연구주제에 따른 의미 있는 Z와 W 값을 선택할 수 있다.

컴퓨터를 이용한 표준오차 추정

두 개의 예측 변인의 경우에 컴퓨터를 이용해 단순 기울기, 표준오차,

---

2) 이 식에서 사용된 가중치 벡터는 $w'=[1\ 0\ 0\ Z\ W\ 0\ ZW]$이고 S_b는 7×7 행렬이다. 따라서 식 2.8과 같이 $s_b^2=w'S_bw$이다.

t 값을 계산하는 방법은 세 개의 예측 변인의 경우에도 적용된다. 제2장에서 기술한 3단계는 아래와 같다.

1. X와 W에 대해 $Z_{\mathrm{CV}} = Z - \mathrm{CV}_Z$와 $W_{\mathrm{CV}} = W - \mathrm{CV}_W$를 계산한다. 이는 Z와 W에서 X에 대한 Y의 회귀를 점검할 조건값 CV_Z와 CV_W 값을 뺀 값이다. 조건값은 보통 Z_{H}, Z_{L}, W_{H}, W_{L}을 선택한다.
2. 변환된 Z_{CV}와 W_{CV} 값들의 각각의 조합에 대해 이 값들과 X와의 교차곱으로 $(X)(Z_{\mathrm{CV}})$, $(X)(W_{\mathrm{CV}})$, $(Z_{\mathrm{CV}})(W_{\mathrm{CV}})$, $(X)(Z_{\mathrm{CV}})(W_{\mathrm{CV}})$를 생성한다.

〈표 4-2〉 세 개의 변인 간 상호작용의 분산, 표준오차, t-테스트

a. S_b: b_s의 분산-공분산 행렬

	b_1	b_2	b_3	b_4	b_5	b_6	b_7
b_1	0.71498	−0.74621	−0.46138	0.00744	−0.02715	−0.06455	−0.01517
b_2	−0.74621	3.89690	−1.28826	−0.00452	−0.10133	−0.08607	−0.06742
b_3	−0.46138	−1.28826	33.54756	−0.01744	1.17015	−1.93137	−0.48024
b_4	0.00744	−0.00452	−0.01744	0.04979	−0.01563	−0.07925	−0.00338
b_5	0.02715	−0.10133	−1.17015	−0.01563	0.64088	−0.74581	−0.01669
b_6	−0.06455	−0.08607	−1.93137	−0.07925	−0.74581	3.40141	0.06244
b_7	−0.01517	−0.06742	−0.48024	−0.00338	−0.01669	0.06244	0.03954

b. $Z_{\mathrm{H}} = 3.096$, $W_{\mathrm{H}} = 1.045$에 대한 가중치 벡터

$w' = [1\ \ 0\ \ 0\ \ 3.096\ \ 1.045\ \ 0\ \ (3.096)(1.045)]$

c. Z_{H}와 W_{H}에서 X에 대한 Y의 단순 기울기의 분산(식 4.3 사용)

$$
\begin{aligned}
s_b^2 =\ & 0.71498 + (3.096)^2(0.04979) + (1.045)^2(0.64088) \\
& + (3.096)^2(1.045)^2(0.03954) \\
& + 2(3.096)(0.00744) + 2(1.045)(0.02715) + 2(3.096)(1.045)(-0.01517) \\
& + 2(3.096)(1.045)(-0.01563) + 2(1.045)(3.096)^2(-0.00338) \\
& + 2(1.045)^2(3.096)(-0.01669)
\end{aligned}
$$

$s_b^2 = 2.029 \qquad s_b = 1.424$

d. [그림 4-1]의 X에 대한 Y의 단순 기울기에 대한 표준오차와 t-테스트

	단순 기울기	표준오차	t-테스트
(i) At Z_H, W_H	4.521	1.424	3.17**
(ii) At Z_L, W_H	−3.843	1.600	−2.40*
(iii) At Z_H, W_L	−2.693	1.565	−1.72+
(iv) At Z_L, W_L	−0.811	1.478	−0.55

**p <.01, *p <.05, +p <.10

3. Z_{CV}와 W_{CV} 각 쌍에 대해 (Z와 W의 평균에서 1표준편차 위 아래 값들) 결과 변인 Y와 예측 변인 X, Z_{CV}, W_{CV}, $(X)(Z_{CV})$, $(X)(W_{CV})$, $(Z_{CV})(W_{CV})$, $(X)(Z_{CV})(W_{CV})$로 회귀분석을 시행한다. 이 회귀에서 X의 계수 b_1은 Z_{CV}와 W_{CV}의 특정값에서 X에 대한 Y의 단순 회귀 계수다. 통계 패키지에서 계산한 표준오차를 이용한 b_1에 대한 t-테스트를 통해 단순 기울기에 대한 가설 테스트가 가능하다.

〈표 4-2〉에서 제시된 XZW 상호작용에 대한 규명의 통계 패키지를 통한 분석은 〈표 4-3〉에 제시되어 있다. 전체 회귀분석은 〈표 4-2a〉에서 확인할 수 있다. 예측 변인 X, Z, W는 중심화되었으며 $s_X = 7.070$, $s_Z = 3.096$, $s_W = 1.045$이다.

〈표 4-3〉 회귀방정식 $\hat{Y}=b_1X+b_2Z+b_3W+b_4XZ+b_5XW+b_6ZW+b_7XZW+b_0$의 XZW 상호작용에 대한 컴퓨터를 이용한 단순 기울기 분석

a. 중심화 X, Z, W에 대한 전체 분석

(i) 평균과 표준편차

	평균	표준편차
Y	11.670	106.967
X	0.000	7.070
Z	0.000	3.096
W	0.000	1.045
XZ	11.299	23.598
XW	2.111	7.610
ZW	0.993	3.317
XZW	0.968	30.203

(ii) 회귀분석

변인	B	SE B	T	Sig T
X	−0.706801	0.845566	−0.836	.4037
Z	2.876090	1.974057	1.457	.1459
W	14.283066	5.792025	2.466	.0141
XZ	0.523446	0.223133	2.346	.0195
XW	1.000706	0.800550	1.250	.2120
ZW	−1.791742	1.844291	−0.925	.3555
XZW	0.791742	0.198858	3.981	.0001
(Constant)	4.570963	5.668610	0.806	.4205

b. 단순 기울기 분석에 필요한 WABOVE, WBELOW, ZABOVE, ZBELOW와 교차곱항의 계산

```
COMPUTE WABOVE=W−1.045
COMPUTE WBELOW=W−(−1.045)
COMPUTE ZABOVE=Z−3.096
COMPUTE ZBELOW=Z−(−3.096)
COMPUTE XZB=X*ZBELOW
COMPUTE XZA=X*ZABOVE
COMPUTE XWB=X*WBELOW
COMPUTE XWA=X*WABOVE
COMPUTE ZBWB=ZBELOW*WBELOW
COMPUTE ZBWA=ZBELOW*WABOVE
```

```
COMPUTE ZAWB=ZABOVE*WBELOW
COMPUTE ZAWA=ZABOVE*WABOVE
COMPUTE XZBWB=X*ZBELOW*WBELOW
COMPUTE XZBWA=X*ZBELOW*WABOVE
COMPUTE XZAWB=X*ZABOVE*WBELOW
COMPUTE XZAWA=X*ZABOVE*WABOVE
```

c. ZABOVE, WABOVE, 적절한 교차곱에 대한 회귀분석 결과로 도출된 Z_H와 W_H에서 단순 기울기 분석(Z의 평균에서 1 표준편차 위, W의 평균에서 1 표준편차 위에서 X에 대한 Y의 회귀)

(i) 평균과 표준편차

	평균	표준편차
Y	11.670	106.967
X	0.000	7.070
ZABOVE	−3.096	3.096
WAELOW	−1.045	1.045
XZA	11.299	32.225
XWA	2.111	10.749
ZAWA	4.229	6.004
XZAWA	−17.376	56.826

(ii) 회귀분석

변인	B	SE B	T	Sig T
X	−4.521064	1.424386	3.174	.0016
ZABOVE	1.093121	2.726067	0.401	.6886
WAELOW	9.000700	7.361504	1.223	.2222
XZA	1.350816	0.293089	4.609	.0000
XWA	3.451939	0.957375	3.606	.0004
ZAWA	−1.706190	1.844291	−0.925	.3555
XZAWA	0.791742	0.198858	3.981	.0001
(Constant)	22.881068	10.730287	2.132	.0336

d. ZABOVE, WBELOW, 적절한 교차곱에 대한 회귀분석 결과로 도출된 Z_H와 W_L에서 단순 기울기 분석(Z의 평균에서 1 표준편차 위, W의 평균에서 1 표준편차 아래에서 X에 대한 Y의 회귀)

(i) 평균과 표준편차

	평균	표준편차
Y	11.670	106.967
X	0.000	7.070
ZABOVE	−3.096	3.096
WBELOW	−1.045	1.045
XZA	11.299	32.225
XWB	2.111	10.462
ZAWB	−2.242	5.114
XZAWB	6.239	45.539

(ii) 회귀분석

변인	B	SE B	T	Sig T
X	−2.693489	1.565075	−1.721	.0860
ZABOVE	4.659059	2.791273	1.669	.0959
WBELOW	9.000700	7.361504	1.223	.2222
XZA	−0.303924	0.316296	−0.961	.3372
XWB	3.451939	0.957375	3.606	.0004
ZAWB	−1.706190	1.844291	−0.925	.3555
XZAWB	0.791742	0.198858	3.981	.0001
(Constant)	4.069605	12.138283	0.335	.7376

〈표 4-3b〉는 단계 (1)의 변인의 변환을 보여 준다.

(a) WABOVE= $W-(1.045)$, W의 평균에서 1표준편차 위 $CV_W = 1.045$에서 X에 대한 Y의 회귀

(b) WBELOW= $W-(-1.045)$, W의 평균에서 1표준편차 아래 $CV_W = -1.045$에서 X에 대한 Y의 회귀

(c) ZABOVE= $Z-(3.096)$, Z의 평균에서 1표준편차 위 $CV_Z=3.096$에서 X에 대한 Y의 회귀

(d) ZBELOW= $Z-(-3.096)$, Z의 평균에서 1표준편차 아래 $CV_Z=-3.096$에서 X에 대한 Y의 회귀

〈표 4-3b〉는 또한 단계 (2)의 교차곱항의 계산을 보여 준다. 〈표 4-3c〉는 Z와 W의 평균에서 1표준편차 위 ZABOVE와 WABOVE에서 X에 대한 Y의 회귀를 보여 준다. b_1은 단순 기울기 계수다(〈표 4-1〉, 식 (i), 〈표 4-2〉). b_1의 표준오차는 식 4.3(〈표 4-2〉)을 사용해서 구한 값과 같다. b_1에 대한 t-테스트는 이러한 단순 기울기에 대한 것이다. 최종적으로 〈표 4-3d〉는 Z의 평균에서 1표준편차 위와 W의 평균에서 1표준편차 아래 ZABOVE, WBELOW에서 단순 기울기 분석을 보여 준다.

3원 상호작용이 있을 때 단순 회귀방정식의 교차점

제2장에서 두 개의 예측 변인을 가진 회귀방정식 $\hat{Y}=b_1X+b_2Z+b_3XZ$에서 X에 대한 Y의 단순 회귀방정식은 $X_{\text{cross}}=-b_2/b_3$에서 교차함을 보였다. 상호작용에 대한 b_3 계수가 0일 때 단순 회귀방정식은 교차하지 않고 평행하기 때문에 X_{cross}는 정의되지 않는다.

이러한 분석과 순서적, 비순서적 상호작용의 기준을 세 개의 예측 변인의 경우에도 간단히 적용할 수 있다. 고정된 W와 서로 다른 Z값, Z_{L}, Z_{H}에서 X에 대한 Y의 두 개의 단순 회귀방정식을 생각해 보자. 먼저 식 4.1에 Z_{L}과 Z_{H}을 대입하고 두 식을 동치시키면 다 단순 회귀방정식이 교차하는 X의 값을 구할 수 있다.

$$b_1X+b_2Z_{\text{L}}+b_3W+b_4XZ_{\text{L}}+b_5XW+b_6Z_{\text{L}}W+b_7XZ_{\text{L}}W+b_0$$
$$=b_1X+b_2Z_{\text{H}}+b_3W+b_4XZ_{\text{H}}+b_5XW+b_6Z_{\text{H}}W+b_7XZ_{\text{H}}W+b_0$$

X의 값은

$$W=\frac{-(b_2+b_6W)}{(b_4+b_7W)}\text{에서 } X_{\text{cross}} \tag{4.4}$$

XZ와 XZW 상호작용이 존재하지 않을 때 b_4와 b_7은 0이 되기 때문에 분모는 0이 된다. 분모가 0이면 단순 회귀방정식은 평행하다. W가 식 4.4에 포함된다는 사실은 Z의 값에서 X에 대한 Y의 단순 회귀가 교차하는 지점은 W에 따라 달라짐을 나타낸다. [그림 4-1]에서 이를 확인할 수 있다. [그림 4-1]의 왼쪽 그래프 'W Low'에서 단순 회귀방정식은 X의 범위 안에서 교차하지 않지만 'W High'에서는 교차한다. 3원 상호작용이 존재할 때는 단일 교차점 대신 W의 값에 해당하는 교차점으로 이루어진 교차선이 만들어진다.

식 4.4를 [그림 4-1]의 'W High'에 해당하는 $W = 1.045$에서 풀면

$$W_H = \frac{-[2.8761 + (-1.7062)(1.045)]}{[0.5234 + (0.7917)(1.045)]} = -0.8093 \text{에서 } X_{\text{cross}}$$

[그림 4-1]의 'W Low'에 해당하는 $W_L = -1.045$에서는 X_{cross} at $W_L = 15.3310$이 된다. W_H에서는 교차점이 평균에서 1표준편차($s_X = 7.07$) 안에 있지만 W_L에서는 교차점이 평균에서 2표준편차 이상 위에 위치한다.

다른 방법으로는, W의 수준에 따른 X에 대한 Y의 회귀의 그래프를 Z의 수준별로 별도로 만들 수 있다. 이 경우 X의 교차점은 다음과 같다.

$$Z = \frac{-(b_3 + b_6 Z)}{(b_5 + b_7 Z)} \text{에서 } X_{\text{cross}} \tag{4.5}$$

XW와 XZW 상호작용이 0일 때 이 식에서 분모가 0이 된다.

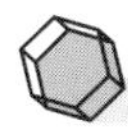 일련의 회귀방정식에서 단순 기울기와 그 분산

비슷한 형태의 회귀방정식에서 비롯된 단순 기울기와 분산은 순차적인 패턴을 가진다. 식 2.1에서 X에 대한 Y의 회귀는 〈표 4-4〉의 사례 1a에 제시되어 있다.

〈표 4-4〉 2개 또는 3개의 예측 변인 간 상호작용을 포함하는 회귀방정식에 대한 단순 기울기의 식과 분산

사례	방정식	회귀	단순 기울기	단순 기울기의 분산(s_b^2)
(1a)	$\hat{Y}=b_1X+b_2Z+b_3XZ+b_0$	Y on X	(b_1+b_3Z)	$s_{11}+2Zs_{13}+Z^2s_{33}$
(1b)	$\hat{Y}=b_1X+b_2Z+b_3XZ+b_0$	Y on Z	(b_2+b_3X)	$s_{22}+2Xs_{23}+X^2s_{33}$
(2)	$\hat{Y}=b_1X+b_2Z+b_3W$ $+b_4XZ+b_6ZW+b_0$	Y on X	(b_1+b_4Z)	$s_{11}+2Zs_{14}+Z^2s_{44}$
(3)	$\hat{Y}=b_1X+b_2Z+b_3W$ $+b_4XZ+b_5XW$ $+b_6ZW+b_0$	Y on X	$(b_1+b_4Z+b_5W)$	$s_{11}+Z^2s_{44}+W^2s_{55}+2Zs_{14}$ $+2Ws_{15}+ZWs_{45}$
(4)	$\hat{Y}=b_1X+b_2Z+b_3W$ $+b_4XZ+b_5XW$ $+b_6ZW+b_7XZW+b_0$	Y on X	$(b_1+b_4Z+b_5W+$ $b_7ZW)$	$s_{11}+Z^2s_{44}+W^2s_{55}+Z^2W^2s_{77}$ $+2Zs_{14}+2Ws_{15}+2ZWs_{17}$ $+2ZWs_{45}+2WZ^2s_{47}+2W^2Zs_{57}$

주: 사례 2-4의 표기를 일관성 있게 만들기 위해 사례 2에서 b_5가 존재하지 않는다.

〈표 4-4〉의 사례 2는 1차항 W와 ZW 상호작용을 추가함으로써 사례 1에 비해 한 단계 복잡한 식에서 X에 대한 Y의 회귀를 보여 준다. X는 이 두 항에 포함되지 않기 때문에 X에 대한 Y의 단순 기울기나 그 분산에 영향을 미치지 않는다. 사례 1a와 사례 2는 같은 구조를 가진다. 〈표 4-4〉의 사례 3은 XW 상호작용을 추가함으로써 사례 2에서 한 단계 더 복잡해 진다. 사례 3은 X, Z, W 간 세 개의 2원 상호작용을 모두 포함하지만 3원 상호작용은 포함하지 않는다. b_5 계수로 테스트하는 XW 상호작용은 X를 포함하기 때문에 b_5는 X에 대한 Y의 단순 회귀방정식에 포함되어 있다. b_5의 분산과 다른 계수들과의 공분산은 단순 기울기의 분산의 계산에 필요하다. 마지막으로, 사례 4는 XZW 상호작용을 포함하는 완전한 식이다. 〈표 4-4〉에서 설명한 방식을 따라 선형항만을 포함하거나 선형항의 곱셈함을 포함하는 다양한 복잡성을 가진 회귀방정식의 단순 기울기와 분산의 식을 생성할 수 있다.

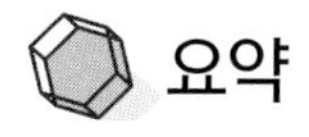

요약

3원 상호작용 XZW를 설정, 테스트, 해석하기 위해 제2장의 2원 상호작용 XZ를 위한 절차를 그대로 적용할 수 있다. 3요인 상호작용을 포함하는 ANOVA에서와 마찬가지로 2원 상호작용 그래프를 세 번째 변인의 서로 다른 수준에 따라 그림으로써 3원 상호작용의 그래프를 만들 수 있다. 단순 기울기의 테스트를 위한 방법 또한 3원 상호작용에 적용할 수 있으며 통계 패키지를 통해 이를 수행하는 방법을 제시하였다. 회귀방정식의 복잡성을 증가시키며 단순 기울기의 일반적인 양상과 이들의 분산을 제시하였다.

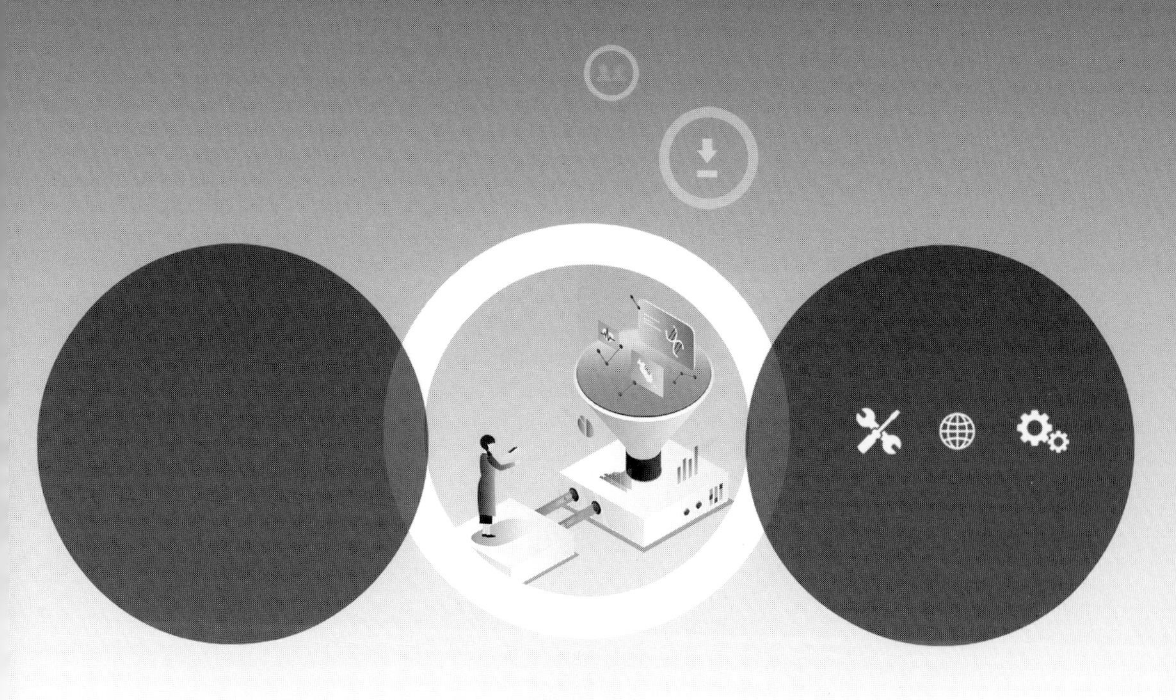

제5장

고차항 관계를 반영하기 위한 회귀방정식의 구조화

- 고차항 관계와 관련된 회귀방정식의 구조화와 해석
- 더 복잡한 회귀방정식에 대한 사후 규명
- 컴퓨터를 이용한 단순 기울기의 계산
- 마지막 세 가지 이슈
- 요약

사회과학에서는 예측 변인과 결과 간 복잡한 관계를 기대할 수 있는 경우가 많다. 많은 경우 이러한 복잡한 관계는 단조(monotonic) 증가 또는 감소 곡선형(curvilinear) 관계이거나 U자 또는 뒤집어진 U자 형태를 하고 있다. 예를 들어, 심리학에서 잘 알려진 Yerkes-Dodson 법칙(Yerkes & Dodson, 1908)은 심리적 각성과 수행 간의 관계는 뒤집어진 U자 형태의 함수라고 예측한다. 이러한 관계를 조사하기 위해서는 고차항을 의도적으로 회귀방정식에 포함시켜야 한다. 이러한 고차항이 생략되면 비선형 관계를 확인할 수 없다. 다시 말해, 회귀방정식 $\hat{Y}=b_1X+b_2Z+b_3XZ+b_0$은 예측 변인과 결과 간에 [그림 2-1]에서 보여 주는 것과 같은 선형 관계와 선형 관계 간 상호작용만 존재한다고 가정한다. 이는 ANOVA에서 두 요인 각각의 두 수준만 사용함으로써 각 요인과 결과 간 관계는 선형이며 선형 요인 간 상호작용만 존재한다고 가정하는 상황과 비슷하다.

이 장에서 다중 회귀에서 고차항을 어떻게 나타내고 테스트하는지 알아본다. 시작하기 전에, 이 장은 지난 장보다 더 복잡하며 따라서 더 천천히 진행된다. 이해를 돕기 위해 2단계 접근을 취한다. 첫째, 고차항을 포함하는 회귀방정식이 나타내는 관계의 형태를 통해 회귀방정식의 형태를 설명한다. 이를 위해 비교적 간단한 방정식(사례 1)에서 시작하여 점진적으로 복잡한 형태로 옮겨 간다(사례 2~4). 둘째, 첫 번째 단계에서 표현된 방정식에 대한 사후 규명(post hoc probing)을 진행한다. 마찬가지로 사례 1에서 시작하여 사례 2, 3, 4의 순서로 진행한다. 이 장에서 사용하는 사례의 번호는 〈표 5-1〉의 각 방정식에 해당한다. 〈표 5-1〉은 이 장에서 심층적으로 다루는 사례들의 요약이다.

곡선형 관계의 표현에 대한 논의는 예측 변인의 제곱인 2차항까지로 한정한다. 물론 3차항 이상도 발생할 수 있으며 2차항에 대한 논의는 그 이상의 고차항에도 적용된다. 그러나 사회과학에서 3차항 이상의 관계를 통해 가설을 설정해야 하는 경우는 찾기 힘들다.

 고차 관계와 관련된 회귀방정식의 구조화와 해석

이번 섹션의 내용의 명료함을 위해 분산의 일반적인 근원을 나타내기 위해서는 ANOVA의 구분(주효과와 상호작용)과 마찬가지로 효과(effect)라는 용어를 사용한다. 효과의 한 부분인 단일 예측항(예를 들어, X^2Z)에 대해서는 요소(component)라는 용어를 사용한다. 또한 회귀 계수의 해석을 용이하게 하기 위해 예측 변인들은 중심화되었다고 가정한다.

사례 1: 곡선형 X 관계

단일 예측 변인 X가 Y와 곡선형 관계를 가진다고 가정해 보자. 이러한 관계를 표현하기 위해 다음과 같은 회귀방정식을 사용한다.

$$\hat{Y} = b_1X + b_2X^2 + b_0 \quad (5.1)$$

X와 X^2 항은 X의 전체 '주'효과의 선형 요소과 2차 요소를 나타낸다. X와 Y 간에 2차 관계만[1] 예상되어도 X와 X^2 항 모두 식에 포함되어야 함을 주의하자. [그림 5-1]에서 볼 수 있듯이 이 식은 X와 Y 간 다양한 관계를 나타낼 수 있다.

---

1) 매우 드물지만 강한 이론적 기반이 있는 경우에 2차항만 회귀방정식에 포함될 수도 있다. 예를 들어, 크기의 판단에 대한 모형에서 크기는 높이나 폭이 아닌 넓이에 의해서만 판단할 수 있다고 가정해 보자. 크기의 판단을 예측하는 회귀방정식에서 높이와 폭을 나타내는 1차항을 생략하는 것을 원할 수 있다. 사람들이 크기를 판단할 때 선형 요소는 전혀 고려하지 않는다는 강한 이론적 근거와 경험적 증거가 존재한다면 1차항 요소들을 생략할 수 있다(이 예를 제공한 Kenny에게 감사를 표한다.).

〈표 5-1〉 2차 항을 포함하는 다양한 회귀방정식에 대한 단순 기울기의 식과 분산

사례	방정식	회귀	단순 기울기	단순 기울기의 분산(s_b^2)
(1)	$\hat{Y}=b_1X+b_2X^2+b_0$	Y on X	(b_1+2b_2X)	$s_{11}+4Xs_{12}+4X^2s_{22}$
(2)	$\hat{Y}=b_1X+b_2X^2+b_3Z+b_0$	Y on X	(b_1+2b_2X)	$s_{11}+4Xs_{12}+4X^2s_{22}$
(3a)	$\hat{Y}=b_1X+b_2X^2+b_3Z$ $+b_4XZ+b_0$	Y on X	$(b_1+2b_2X+b_4Z)$	$s_{11}+4X^2s_{22}+Z^2s_{44}+4Xs_{12}$ $+2Zs_{14}+4XZs_{24}$
(3b)	$\hat{Y}=b_1X+b_2X^2+b_3Z$ $+b_4XZ+b_0$	Y on Z	(b_3+b_4X)	$s_{33}+2X^2s_{34}+X^2s_{44}$
(4a)	$\hat{Y}=b_1X+b_2X^2+b_3Z$ $+b_4XZ+b_5X^2Z+b_0$	Y on X	$(b_1+2b_2X+b_4Z$ $+2b_5XZ)$	$s_{11}+4X^2s_{22}+Z^2s_{44}+4X^2Z^2s_{55}$ $+4Xs_{12}+2Zs_{14}+4XZs_{24}+4XZs_{15}$ $+4XZs_{15}+8X^2Zs_{25}+4XZ^2s_{45}$
(4b)	$\hat{Y}=b_1X+b_2X^2+b_3Z$ $+b_4XZ+b_5X^2Z+b_0$	Y on Z	$(b_3+b_4X+b_5X^2)$	$s_{33}+X^2s_{44}+X^4s_{55}+2Xs_{34}$ $+2X^2s_{35}+2X^3s_{45}$

X와 X^2 항은 좀 더 복잡한 방정식을 구성하기 위한 기본이 되기 때문에 여기서 식 5.1의 회귀 계수에 대한 해석을 좀 더 자세히 다룬다.

예측 변인이 중심화되었을 때 b_1 계수는 관찰된 데이터에서 X와 Y 간의 관계에 대한 전반적인 정적 또는 부적 선형 추세(linear trend)를 나타낸다. 만약 [그림 5-1a, b]와 같이 정적 선형 추세가 지배적이라면 b_1은 양수이며, [그림 5-1c]와 같이 적 선형 추세가 지배적이라면 b_1은 음수다. [그림 5-1d]와 [그림 5-1e]와 같은 완전히 대칭인 U자 또는 뒤집어진 U자 형태의 관계에서는 b_1은 0이다. 예측 변인이 중심화된 경우 b_1의 해석은 제2장에서 제4장까지 소개된 것과 동일하다.

b_2 계수는 곡률을 나타낸다. 만약 관계가 [그림 5-1a, d]처럼 위로 오목(concave upward)하다면 b_2는 양수다. 관계가 [그림 5-1b, c, e]처럼 아래로 오목(concave downward)하다면 b_2는 음수다. 커브가 위로 오목(b_2가 양수)일 때 $\hat{Y}$가 가장 작은 값을 가지는 X의 값, 즉 [그림 5-1a, d]와 같은 커

브의 최솟값에 관심이 있는 경우가 많다. 커브가 아래로 오목(b_2가 양수)일 때는 $\hat{Y}$가 가장 큰 값을 가지는 X의 값, 즉 [그림 5-1c, e]와 같은 커브의 최댓값을 구하는 것이 중요해지기도 한다. 나중에 설명하겠지만 $X=-b_1/2b_2$일 때 함수의 최대 또는 최솟값에 도달한다. 이러한 값이 X의 의미 있는 범위 안에 위치한다면 그 관계는 [그림 5-1a, b, c]와 같은 비단조(nonmonotonic)로 나타난다. 최대 또는 최소 지점에서 X의 평균까지의 거리는 덧셈 변환(additive transformation)에 대해 불변이다.

X와 Y가 선형 관계를 가진다면, 다시 말해 방정식에 X를 포함하는 고차항이 존재하지 않는다면 X의 단위 변화는 Y의 단위 변화와 연관된다. 그에 반해, X와 Y가 곡선형(curvilinear) 관계를 가진다면, 다시 말해 X^2과 같은 X의 지수(power)를 포함하는 고차항이 존재할 때 X의 단위 변화에 대한 Y의 변화는 X의 값에 따라 달라진다. 이는 [그림 5-1]에서 Y의 변화가 X의 함수임을 통해 확인할 수 있다.

곡선형 관계가 있을 때 복잡한 방정식의 전개

여기서는 고차 관계를 나타내기 위한 여러 회귀방정식을 하나씩 살펴보기로 한다.

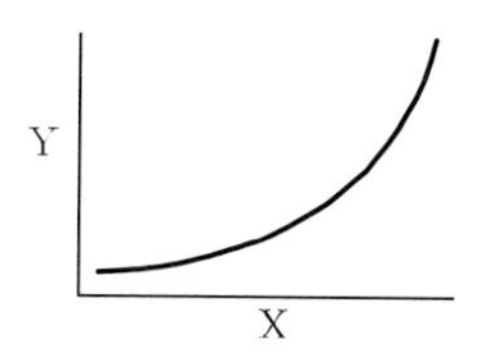

a. 대체로 정적(+), 위로 오목(concave)(b_1 양수, b_2 양수)

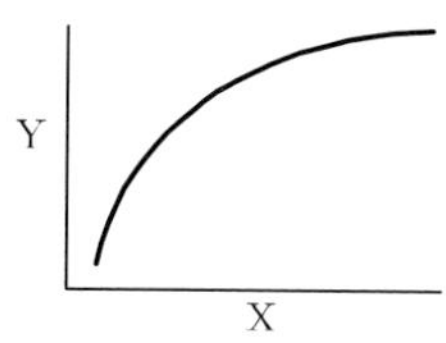

b. 대체로 정적(+), 아래로 오목(concave)(b_1 양수, b_2 음수)

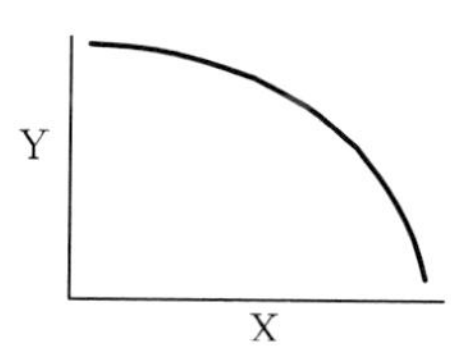

c. 대체로 부적(−), 아래로 오목(concave)(b_1 음수, b_2 양수)

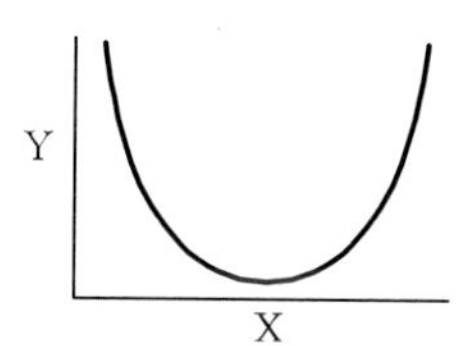

d. U자형 함수 ($b_1 = 0$, b_2 양수)

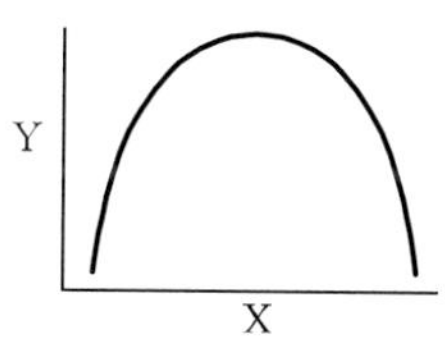

e. U자형 함수 반전 ($b_1 = 0$, b_2 양수)

[그림 5-1] 식 $\hat{Y} = b_1X + b_2X^2 + b_0$의 몇 가지 형태

상호작용의 테스트와 사후 규명(probing)의 방법을 보여 주기 위해 시뮬레이션 자료를 사용한다. 제2장에서 사용된 2변량 정규 분포점수를 사용한다. X와 Z는 중심화되었으며($\overline{X}=0$, $\overline{Z}=0$) 어느 정도의 상관이 존재한다

($r_{XZ}=0.42$). 중심화된 변인들로부터 고차항 X^2, XZ, X^2Z를 생성하고 $\hat{Y}$는 회귀방정식 $\hat{Y}=0.2X+5.0X^2+2.0Z+2.5XZ+1.5X^2Z$을 통해 예측한다. 마지막으로, 관찰값 Y 점수는 예측값 $\hat{Y}$에 정규 분포의 무선오차를 더하여 생성하였다. 이러한 시뮬레이션을 실제예시와 연결하기 위해 예측 변인 X를 개인이 가진 자기개념(self-concept, 자신에 대한 전체적인 평가)을 나타내고, 결과 변인 Y는 개인이 가진 자기노출(self-disclosure), 즉 자신의 개인적인 정보를 타인과 공유하는 정도를 나타낸다고 하자. 자기노출(Y)은 자기개념(X)의 U자 형 함수를 가지는 것으로 알려져 있다. 낮거나 높은 자기개념을 가진 사람은 보통 정도의 자기개념을 가진 사람에 비해 자신을 더 노출한다. 예측 변인 Z는 자기노출의 기회가 주어지는 사회적 상황에서 섭취하는 알코올의 양이다. 복잡한 관계에 대한 이론적 근거는 존재하지 않기 때문에 자기노출은 섭취한 알코올의 양에 따라 증가, 즉 선형 관계가 존재할 것으로 기대한다.

사례 2: 곡선형 X 관계와 선형 Z 관계

예측 변인이 두 개인 방정식에서 예측 변인 Z는 결과 Y에 대해 선형 효과를 가지지만 예측 변인 X는 Y에 대해 곡선형 관계를 가질 것으로 기대된다면 다음의 방정식을 사용할 수 있다.

$$\hat{Y}=b_1X+b_2X^2+b_3Z+b_0 \tag{5.2}$$

[그림 5-2a]는 이러한 형태의 방정식을 보여 준다. 두 가지 방법으로 단순 회귀선이 그려졌다. 첫째, Z의 값에서 X에 대한 Y의 회귀의 단순 회귀선은 [그림 5-2a](1)에서 확인할 수 있다. 각각의 곡선은 알코올 섭취의 단일 수준(Z_L, Z_M, Z_H)을 나타낸다. Y와 X 간 동일한 곡선형 관계를 알코올 섭취의 각각의 수준에서 확인할 수 있다. X의 값에서 Z에 대한 Y의 회귀의 단순 회귀선은 [그림 5-2a](2)에서 확인할 수 있다. X에 대한 Y의 회귀는 곡선형이고 Z에 대한 Y의 회귀는 선형임을 주의한다. X와 Z 간 상호작용을 나타내는 항이 없으므로 두 경우 모두 단순 회귀선들은 평행하다.

Z와 Y 간 관계는 선형이기 때문에 Z의 수준에 따라 X에 대한 Y의 단순 회귀선의 이동은 동일하다. Z의 일정한 변화, 즉 Z_L에서 Z_M으로, Z_M에서 Z_H로 변할 때 Y도 일정하게 변한다. 그러나 X와 Y 간에 곡선형 관계는 X의 단위 변화가 연속선상의 일정한 변화로 연결되지 않음을 의미한다. 이러한 곡선성(curilinearity)으로 인해 [그림 5-2a](2)에서 보는 바와 같이 X의 수준에 대한 Z에 대한 Y의 단순 회귀선이 일정하게 이동하지 않게 된다.

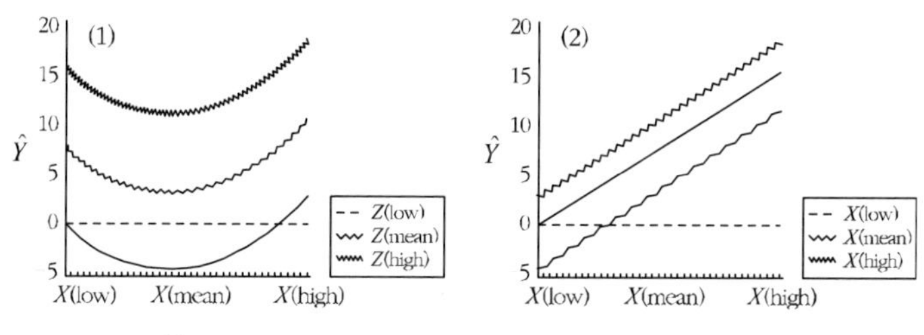

a. 식 $\hat{Y}=1.59X+6.18X^2+3.55Z+3.44$이 나타내는 관계

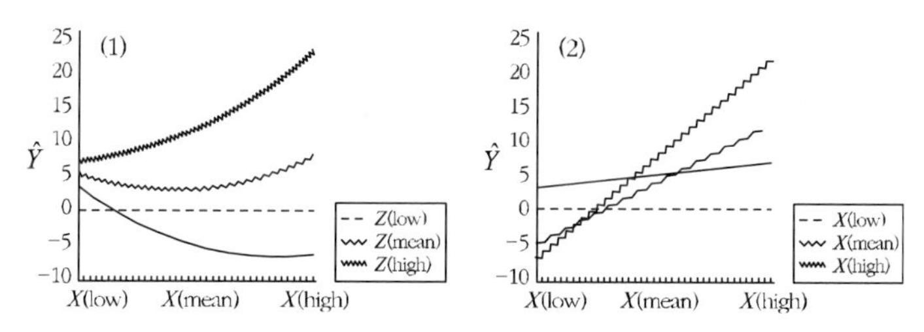

b. 식 $\hat{Y}=1.13X+3.56X^2+3.61Z+2.93XZ+3.50$이 나타내는 관계

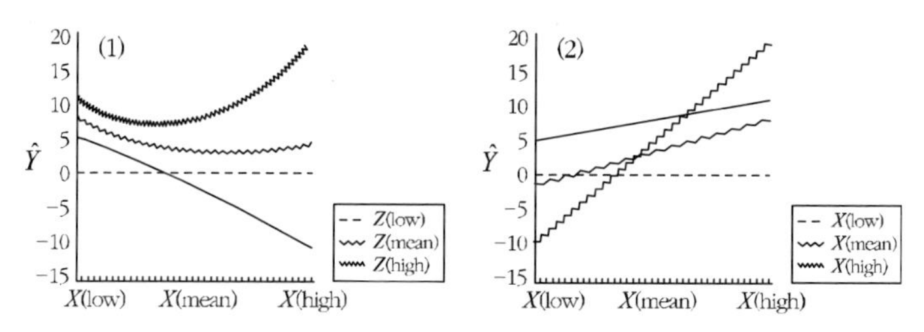

c. 식 $\hat{Y}=-2.04X+3.00X^2+2.14Z+2.79XZ+1.96X^2Z+3.50$이 나타내는 관계

[그림 5-2] 고차항을 포함하는 방정식이 나타내는 관계

사례 3: 곡선형 X 관계, 선형 Z 관계, 선형-선형 XZ 상호작용

이번에는 이전 사례에 단순한 선형-선형 상호작용을 추가하여 다음의 회귀방정식을 구성한다.

$$\hat{Y} = b_1X + b_2X^2 + b_3Z + b_4XZ + b_0 \tag{5.3}$$

우리의 예에서 모든 알코올 섭취의 수준에서 자기노출과 자기개념 간 곡선형 관계가 존재하는 것으로 가설화(hypothesize)하였지만 알코올 섭취가 자기노출에 미치는 영향에 있어 자기개념과 상호작용한다. 알코올 섭취가 높을 때 자기개념이 높은 사람들은 자기노출이 더욱 증가하는 반면, 알코올 섭취가 매우 낮은 경우는 자기개념이 높은 사람들의 자기노출은 감소한다. 이러한 가설은 복잡하지만 충분히 가능하다.

선형-선형 상호작용 요소를 추가함으로 인한 효과는 [그림 5-2]에서 시뮬레이션 자료를 통해 확인할 수 있다. 여기서도 또한 회귀는 두 가지 방식으로 그릴 수 있다. [그림 5-2b](1)은 Z의 값에서 X에 대한 Y의 곡선형 회귀의 단순 회귀선을 보여 준다. 상호작용으로 인해 곡선들끼리 평행하지 않다. 그러나 상호작용은 X와 Z의 1차항에 대해서만 관여하기 때문에 다소 위로 오목한 형태의 곡선 형태는 동일하다. 그러나 가설에 따른 예측대로 Z_H에서는 자기노출의 증가 추세를, Z_L에서는 감소 추세를 확인할 수 있다. [그림 5-2b](2)에서는 동일한 상호작용을 X의 수준에서 Z에 대한 Y의 회귀의 단순 회귀선으로 표현하였다. 단순 회귀선이 식 2.1([그림 3-1])에서처럼 한 점에서 교차하지 않는다는 것을 주의한다.

사례 4: 곡선형 X 관계, 선형 Z 관계, 곡선형 X-선형 Z 상호작용

이번에는 2차 X와 선형 Z 간 상호작용 요소를 추가한다.

$$\hat{Y} = b_1X + b_2X^2 + b_3Z + b_4XZ + b_5X^2Z + b_0 \tag{5.4}$$

이 방정식을 X에 대한 Y의 회귀, Z에 대한 Y의 회귀 두 가지 방식으로 그린 그래프를 [그림 5-2c]에서 볼 수 있다. [그림 5-2c](1)에서 가장 분명히 확인할 수 있듯이 2차와 선형 간 상호작용항 X^2Z은 X와 Y 간 2차 관계가 Z의 값에 따라 그 형태가 변화하는 것을 의미한다. 알코올 섭취의 증가에 따라 자기노출과 자기개념 간 곡선형 관계의 강도가 증가한다고 가설화 했다면, 이러한 예측을 검증하기 위해서는 식 5.4가 적절하다.

사례 5: 곡선형 X 관계, 곡선형 Z 관계, 둘 간의 상호작용

마지막으로, X와 Z 모두가 곡선형 효과를 가진다고 가정해 보자. 이 경우에 두 예측 변인 식 5.2의 X와 같은 취급을 받기 때문에 XZ, XZ^2, X^2Z, X^2Z^2의 네 개의 상호작용 요소를 포함하여 식 5.5와 같이 쓸 수 있다.

$$\hat{Y} = b_1X + b_2Z + b_3X^2 + b_4Z^2 + b_5XZ + b_6XZ^2 + b_7X^2Z + b_8X^2Z^2 + b_0 \quad (5.5)$$

이 식으로부터 그려진 두 개의 그래프는 [그림 5-2c](1)과 같이 Z의 수준에서 X에 대한 Y의 회귀와 X의 수준에서 Z에 대한 Y의 회귀를 나타낸다.

ANOVA와 다중 회귀에서 곡선성의 표시

다중 회귀에서 2차항과 관련된 '주효과(main effect)'를 나타내기 위해서는 식 5.1과 같이 별개의 두 예측 변인이 필요하다. 2원 상호작용을 나타내기 위해서는 식 5.5와 같이 네 개의 항이 추가로 필요하다. 반면에 ANOVA에서는 각각의 주효과에 대해 하나의 변산원(source of variation)* 이, 각각의 상호작용에 대해서 하나의 변산원이 필요한 것에 익숙하다. 각 요인이 가진 수준의 수에 따라 그 변산원은 1 또는 그 이상의 자유도를 가진다. 각각의 주효과와 상호작용과 관련된 자유도와 관계없이 각각의 변

---

* 역자 주: variability를 분산(variance)과 구분하기 위해 변산이라는 용어를 사용하였다. 분산은 제곱합을 통해 계산되는 통계량이지만 변산은 변동성 그 자체를 의미한다.

산원은 하나의 포괄 테스트(omnibus test)를 통해 유의성을 테스트할 수 있다.

다중 회귀와 ANOVA의 유사점을 이해하기 위한 핵심은 다중 회귀에서 변산에 대한 모든 선형, 고차 비선형 분할이 별개의 요소로 표현되며 ANOVA에서는 이들이 전체 주효과와 상호작용으로 합쳐진다는 것이다. ANOVA에서 세 개의 순차적 수준을 가진 요인(따라서 자유도는 2)의 주효과를 생각해 보자. 주효과의 분해는 모든 선형과 2차 변신을 하나의 변산원으로 결합한다. 식 5.1의 다중 회귀의 절차를 따른다면 두 예측 변인과 2의 자유도를 통한 예측 가능한 변산의 총합은 ANOVA의 주효과 변산과 같다는 것을 알 수 있다. 우리의 예에서 낮은 자기개념, 보통의 자기개념, 높은 자기개념을 가진 세 집단의 참가자들에 대해 실험을 하는 것을 가정해 보자. ANOVA에서는 자유도 2를 가진 하나의 주효과가 존재하며 이는 자기개념과 자기노출 간 선형, 곡선형 관계를 내포한다(단지 예를 들기 위해 연속형 변인을 집단으로 분할한 것이지 ANOVA에 사용하기 위해 연속형 변인을 집단으로 분리하는 것은 권장하지 않는다. ANOVA에 사용될 집단을 만들기 위해 연속형 변인을 분할하는 것의 문제점에 대한 논의는 제8장을 참고).

다른 방법으로는, 직교 다항식(orthogonal polynomial)을 사용해 ANOVA의 주효과를 각각 1의 자유도를 선형과 2차 요소로 분할할 수 있다(예를 들어, Kirk, 1982; Winer, 1971). 식 5.4와 같은 복잡한 경우에도 ANOVA와 다중 회귀의 이러한 유사성을 찾을 수 있다. 여기서는 세 개의 수준을 가진 요인 X와 두 수준을 가진 요인 Z로 구성된 2원 ANOVA가 있다. 이제 위에서 설명된 자유도 2인 X의 주효과에 자유도가 2인 상호작용이 추가된다. 이러한 상호작용 효과는 식 5.4의 두 상호작용항에 해당한다. 마찬가지로 전체 ANOVA는 선형과 직교다항식을 통해 선형, 2차와 선형 요소로 분할할 수 있다.

그러나 일반적인 상황에서 ANOVA와 다중 회귀는 중요한 차이가 있다. ANOVA에서 한 요인이 여러 수준을 가지고 일반적인 분산 분할(variance partitioning)을 하게 되면 어떤 형태의 곡선형 변산이든 자동으로 분산 분할에 포함된다. 반면에 다중 회귀에서는 분석가가 어떤 항을 포함시킬 필요가 있는지 직접 정한다. 곡선형 관계를 나타내는 항은 체계적으로 방정식에 포함된다. 이는 ANOVA와 다중 회귀가 수학적으로 다름을 의미하는 것은 아니다. 오히려 ANOVA를 위한 일반적인 통계 패키지에서 조작화된 분산의 분할은 한 효과의 모든 요소가 그 효과에 대한 항 하나에 모두 포함되도록 구조화되어 있다고 할 수 있다. 다중 회귀에서는 그러한 요소의 구조화가 전적으로 분석가에게 달려 있다.

이론상 기대되는 곡선형 관계와 그 상호작용을 반영하도록 회귀방정식을 구조화하지 못하면 상당한 수준의 해석 오류가 발생할 수 있다. 예를 들어, [그림 5-2a, b, c]의 관계들은 같은 데이터에 기반한다. a, b, c 간에 변화하는 것은 자료에 적합한 방정식의 복잡도다. 이 데이터는 시뮬레이션 자료이며 자료의 생성을 위해 [그림 5-2c]에 해당하는 방정식을 사용하였음을 기억하자.

ANOVA에 비해 다중 회귀에서 결과 변인에 대한 예측 변인들의 관계에 대한 더 많은 정보가 연구자에게 필요한 것으로 보일 수도 있다. 결론적으로, ANOVA는 분산 분할에서 자동적으로 곡선형 관계를 포함한다. 실제 상황에서는 실험을 계획할 때 가정이나 요인과 결과 간 관계에 대한 지식에 기반하여 연구자가 각 요인의 수준의 수를 결정해야 한다. 선형 관계만 기대된다면 이를 추정하기 위해서는 두 수준이면 충분하다(비선형성을 테스트하기 위해서는 세 수준이 필요하다.). 곡선형 관계가 기대된다면 최소한 세 수준이 필요하다. 마찬가지로 다중회귀를 사용하는 연구자가 비선형 관계가 의심된다면 적절한 고차항을 포함한 방정식을 통해 이러한 관계를 탐색할 수 있다(제9장 참고).[2)]

2) 예측 변인과 결과 변인 간에 비선형적 관계가 존재한다면 이러한 관계는 회귀방정식에는 반영되지 않는다. 이러한 관계는 잔차(residual)에 회귀의 진단(diagnostics) 방법을 적용하여 발견할 수 있다(예를 들어, Belsley, Kuh, & Welsh, 1980; Bollen & Jackman, 1990; Cook & Weisberg, 1980; Stevens, 1984 참고). 이를 통해 회귀방정식을 재설정할 수 있다.

 더 복잡한 회귀방정식에 대한 사후 규명

앞선 장에서 개발한 XZ와 XZW 형태의 상호작용을 규명하기 위한 절차를 더 복잡한 회귀방정식에 그대로 적용할 수 있다. 이번 섹션에서는 곡선형 X와 지금까지 살펴본 사례들에서 단순 회귀방정식의 도출과 테스트를 다룬다. 이러한 방정식에서 단순 기울기의 공식과 분산은 〈표 5−1〉에 요약되어 있다. 또한 여러 방정식에 대해 단순 회귀선의 교차점의 어떻게 계산하는지도 살펴본다. 마지막으로 곡선형 단순 회귀선을 규명하는 새로운 도구를 소개한다.

사례 1: 곡선형 X 방정식

식 5.1에 제시된 X, X^2와 관련된 단순 곡선형(2차) 방정식에서 시작한다.

$$\hat{Y} = b_1X + b_2X^2 + b_0$$

이전과 마찬가지로 다음과 같이 바꿔 쓸 수 있다.

$$\hat{Y} = (b_1 + b_2X)X + b_0 \tag{5.6}$$

식 5.6에서 X에 대한 Y의 회귀는 X의 값에 달려 있음을 알 수 있다. 다시 말해, X의 어떤 값에 따라 Y가 감소하거나 변하지 않거나 증가할 수 있다. [그림 5−3]에서도 이를 확인할 수 있다.

식 5.1의 X에 대한 Y의 단순 기울기는 실제로는 $(b_1 + b_2X)$가 아니다. 단순 기울기에 대한 더 정확한 식은 $(b_1 + 2b_2X)$이다. 단순 기울기를 확인하기 위해 회귀방정식을 단순히 재정리하는 방법은 1차항의 곡선형 요소(예를 들어, X^2)를 포함하는 식에서는 적용되지 않는다. 곡선형 요소를 포함하는 식에서 단순 기울기를 구하기 위해서는 약간의 미적분이 필요하며 아래에 시각 자료와 함께 설명한다. 이 장의 나머지 부분을 이해하기 위해 이러한 표현과 수치적 예시를 충분히 학습하기를 권한다.

회귀방정식의 미분으로서 단순 기울기의 표현

지난 장에서 XZ와 XZW 상호작용을 고려할 때 X의 선형 변화에 따른 Y의 선형 변화만을 다루었다. 그러나 곡선상 X의 한 값에서 X에 대한 Y의 회귀를 어떻게 측정할 것인가? 이는 1차 미분(first derivative)이라는 수학적 연산을 통해 해답을 찾을 수 있다. 1차 미분은 곡선의 어떤 위치에서 접선(tangent line)의 기울기를 구할 수 있게 해 준다.[3] [그림 5-3]은 X의 한 값 X_i에서 식 5.1 곡선의 접선을 보여 준다. 이러한 접선은 X_i에서 X에 대한 Y의 회귀를 나타낸다. X_i에서 곡선에 대한 접선의 기울기는 X의 특정값에서 X에 대한 Y의 단순 회귀를 측정한다. 따라서 접선의 기울기는 X의 한 값에서 X에 대한 Y의 회귀의 단순 기울기다. 종합하면, X의 한 값에서 X에 대한 곡선의 1차 미분은 그 값에서 X에 대한 Y의 단순 기울기다.

미분공식을 이용하여 식 5.1을 X에 대해 미분하면 다음과 같다.

$$\frac{\partial \widehat{Y}}{\partial X} = b_1 + 2b_2X \tag{5.7}$$

이 미분은 회귀방정식 5.1로 정의된 곡선의 접선의 기울기에 대한 일반적인 공식이다.

3) 요약하자면, 미분은 회귀방정식의 각 항에 별도로 적용한다. 여기서 다루고 있는 다항식의 경우 일반항 $b_iX^nZ^m$의 (X에 대한) 1차 (편)미분의 결과는 $(b_i)(nX^{n-1})(Z^m)$이다. 이 주제에 대해 관심이 있다면 일반적인 미적분 교과서(예를 들어, Thomas, 1972)에서 이러한 미분 방법에 대해 자세히 다루고 있다.

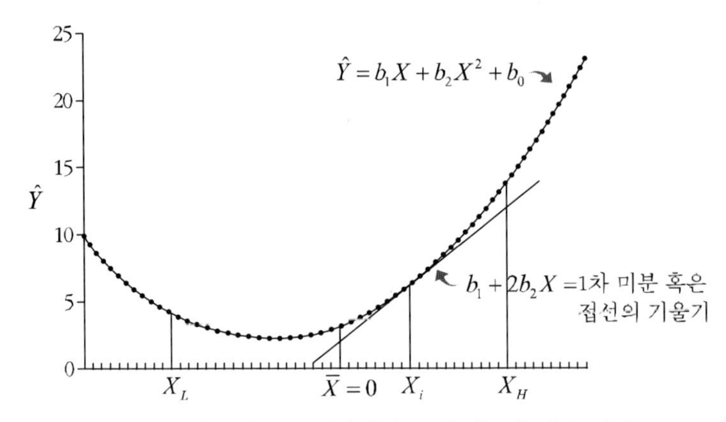

a. X의 특정값에서 회귀방정식(곡선)과 1차 미분(접선)

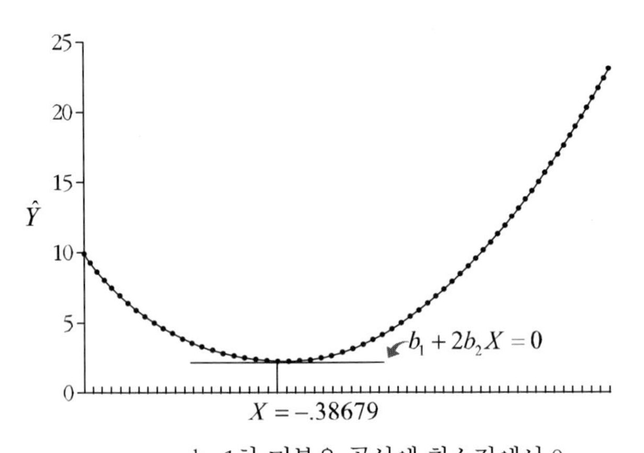

b. 1차 미분은 곡선에 최소점에서 0

[그림 5-3] 회귀식 $\hat{Y} = 4.99X + 6.45X^2 + 3.20$에서 X의 값에 대한 X에 대한 Y의 회귀

식 5.7에 X_i의 값을 대입하면 [그림 5-3]에서 볼 수 있듯이 X_i에서 X에 대한 Y의 단순 기울기다. 달리 설명하자면 식 5.7은 X의 특정값에서 X의 선형 변화와 연관된 Y의 선형 변화를 나타낸다.

1차 (편)미분으로서 단순 기울기의 일반적인 정의는 제2장에서 제4장까지 등장하는 모든 단순 기울기 공식에 적용된다. XZ 상호작용을 가진 회귀방정식 $\hat{Y} = b_1X + b_2Z + b_3XZ + b_0$를 고려해 보자. 이 방정식을 X에 대해 1차 미분하면 다음과 같다.

$$\frac{\partial \hat{Y}}{\partial X} = b_1 + b_3 Z \tag{5.8}$$

이는 제2장과 〈표 4-4〉, 사례 1에서 제시한 단순 기울기 공식과 같다.

이 시점에서 이 책에 등장하는 모든 사례를 포괄할 수 있도록 단순 기울기를 공식화하려고 한다. X에 대한 Y의 단순 기울기는 회귀방정식의 X에 대한 1차 (편)미분이다. 이 함수는 Z와 같은 다른 변인, X, 또는 변인의 조합과 같은 최소한 한 변인의 특정값에서 X에 대한 Y의 회귀의 기울기다.

단순한 곡선형 방정식으로 돌아와서, 이러한 방정식의 1차 미분은 무엇을 알려 주는가? [그림 5-3a]에서 제시한 회귀방정식 $\hat{Y} = 4.993X + 6.454X^2 + 3.197$($X$는 중심화됨)을 고려해 보자. 미분 공식을 사용해 X의 평균($\bar{X} = 0$)에서 X에 대한 Y의 회귀는 정적(positive)임을 알 수 있다.

$$b_1 + 2b_2 X = 4.993 + 2(6.454)(0) = 4.993$$

평균에서 1 표준편차 위($s_x = 0.945$)에서 $X_{\mathrm{H}} = 0.945$이고 X_{H}에서 X에 대한 Y의 회귀는 $4.993 + 2(6.454)(0.945) = 17.191$이다. $X_{\mathrm{L}} = -0.945$에서 X에 대한 Y의 회귀는 -7.2051이다. 따라서 평균에서 1표준편차 아래(X_{L})에서는 X와 Y 간에 부적(negative) 관계가 존재하고 1표준편차 위(X_{H})에서는 강한 정적 관계가 존재한다.

최소 또는 최대 곡선

X에 대한 Y의 회귀가 0이 되는 지점은 어디인가? [그림 5-3b]에서 곡선의 최소 지점에서 회귀가 0이 되는 것을 볼 수 있으며 이는 Y의 예측값이 최소가 되는 X의 값이다. 곡선상의 이 지점에 대한 접선(1차 미분)의 기울기는 0이다. 식 5.7을 사용하여 식 5.7이 0이 되는 지점을 구할 수 있다.

$$b_1 + 2b_2 X = 0$$

$$b_1 = -2b_2 X$$

$$\frac{-b_1}{2b_2} = X \ at \ Y_{\text{minimum}} \tag{5.9}$$

우리의 데이터에서 $X = -4.993/(2)(6.454) = -0.387$. $X = 0.387$에서 X에 대한 Y의 회귀는 0이며 Y의 예측값은 최소다. 이 결과는 우리의 예에서 자기개념의 평균점 바로 아래에서 자기개방이 최소임을 의미한다.

뒤집힌 U자형 함수를 나타내는 단순한 곡선형 회귀에서 Y의 최댓값에서 X에 대한 Y의 회귀가 0이 됨을 주의하자. [그림 5-1b, c, e]와 같은 곡선에 적용하면 식 5.9는 그러한 최댓값에서 X의 값을 구할 수 있다.[4)]

Y에 대한 X의 관계에서 전체적인 경향성

여기서 식 5.1 회귀방정식의 전체 회귀 계수 b_1을 살펴보고 이를 X의 값에서 X에 대한 Y의 단순 기울기와 비교해 보자. b_1 계수는 중심화된 X가 0(즉, 평균)에서 구해지며 따라서 X의 평균에서 X에 대한 Y의 회귀, 또는 평균에서 조건부 효과를 나타낸다. b_1이 양수일 경우에 평균 주변에서 Y는 증가함을, b_1이 음수일 경우에는 감소함을 나타낸다. 우리의 예에서 [그림 5-3b]의 $b_1 = 4.993$이기 때문에 자기개념의 평균 주변에서 자기개념의 증가에 따라 자기개방이 증가한다. 나아가, 표본에서 X의 각 관찰값에 대해 X에 대한 Y의 회귀를 계산하면 이러한 회귀의 평균은 양수이며 4.993으로 계산될 것이다. 관찰값 전반에서 자기개념이 높을 경우에 평균적으로 자기개방이 높다. 제2장에서 제4장까지 살펴본 바와 같이 b_1과 대조적으로 단순 기울기는 X의 한 값에서 X에 대한 Y의 회귀를 나타낸다.

---

4) 미적분에 익숙하다면 최초의 곡선형 회귀방정식, $\hat{Y} = b_1 X + b_2 X^2 + b_0$의 2차 미분을 통해 X의 값이 $\hat{Y}$의 최대 또는 최솟값에 해당하는지 확인할 수 있다. 2차 미분의 값은 $2b_2$이며 b_2가 양수일 때 $\hat{Y}$는 최솟값이며 b_2가 음수일 때 $\hat{Y}$는 최댓값이다.

단순 기울기에 대한 테스트

고차 관계를 나타내기 위해 단순 기울기를 계산하는 것은 이러한 관계를 나타내는 유용한 방법이며 다양한 결과에 대한 맥락을 제공한다. 예를 들어, 곡선형 관계의 존재는 때때로 연구 문헌에서 의외의 결과로 받아들여지기도 한다. 어떤 연구자들은 Y에 대한 X의 정적 관계를, 다른 연구자들은 부적 관계를 보고하며 관계가 없다고 보고하기도 한다. 각 연구에서 사용한 X의 범위가 이러한 괴리의 근원일 수 있다. [그림 5-3]으로 돌아와서, X의 연속선상 하위의 좁은 범위를 표집했다면 부적 관계를 관찰하게 된다. 상위의 좁은 범위를 표집했다면 가파른 정적 관계를 보고하게 된다. 일견 모순되는 이러한 결과를 해석하기 위해서는 관계가 부적인, 0과 다르지 않은, 또는 정적인 X 값의 영역을 확인해야 한다. 단순 기울기 테스트는 이러한 작업에 도움이 된다.

X의 여러 값에서 X에 대한 Y의 회귀를 나타내는 단순 기울기가 0과 유의미하게 다른지 테스트할 수 있다.[5] 단순 기울기 $(b_1 + 2b_2X)$의 표준오차는 다음과 같다.

$$s_b = \sqrt{s_{11} + 4Xs_{12} + 4X^2 s_{22}} \tag{5.10}$$

따라서 t-테스트는 $(b_1 + 2b_2X)/s_b$이며 자유도는 $n-k-1$이다. X와 X^2에 대해 $k=2$이다.

〈표 5-2〉는 [그림 5-3]의 회귀방정식에 대한 단순 기울기 분석을 보여준다. 단순 기울기는 X의 평균에서 2 표준편차 아래(−1.890), 1 표준편차 아래(−0.945), 곡선의 최저점($X=-0.387$), $\overline{X}=0.00$, X의 평균에서 1 표준편차 위(0.945)에서 주어진다. X의 평균과 그 위에서는 X와 Y 간 강한 정적 관계가 존재하며 2 표준편차 아래($X=-1.890$)에서는 강한 부적 관계

---

5) 단순 기울기를 테스트하는 일반적인 행렬 기반의 절차를 적용할 수 있다. 공식 $(b_1 + 2b_2X)$는 회귀 계수의 선형 조합이다. 따라서 표준오차의 추정치는 $s_b^2 = w'S_bw$의 루트값으로 구할 수 있다. 단순 곡선 회귀방정식 5.1에서 b_1과 b_2의 가중치 벡터 w'는 [1 2X]이고 S_b는 회귀 계수의 2×2 공분산 행렬이다.

가 존재한다.

같은 변인의 선형과 비선형 함수를 포함하는 식 5.1과 같은 식의 해석은 개념적인 문제가 있다. 이 경우 선형 항(X)을 상수로 고정시킨 상태에서 2차항(X^2)이 변하는 것은 생각할 수 없다. 단순 기울기 접근은 예측 가능한 변산을 여러 개의 X에 대한 Y의 회귀로 재분할함으로써 이 문제를 해결한다.[6)]

〈표 5-2〉 회귀식 $\hat{Y} = 4.993X + 6.454X^2 + 3.197$에서 X의 값에 대한 X에 대한 단순 기울기

a. 회귀 계수의 분산 공분산 행렬

$$S_b = \begin{matrix} & b_1 & b_2 \\ b_1 & 2.14449 & -0.10432 \\ b_2 & -0.10432 & 1.26567 \end{matrix}$$

b. $X_H = 0.945$에서 단순 기울기의 표준오차 계산($s_X = 0.945$)

(i) 단순 기울기: $b_1 + b_3X = 4.993 + 6.454(0.945) = 11.092$

(ii) 단순 기울기의 분산: $s^2 = s_{11} + 4Xs_{12} + 4X^2s_{22}$

$$= 2.144 + 4(0.945)(-0.104) + 4(.945)^2(1.266)$$

$$= 6.271$$

---

6) Stimson, Carmines, Zeller(1978)는 다차항(polynomial) 회귀방정식의 해석을 용이하게 하기 위해 회귀방정식을 정리하는 방법을 개발했다. 단순 다차항 회귀방정식 $\hat{Y} = b_1X + b_2X^2 + b_0$을 다음과 같이 정리할 수 있다.

$\hat{Y} = M + b_2(F - X)^2$

M=결과 변인의 최대 또는 최솟값

$= b_0 - \dfrac{b_1^2}{4b_2^2}$

F=결과 변인의 최대 또는 최솟값에 해당하는 X값

$= \dfrac{-b_1}{2b_2}$

예를 들어, 자기개념(X)와 자기개방(Y) 간 U자 형태의 관계에서 재정리 된 다항식은 자기개방을 최소화시키는 자기개념의 값(F)에서 최소화된 자기 개방의 최솟값(M)을 나타내게 된다.

(iii) 단순 기울기의 표준오차: $s_b = \sqrt{6.271} = 2.504$

c. 단순 기울기의 t-테스트

X	단순 기울기	표준오차	t
−1.890	−19.404	2.730	−7.11***
−0.945	−1.106	3.657	−0.41
−0.387	0.000	1.750	0.00
0.000	4.993	1.464	3.41***
0.945	11.092	2.504	4.43***

***$p < .001$

곡선형 회귀방정식의 더 복잡한 변형에 대한 재검토

이 장의 초반에 다룬 회귀방정식의 여러 변형에 대해 우리가 제시하는 사후 규명 방법을 적용한다. 이러한 회귀방정식과 단순 기울기, 단순 기울기의 분산은 〈표 5−1〉, 사례 2에서 사례 4에 요약되어 있다. 사례 2는 사례 1의 단순한 확장이다. 사례 3과 4에서 고차항과 교차곱항의 조합을 다룬다.

사례 2: 곡선형 X 관계와 선형 Z 관계

식 5.2 $\hat{Y} = b_1X + b_2X^2 + b_3Z + b_0$은 이러한 형태의 회귀방정식을 나타낸다. [그림 5−2a]에서 묘사된 이 식은 단순한 2차 곡선형 회귀방정식에 1차항 Z항을 더해서 만들어진 것이다. X에 대한 미분 $\partial\hat{Y}/\partial X = (b_1 + 2b_2X)$은 식 5.1의 X에 대한 Y의 단순 기울기다. Z는 X와 상호작용하지 않기 때문에 이러한 1차 (편)미분 또는 단순 기울기는 Z를 포함하지 않는다. Z의 값의 변화에 의한 유일한 효과는 [그림 5−2a]에서 볼 수 있듯이 전체 곡선의 오르내림이다. 전체 곡선의 오르내림은 절편과 곡선의 최소, 최댓값에서 $\hat{Y}$의 변화에 반영된다. 최소와 최댓값에서 X의 값은 Z의 영향을 받지 않는다.

단순 기울기[7]의 분산은 〈표 5−1〉, 사례 2에서 확인할 수 있다. 이는 단순 곡선형 회귀방정식(〈표 5-1〉의 사례 1)과 동일하다. X의 여러 값에서 단순 기울기에 대한 t-테스트는 $n-k-1$ 자유도를 가지며 여기서 $k=3$ 이다.

사례 3: 곡선형 X 관계, 선형 Z 관계, 선형-선형 XZ 상호작용

다음의 식 5.3은 이러한 관계를 나타낸다. $\hat{Y}=b_1X+b_2X^2+b_3Z+b_4XZ+b_0$.

이 식은 X와 Z 간 선형-선형 상호작용이 추가되었다. 먼저 X에 대한 Y의 회귀(〈표 5-1〉의 사례 3a)를 포함하고 같은 회귀방정식에 Z에 대한 Y의 회귀(사례 3b)를 포함한다.

사례 3a: X에 대한 Y의 회귀를 나타내는 식을 재구성. 식 5.3을 통해 X와 Z가 Y와 가지는 관계를 개념적으로 규정하는 것은 어렵다. 식 5.3의 항들의 순서를 바꾸고 묶음으로써 Z의 값에서 X에 대한 Y의 단순 회귀방정식이라는 훨씬 해석이 용이한 형태로 바꿀 수 있다. 재구성된 식은 식 5.1과 동일한 2차 다항식 형태를 가진다(선형항, 2차항, 상수).

$$\hat{Y}=(b_1+b_4Z)X+b_2X^2+(b_3Z+b_0) \tag{5.11}$$

식 5.11의 (b_1+b_4Z) 계수는 식 5.3의 b_1처럼 단순 휘귀식에서 동일한 의미를 가지며 하나의 Z 값에서 X에 대한 Y의 회귀의 전체적인 선형 경향성을 나타낸다. 만약 (b_1+b_4Z)가 양수라면 이러한 단순 회귀가 전체적으로 상향하는 선형 경향성을 가지고 (b_1+b_4Z)가 음수라면 전체적으로 하향하는 경향성을 가진다. 그러나 Z가 X^2와 상호작용하지 않기 때문에 b_1이 나타내는 곡선의 형태는 Z에 대해 독립적이다. 식 5.11을 [그림 5-2b](1)의 세 곡선을 나타내는 단순 회귀방정식을 계산하는 데 사용할 수 있다. 전체 회귀방정식은 $\hat{Y}=1.125X+3.563X^2+3.608Z+2.935XZ$

7) 사례 2의 X에 대한 Y의 회귀의 단순 기울기의 분산에 대한 일반적인 행렬 기반의 접근에서 $w'=[1\ \ 2X\ \ 0]$이고 S_b는 3×3 공분산 행렬이다.

$+3.246$이다. 중심화된 Z와 $s_Z = 2.200$를 통해 Z_L, Z_M, Z_H에서 단순 회귀방정식을 구하기 위해 Z의 값을 대입할 수 있다. 일반적으로,

$$\hat{Y} = (1.125 + 2.935Z)X + 3.653X^2 + 3.608Z + 3.246$$

$Z_L = -2.20$에 대해

$$\hat{Y} = [1.125 + (2.935)(-2.20)Z]X + 3.653X^2 + 3.608(-2.20) + 3.246$$

$$\hat{Y} = -5.332X + 3.653X^2 - 4.512$$

$Z_M = 0.00$에 대해

$$\hat{Y} = 1.125X + 3.653X^2 + 3.246$$

$Z_H = 2.20$에 대해

$$\hat{Y} = 7.582X + 3.653X^2 + 11.364$$

X는 중심화되었기 때문에 세 개의 단순 회귀방정식에서 X의 계수는 하나의 Z 값에 대해 X의 평균에서 X가 Y에 대해 가지는 조건부 효과 또는 Z의 한 값에서 X와 Y 간 전체적인 선형 경향성으로 해석할 수 있다. [그림 5-2b](1)을 살펴보면 Z_L에서 전체 경향성은 부적, Z_M에서는 미세하게 정적, Z_H에서는 강한 정적 경향성을 가지는 것을 확인할 수 있다.

사례 3a: 단순 기울기(Case 3a: Simple Slopes). 식 5.11과 같은 전체 회귀방정식을 재구성한 식의 계수와 단순 기울기를 구분할 필요가 있다. X의 값에서 X에 대한 Y의 회귀의 단순 기울기를 결정하기 위해 식 5.3을 X에 대해 미분한다.

$$\frac{\delta \hat{Y}}{\delta X} = b_1 + 2b_2X + b_4Z \tag{5.12}$$

여기서 X의 값에서 X에 대한 Y의 단순 기울기는 X의 값뿐만 아니라 Z의 값에 따라 달라진다. 식 5.3을 해석하기 위해 Z_L, Z_M, Z_H와 X_L, X_M, X_H 간 모든 9개의 조합에 대해 단순 기울기를 계산한다. 예를 들어,

$Z_H = 2.200$과 $X_L = -0.945$에서 단순 기울기를 구해 보자. 식 5.12에 대입하여 단순 기울기를 구하면 $1.125 + 2(3.563)(-0.945) + 2.935(2.200) = 0.848$이다. 〈표 5-3〉은 Z_L, Z_H, Z_H와 X_L, X_H, X_H 간 모든 9개의 조합에 대한 단순 기울기를 보여 준다. 표의 1열 3행에 위에서 계산한 Z_H와 X_L 조합에 대한 단순 기울기가 0.848을 찾을 수 있다. 두 번째 행은 중심화된 X의 평균($\overline{X}=0$)에서 Z_L, Z_H, Z_H에 대한 단순 기울기를 보여 준다. 이 값들은 위에서 제시한 단순 회귀방정식의 1차 계수와 일치함을 주의하자. $X=0$일 때 재구성된 회귀방정식 5.11에서 X의 회귀 계수 $(b_1 + b_4 Z)$와

〈표 5-3〉 회귀식 $\hat{Y} = 1.125X + 3.563X^2 + 3.61Z + 2.953XZ + 3.246$의 단순 기울기에 대한 규명[단순 기울기는 식$(b_1 + 2b_2X + b_4Z)$을 사용하여 구함]

			(1)	(2)	(3)
			Z_L	Z_M	Z_H
			−2.200	0	2.200
		단순 기울기	−12.065	−5.609	0.848
(1)	$X_L = -0.945$	표준오차	2.628	2.819	3.786
		t	−4.591***	−1.990*	0.234
		단순 기울기	−5.332	1.125	7.582
(2)	$X_M = 0$	표준오차	2.324	1.532	2.153
		t	−2.294*	0.734	3.522***
		단순 기울기	1.403	7.859	14.316
(3)	$X_H = 0.945$	표준오차	3.900	2.839	2.502
		t	0.360	2.768	5.722***

S_b: b 계수의 공분산 행렬

			b_1	b_2	b_3	b_4
		b_1	2.34649	0.01536	−0.41530	−0.08693
S_b	=	b_2	0.01536	1.58396	−0.04381	−0.49227
		b_3	0.41530	−0.04381	0.43079	0.01174
		b_4	−0.08693	−0.49227	0.01174	0.55213

$^{***}p < .0001$, $^{**}p < .01$, $^{*}p < .05$

식 5.12의 Z의 특정값에서 X에 대한 Y의 단순 기울기($b_1+2b_2X+b_4Z$)는 같다.

X가 중심화되었을 때 두 회귀방정식은 X의 평균에서 Z의 특정값에 대한 X에 대한 Y의 평균적인 회귀 또는 X에 대한 Y의 회귀의 표본의 모든 관찰값 간 평균적인 기울기를 의미한다.

〈표 5-3〉에서 볼 수 있는 단순 기울기들은 회귀분석의 결과에 대한 유용한 요약을 제공한다. X가 낮은 값일 때(1행) Z가 증가함에 따라 X에 대한 Y의 회귀는 강한 부적에서 0으로 이동한다. X의 평균(2행)에서는 Z가 증가함에 따라 X에 대한 Y의 회귀가 유의한 부적에서 유의한 정적으로 변화한다. X가 높은 값일 때(3행) Z가 증가함에 따라 X에 대한 Y의 회귀는 더욱 정적으로 변화한다.

〈표 5-3〉은 X와 Z의 변화에 따른 X에 대한 Y의 회귀의 극적인 차이를 보여 준다. 다시 말하자면 단순 기울기의 사용은 변산의 세 가지 원천 X, X^2, XZ에 따른 변산의 분할로 연결되며 이를 통해 회귀분석에 대한 명쾌한 해석이 가능하다.

사례 3a: 표준오차와 t-테스트(Case 3a: Standard Error and t-test). 단순 기울기[8]의 분산은 〈표 5-1〉, 사례 3a에서 확인할 수 있으며 루트값이 t-테스트에 필요한 표준오차다. t-test의 자유도는 $n-k-1$이며 여기서 $k=4$이다.

사례 3a: 곡선의 최대 또는 최솟값(Case 3a: Minimum or Maximum of Curve). [그림 5-2b](1)에서 각 회귀 곡선의 $\hat{Y}$가 최소가 되는 X의 값은 Z에 따라 달라짐을 확인할 수 있다. 식 5.12를 0으로 두고 X에 대해 풀이하면 각 회귀 곡선에서 $\hat{Y}$가 최소가 되는 X에 대한 다음의 공식을 유도할 수 있다.

$$X=\frac{-(b_1+b_4Z)}{2b_2} \tag{5.13}$$

8) 사례 3a의 X에 대한 Y의 회귀의 단순 기울기의 분산에 대한 일반적인 행렬 기반의 접근에서 $w'=[1\ \ 2X\ \ 0\ \ Z]$이고 S_b는 4×4 공분산 행렬이다.

식 5.13을 통해 U자 형 곡선[9])의 최솟값에 해당하는 X값을 계산할 수 있다. $Z_L=-2.20$을 대입하면 $X=[(1.125+(2.953)(-2.20)]/(-2)(3.563)=0.75$에서 $\hat{Y}$가 최솟값이 된다. Z_M과 Z_H에 대해서는 각각 $X=-0.16$과 1.06 회귀 곡선이 최소가 된다. 우리의 예에서는, 알코올 섭취(Z)가 Z_L에서 Z_H로 증가할 때 매우 낮은 수준의 자기개념(X)에서 자기노출(Y)이 증가하기 시작한다.

사례 3a: 교차점. X에 대한 Y의 회귀의 단순 회귀방정식에 해당하는 곡선은 모두 $X=-b_3/b_4$의 한 점에서 교차한다. b_3와 b_4 값을 대입하면 단순 회귀가 교차하는 점 $-3.608/2.935=-1.230$을 구할 수 있다. [그림 5-2b](1)에서 X의 하한인 X_L은 -0.95이다(즉, $\overline{X}=0$, $s_X=0.95$). 따라서 세 곡선은 X의 하한점 바로 아래에서 교차한다. X에 대한 Y의 세 단순 회귀가 교차하는 X의 영역이 의미가 있다면 비순서적(disordinal) 상호작용으로 해석할 수 있다. 반면에 곡선이 교차하는 X의 값이 의미가 없다면 순서적(ordinal) 상호작용으로 해석된다. 우리의 예에서 Z_L 아래의 값이 임상적인 우울증을 가진 사람들(즉, 상이한 모집단)의 자기개념을 나타낸다면, 자기개념이 Z_L의 위에 있는 '정상적인' 모집단 안에서는 상호작용이 순서적이다. XZ 상호작용에 대한 b_4 항이 0이라면 단순 회귀는 교차하지 않는다는 점을 주목하자. 이 경우, 회귀방정식은 $\hat{Y}=b_1X+b_2X^2+b_3Z+b_0$으로 단순화된다([그림 5-2a](1)).

사례 3b: Z에 대한 Y의 회귀(Case 3b: The Regression of Y on Z). 지금까지는 X에 대한 Y의 회귀만을 고려하였다. 이전 장에서 살펴본 바와 같이 XZ 상호작용이 존재할 때 Z에 대한 Y의 회귀를 규명하는 것 또한 유용하다. 이 상호작용은 Z에 대한 Y의 회귀 또한 X의 값에 따라 달라짐을 나타낸다. 단순 XZ 상호작용에 대한 이번 사례에서 Z에 대한 Y의 회귀는 선형이다. X의 값에서 Z에 대한 Y의 단순 회귀선은 [그림 5-2b](2)에서 확인

9) 식 5.3의 X에 대한 2차 (편)미분은 b_2이다. 이러한 2차 미분의 값이 양수일 때 최솟값을 구할 수 있고 양수일 때 최댓값을 구할 수 있다(위의 4번 참고).

할 수 있다.

사례 3b: 단순 기울기, 표준오차, t-테스트(Case 3b: Simple Slopes, Standard Error, and t-Test). X의 수준에 따른 Z에 대한 Y의 회귀방정식은 식 5.3을 Z에 대해 미분하여 구할 수 있다.

$$\frac{\partial \hat{Y}}{\partial X} = b_3 + b_4 X \quad (5.14)$$

이러한 단순 기울기[10]의 분산은 〈표 5-1〉, 사례 3b에서 확인할 수 있다. 분산의 제곱근은 표준오차이며 t-테스트는 $n-k-1$의 자유도를 가진다 ($k=4$). 〈표 5-1〉, 사례 3b의 단순 기울기와 그 분산 형식은 식 2.1의 Z의 값에서 X에 대한 Y의 회귀에서와 동일하다. $\hat{Y} = b_1 X + b_2 Z + b_3 XZ + b_0$ (〈표 4-4〉, 사례 1b). 이는 식 2.1과 5.3에서 Z에 대한 Y의 관계가 1차항과 상호작용 모두에 대해 선형이기 때문이다. 더 복잡한 식 5.3이 식 2.1과 다른 점은 Z에 대한 Y의 회귀에 투입되지 않은 X^2의 추가다.

사례 3b: 교차점(Case 3b: Crossing Points). 이전의 단순 선형-선형 상호작용과는 다르게 [그림 5-2b](2)는 단순 회귀선이 한 점에서 교차하지 않음을 보여 준다. X의 2차항을 포함하는 식에서는 Z에 대한 Y의 회귀의 두 단순 회귀선이 교차하는 지점은 X의 구체적인 값에 달려 있다. 식 5.3에서 Z에 대한 Y의 두 단순 회귀방정식이 교차하는 지점은 다음과 같이 구해진다.

---

10) 사례 3b의 X에 대한 Y의 회귀의 단순 기울기의 분산에 대한 일반적인 행렬 기반의 접근에서 $w' = [0\ 0\ 1\ X]$이고 S_b는 사례 3a에서와 같은 4×4 공분산 행렬이다.

$$Z_{\text{cross}} = -\frac{[b_1 + b_2(X_i + X_j)]}{b_4} \quad (5.15)$$

여기서 X_i와 X_j는 확인을 위해 선택된 구체적 값이다.

만약 XZ 상호작용에 대한 b_4 계수가 0이라면 단순 회귀방정식은 [그림 5-2b](2)와 같이 평행이다. 나아가 X^2에 대한 b_2 계수가 0이라면 모든 단순 회귀선은 단일한 값 $-b_1/b_4$에서 교차한다.

교차점의 계산을 보여 주기 위해 X_i에 $X_{\text{H}} = 0.945$를 X_i에 $X_{\text{M}} = 0$을 식 5.15에 대입하면 $Z_{\text{cross}} = -[1.125 + 3.563(0.945 + 0)]/3.246 = -1.387$을 계산할 수 있다. 이는 [그림 5-2b](2)에서 시각화되어 있으며 여기서 Z의 최솟값은 $Z_{\text{L}} = -2.20$이다.

사례 4: 곡선 X 관계, 선형 Z 관계, 곡선 X-선형 Z 관계

이러한 관계는 아래의 식 5.4로 나타낼 수 있다.

$$\hat{Y} = b_1X + b_2X^2 + b_3Z + b_4XZ + b_5X^2Z + b_0$$

식 5.4는 식 5.3에 X^2Z 항을 추가한 것이다.

사례 4a: X에 대한 Y의 회귀를 나타내기 위한 회귀방정식의 재구성(Case 4a: Reexpressed Regression Equation to Show Regression of Y on X). 식 5.3에서 볼 수 있듯이 X와 Z가 Y와 가지는 관계의 특성을 식 5.4로부터 규명하는 것은 매우 어렵거나 불가능하다. 해석의 단순화를 위해 5.4를 Z의 값에 따른 X에 대한 Y의 회귀를 나타내도록 재구성할 수 있다. 재구성된 방정식에서 X와 X^2에 대한 회귀 계수는 Z 값의 함수로 변화함을 알 수 있다.

$$\hat{Y} = (b_1 + b_4Z)X + (b_2 + b_5Z)X^2 + (b_3Z + b_0) \quad (5.16)$$

사례 3a에서와 마찬가지로, 식 5.16의 $(b_1 + b_4Z)$ 계수는 전체 방정식의 b_1 계수와 같은 정보를 제공한다. $(b_1 + b_4Z)$ 계수는 식 5.11에서처럼 Z의 값에 따른 X와 Y 관계에 대한 전체적인 선형 경향성을 나타낸다. X^2의 계수 $(b_2 + b_5 Z)$은 전체 회귀방정식의 b_2 계수와 같은 정보를 제공한다. $(b_2 + b_5 Z)$는 Z의 특정값에서 X에 대한 Y의 단순 회귀선의 곡선성(curvilinearity)의 특성을 나타낸다. $(b_2 + b_5 Z)$가 정적이면 곡선이 위로 오목(concave upward)하고 부적이면 아래로 오목하다(concave downward).

[그림 5-2c](1)은 회귀방정식 $\hat{Y} = -2.042X + 3.000X^2 + 2.138Z + 2.793XZ + 1.960X^2Z + 3.502$를 나타낸다. 그림은 식 5.16 형태의 재구성된 방정식을 통한 세 개의 단순 회귀를 보여 준다.

$$\hat{Y} = (-2.042 + 2.793Z)X + (3.000 + 1.960Z)X^2 + (2.138Z + + 3.502)$$

Z_L, Z_M, Z_H에 해당하는 −2.200, 0, 2.200을 대입하면 각 단순 회귀선에 대한 식 5.16의 두 계수를 구할 수 있다. Z의 증가에 따라 $(b_1 + b_4 Z)$의 값은 음수에서 양수로 변한다. Z_L에 대해 −8.188, Z_M에 대해 −2.042, Z_H에 대해 4.104의 값으로 변한다. 이는 [그림 5-2c](1)에서 확인할 수 있는 Z_L에서 부적인 일반적 선형 경향성, Z_H에서 정적인 일반적 경향성과 일치한다. $(b_2 + b_5 Z)$의 값은 다음과 같다. Z_L, Z_M, Z_H 각각에 대해 −1.313, 3.000, 7.312이다. Z_L에서 미약한 하방 곡률(downward curvature)이 관찰되지만 Z_M, Z_H에서는 상방 곡률(upward curvature)이 관찰된다.

$(b_1 + b_4 Z)$와 $(b_2 + b_5 Z)$ 계수에 대한 유의도 테스트는 해석에 좀 더 도움을 줄 수 있다. 제2장에서 소개되고 이 책 전반에서 이용되고 있는 절차를 통해 표준오차를 계산할 수 있다.[11] 예를 들어, Z_L에서 $(b_2 + b_5 Z)$의 $t = -0.786$이고 유의미하지 않다. Z_M에서 $t = 2.422$, $p < .05$이다. Z_H에서 $t = 4.853$, $p < .01$이다. 이러한 테스트로부터 Z_L에서 X에 대한 와

11) 계수 $(b_1 + b_4 Z)$의 분산은 일반적인 행렬 기반의 접근으로 구할 수 있으며 $w' = [0\ 0\ 0\ Z\ 0]$이고 S_b는 5×5 공분산 행렬이다. t-테스트의 자유도는 $n-k-1$이고 여기서 $k=5$이다. $(b_2 + b_5 Z)$에 대해서는 $w' = [0\ 1\ 0\ 0\ Z]$이고 S_b는 5×5 공분산 행렬이다. t-테스트의 자유도는 같다.

이의 회귀의 모양이 대체로 상향 선형 경향성이 Z의 증가에 따라 점점 위로 오목한 형태로 변화하는 것을 확인할 수 있다.

식 5.16에서 선형 계수인 $(b_1 + b_4Z)$와 곡선형 계수인 $(b_2 + b_5Z)$이 단순 기울기가 아님을 주의할 필요가 있다. 이러한 계수들은 Z의 특정값에서 X에 대한 Y의 회귀를 요약한다고 할 수 있다(대조적으로, 단순 기울기는 X와 Z의 한 조합에서 X에 대한 Y의 회귀를 나타낸다.).

제2장에서 설명한 통계 패키지 사용 방법을 이 장에서 제시한 모든 단순 기울기에 대해 표준오차와 단순 기울기를 구하기 위해 사용할 수 있다. 그 예는 이 장의 후반부에서 제공한다. 그러나 이 책에서 제시하는 통계 패키지 사용 방법은 단순 기울기에만 적용되며 식 5.16의 일반적인 선형, 곡선형 계수의 표준오차를 계산하는 데 사용하지는 못한다. 그대신, 제2장의 끝에서 설명한 접근법과 식 2.10을 사용하여야 한다. 이는 식 5.11의 $(b_1 + b_4Z)$ 계수에 대해서도 마찬가지다.

사례 4a: 단순 기울기, 표준오차, t-테스트(Case 4a: Simple Slopes, Standard Errors, and t-Tests). 식 5.4의 X에 대한 Y의 단순 기울기를 구하기 위해 식 5.4를 X에 대해 1차 미분한다.

$$\frac{\partial \widehat{Y}}{\partial X} = b_1 + 2b_2X + b_4Z + 2b_5XZ \tag{5.17}$$

X에 Y의 단순 기울기는 X와 Z의 값 모두에 따라 달라진다. 단순 기울기의 분산[12]은 〈표 5-1〉, 사례 4a에 제시되어 있다. t-테스트는 $n-k-1$의 자유도를 가지며 $k=5$이다.

X_L, X_M, X_H와 Z_L, Z_M, Z_H의 모든 가능한 조합에 대한 단순 기울기는 식 5.17에 적절한 X와 Z 값을 대입하여 계산할 수 있다. 우리의 수치적 예시에 대한 9개의 단순 기울기의 행렬은 〈표 5-4〉에서 확인할 수 있다. 예를 들어, X_L과 Z_M 조합(〈표 5-4〉, 1행 2열)에 대한 단순 기울기는 -7.711이

12) 사례 4a의 X에 대한 Y의 회귀의 단순 기울기의 분산에 대한 일반적인 행렬 기반의 접근에서 $w' = [1 \ 2X \ 0 \ Z \ 2XZ]$이고 S_b는 5×5 공분산 행렬이다.

다. X_M과 Z_M 조합(2행 2열)에 대한 단순 기울기는 -2.042이며 이 값은 전체 방정식에서 X에 대한 b_1 계수와 같은 값이다. 9개의 조합 각각에 대한 표준오차와 t-테스트 또한 표에서 확인할 수 있으며 [그림 5-2c](1)과 비교해 볼 수 있다. X_L에 대해서 회귀 곡선의 단순 기울기가 Z 값의 증가에 따라 더욱 부적으로 변하는 것을 확인하였다. 반대로, X_M에 대해서는 회귀 곡선의 단순 기울기가 Z_L에서 음수 값을, Z_M에서 0과 다르지 않으며, Z가 증가함에 따라 점점 정적으로 변한다. 마지막으로, X_H에 대해 회귀 곡선의 단순 기울기는 Z_L에서 강한 부적이지만 빠르게 변하여 Z_M에서 양수가 되며 Z_H에서 강한 정적이 된다.

사례 4a. 곡선의 최대, 최솟값(Case 4a. Maximum and Minimum of Curves). 단순회귀 곡선의 최댓값과 최솟값을 구하기 위해 단순 기울기 공식 식 5.17을 0으로 만드는 X의 해를 구한다.

$$b_1 + 2b_2X + b_4Z + 2b_5XZ = 0$$

따라서

$$X = \frac{-(b_1 + b_4Z)}{2(b_2 + b_5Z)} \tag{5.18}$$

예를 들어, 회귀방정식이 $\hat{Y} = -2.042X + 3.000X^2 + 2.138Z + 2.793XZ + 1.960X^2Z + 3.502$라면 식 5.18에 대입하여 $Z_L = -2.200$에서 최솟값을 구할 수 있다. Z_L에 대해

$$X = \frac{-[(-2.042) + (2.793)(-2.200)]}{2[3.000 + (1.960)(-2.200)]} = -3.120$$

[그림 5-2c](1)에서 이 지점이 Y의 예측값의 최댓값임을 알 수 있다. 비슷한 과정을 통해 Z_M에 대해 $X = 0.34$, Z_H에 대해 $X = -0.281$을 구할 수 있으며 이 두 지점은 [그림 5-2c](1)에서 각 회귀 곡선의 최소 예측값에

〈표 5-4〉 회귀식 $\hat{Y}=-2.042X+3.000X^2+2.138Z+2.793XZ+1.960X^2Z+3.502$의 단순 기울기에 대한규명[단순 기울기는 식$(b_1+2b_2X+b_4Z+2b_5XZ)$을 사용하여 구함]

			(1)	(2)	(3)
			Z_L	Z_M	Z_H
			−2.200	0	2.200
		단순 기울기	−5.706	−7.711	−9.716
(1)	$X_L=-0.945$	표준오차	2.963	2.801	4.439
		t	−1.925*	−2.753**	−2.189*
		단순 기울기	−8.188	−2.042	4.104
(2)	$X_M=0$	표준오차	2.368	1.669	2.256
		t	−3.457***	−1.224	1.819
		단순 기울기	−10.669	3.627	17.924
(3)	$X_H=0.945$	표준오차	4.731	2.946	2.586
		t	−2.255*	1.231	6.930***

S_b: b 계수의 공분산 행렬

	b_1	b_2	b_3	b_4	b_5
b_1	2.78447	0.11045	−0.14763	−0.05919	−0.33314
b_2	0.11045	1.53329	0.00252	−0.46696	−0.05926
b_3	−0.14763	0.00252	0.52842	0.02239	−0.15468
b_4	−0.05919	−0.46696	0.02239	0.52960	−0.01487
b_5	−0.33314	−0.05926	−0.15468	−0.01487	0.20618

***$p<.001$, **$p<.01$, *$p<.05$

13) 식 5.4의 X에 대한 2차 미분은 다음과 같다.

$$\frac{\partial^2\hat{Y}}{\partial X^2}=2(b_2+b_5Z)$$

이 식은 곡률(curvature)의 방향이 Z의 값에 달려 있음을 보여 준다. $(b_2+b_5Z)>0$일 때 식 5.18에서 구한 X의 값은 최대가 된다. $Z_L=-2.20$에서 2차 미분값은 2[3.000+(1.96)(−2.20)]=−1.312이며 최댓값임을 알 수 있다. 따라서 X에 대한 Y의 회귀는 약간 아래로 오목한 형태임을 알 수 있다. Z_H에서 2차 미분값은 15.75이며 X에 대한 Y의 회귀가 위로 오목한 형태임을 나타낸다.

해당한다.[13)] [그림 5-2c](1)와 [그림 5-2c](1)의 단순 회귀곡선을 함께 살펴봄으로써 이러한 결과가 자기개념과 자기개방 간의 관계가 알코올 소비가 낮을 때, 보통일 때, 높을 때에 따라 달라짐을 알 수 있다.

사례 4a: 교차점(Case 4a: Crossing Point). Z의 값에 따른 X에 대한 Y의 회귀 곡선이 교차하는 X의 값을 결정하기 위해 일반적인 전략을 사용한다. Z의 두 값 Z_i, Z_j를 선택하여 회귀방정식 5.4에 대입하고 그 두 방정식을 같게 놓는다. 이를 통해 다음의 식으로 표현되는 가능한 교차점 두 개를 찾을 수 있다.

$$X_{\text{cross}(1)} = \frac{\left[-b_4 + (b_4^2 - 4b_3b_5)^{\frac{1}{2}}\right]}{2b_5} \tag{5.19}$$

$$X_{\text{cross}(2)} = \frac{\left[-b_4 - (b_4^2 - 4b_3b_5)^{\frac{1}{2}}\right]}{2b_5} \tag{5.20}$$

X^2Z의 계수 b_5가 0일 때 곡선이 교차하지 않는다. 그러나 b_5가 0이 아닐 때라도 두 회귀 곡선이 교차하는 지점이 없을 수 있다. 실제로 [그림 5-2c](1)에서 제시된 우리의 사례에서 이런 일이 발생한다. 이 사례에 대해 식 5.19의 해를 구하면 실수(real number)가 아닌 허수(imaginary number)가 나온다.

$$\begin{aligned} X_{\text{cross}(1)} &= -\left[2.793 + (2.793^2 - 4(2.138)(1.960)^{1/2}\right]/2(1.960) \\ &= \left[-2.793 + (-8.961)^{1/2}\right]/3.92 \end{aligned}$$

식 5.20의 해 또한 실수(real number)가 아닌 허수(imaginary number)다. 따라서 회귀 곡선은 교차하지 않는다.

120페이지에서 사례 3a의 X에 대한 Y의 회귀의 교차점은 $X = -b_3/b_4$이었다. 사례 4a의 식 5.19와 식 5.20에서 교차점은 사례 3a의 직접적인 일반화로 보이지 않는다. 그러나 겉보기만 그럴 뿐이며 실제로는 b_5가

0에 다가갈 때 식 5.19와 식 5.20의 극한은 $\pm b_3/b_4$이다.

사례 4b: Z에 대한 Y의 회귀(Case 4b: The Regression of Y on Z). Z의 상호작용이 유의미할 때 X의 여러 수준에서 Z에 대한 Y의 회귀의 규명을 통해 유용한 정보를 얻을 수 있다. 이러한 회귀선의 단순 기울기의 공식과 분산은 〈표 5-1〉, 사례 4b에서 찾을 수 있다. [그림 5-2c](2)에서 볼 수 있듯이 X의 여러 수준에서 Z에 대한 Y의 회귀는 선형의 형태다. 단순 회귀선의 각 쌍은 Z 값에서 교차하며 이 Z 값은 X 값에 달려 있다.

$$Z_{\text{cross}} = \frac{-[b_1 + b_2(X_i + X_j)]}{b_4 + b_5(X_i + X_j)} \tag{5.21}$$

예를 들어, $X_i = X_{\text{H}} = 0.945$, $X_j = X_{\text{M}} = 0$일 때

$$Z_{\text{cross}} = -\frac{[-(-2.042) + 3.000(0.945 + 0)]}{[2.793 + 1.960(0.945 + 0)]} = -0.17$$

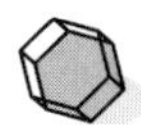 컴퓨터를 이용한 단순 기울기의 계산

〈표 5-2〉, 〈표 5-3〉, 〈표 5-4〉의 모든 분석에 포함된 단순 기울기와 표준오차, t-테스트는 통계 패키지를 통해 계산할 수 있다. 이러한 접근은 제2장에서 제시한 3단계 절차의 연장이다. 유의미한 X^2Z 상호작용을 포함하는 식 5.4의 규명(probing)을 생각해 보자. 수치적 예시에 대한 단순 기울기 분석의 결과는 〈표 5-4〉에, 이에 대한 통계 패키지 분석은 〈표 5-5〉에서 확인할 수 있다.

유의미한 X^2Z 상호작용은 X에 대한 Y의 회귀가 X와 Z의 값에 따라 달라짐을 의미한다. 따라서 이러한 값들을 지정해야 하며 이전처럼 X_{H}, X_{H}, X_{L}와 Z_{H}, Z_{M}, Z_{L}의 조합을 사용할 것이다. X와 Z는 중심화되었으

며 $X_M = 0$, $Z_M = 0$이기 때문에 변인의 변환은 필요하지 않다.

1. 첫 번째 단계는 원하는 조건값에 대한 X와 Z값을 구할 수 있도록 X와 Z 변인을 변환하는 것이다. X와 Z에서 조건값 CV_X, CV_Z를 빼서 구할 수 있다. 따라서 다음과 같이 구할 수 있다.
   (1) X의 평균에서 1 표준편차 위 $CV_X = 0.945$에서 X에 대한 Y의 회귀에 대해 XABOVE= $X-(0.945)$.
   (2) X의 평균에서 1 표준편차 아래 $CV_X = -0.945$에서 X에 대한 Y의 회귀에 대해 XBELOW= $X-(-0.945)$.
   (3) Z의 평균에서 1 표준편차 위 $CV_Z = 2.200$에서 X에 대한 Y의 회귀에 대해 ZABOVE= $Z-(2.200)$.
   (4) Z의 평균에서 1 표준편차 아래 $CV_Z = -2.200$에서 X에 대한 Y의 회귀에 대해 ZBELOW= $Z-(-2.200)$.

〈표 5-5〉 회귀방정식 $\hat{Y} = b_1X + b_2X^2 + b_3Z + b_4XZ + b_5X^2Z + b_0$의 X^2Z 상호작용에 대한 컴퓨터를 이용한 단순 기울기 분석

a. 중심화 X, 중심화 Z에 대한 전체 분석

(i) 평균과 표준편차

	평균	표준편차
Y	8.944	29.101
X	0.000	0.945
X^2	0.890	1.230
Z	0.000	2.200
XZ	0.861	2.086
X^2Z	0.187	3.944

(ii) 회귀분석

변인	B	SE B	T	Sig T
X	−2.041992	1.668673	−1.224	.2218
X^2	2.999519	1.238259	2.422	.0159
Z	2.138031	0.726923	2.941	.0035
XZ	2.793482	0.727738	3.839	.0001
X^2Z	1.960267	0.454067	4.317	.0000
(Constant)	3.501767	1.586818	2.207	.0279

b. 단순 기울기 분석에 필요한 XABOVE, XBELOW, ZABOVE, ZBELOW와 교차곱항의 계산

```
COMPUTE XABOVE=X−(.945)
COMPUTE XBELOW=X−(−.945)
COMPUTE ZABOVE=Z−(2.20)
COMPUTE ZBELOW=Z−(−2.20)
COMPUTE X2A=XABOVE*XABOVE
COMPUTE X2B=XBELOW*XBELOW
COMPUTE XZA=X*ZABOVE
COMPUTE XZB=X*ZBELOW
COMPUTE XAZ=XABOVE*Z
COMPUTE XBZ=XBELOW*Z
COMPUTE XAZA=XABOVE*ZABOVE
COMPUTE XAZB=XBELOW*ZBELOW
COMPUTE XBZA=XBBOVE*ZABOVE
COMPUTE XBZB=XBELOW*ZBELOW
COMPUTE X2ZA=X2*ZABOVE
COMPUTE X2ZB=X2*ZBELOW
COMPUTE X2AZA=X2A*ZABOVE
COMPUTE X2AZB=X2A*ZBELOW
COMPUTE X2BZA=X2B*ZABOVE
COMPUTE X2BZB=X2B*ZBELOW
```

c. XABOVE, ZBELOW에 대한 회귀분석 결과로 도출된 이용한 회귀분석에서 도출된 X_H, Z_L에서 단순 기울기 분석(X의 평균에서 1 표준편차 위와 Z의 평균에서 1 표준편차 아래에서 X에 대한 Y의 회귀)

(i) 평균과 표준편차

	평균	표준편차
Y	8.944	29.101
XABOVE	−0.945	0.945
X2A	1.783	2.103
ZBELOW	2.200	2.200
XAZB′	−1.218	3.139
X2AZB	2.484	5.678

N of Cases = 400

(ii) 회귀분석

변인	B	SE B	T	Sig T
XABOVE	−10.669354	4.730779	−2.255	0.0247
X2A	−1.313069	1.670902	−0.786	0.4324
ZBELOW	6.528441	0.952239	6.856	0.0000
XAZB	6.498388	1.099950	5.908	0.0000
X2AZB	1.960268	0.454067	4.317	0.0000
(Constant)	−10.111838	3.627950	−2.787	0.0056

d. X와, ZABOVE에 대한 회귀분석 결과로 도출된 이용한 회귀분석에서 도출된 $\overline{X}$, Z_H에서 단순 기울기 분석(X의 평균과 Z의 평균에서 1 표준편차 위에서 X에 대한 Y의 회귀)

(i) 평균과 표준편차

	평균	표준편차
Y	8.944	29.101
X	.000	.945
X2	.890	1.230
ZABOVE	−2.200	2.200
XZA	.861	2.801
X2ZA	−1.771	4.403

(ii) 회귀분석

변인	B	SE B	T	Sig T
X	4.103670	2.255509	1.819	0.0696
X2	7.312106	1.506802	4.853	0.0000
ZABOVE	2.138032	.726923	2.941	0.0035
XZA	2.793482	.727738	3.839	0.0001
X2ZA	1.960267	.454067	4.317	0.0000
(Constant)	8.205437	2.260164	3.630	0.0003

2. 변환된 변인의 제곱항, 다른 변인과 원 변인 X, Z 간 교차곱(cross-product)항을 생성한다. 필요한 교차곱항은 확인하고자 하는 단순 기울기 식에 포함된 각 항이다. 예를 들어, X의 평균에서 1 표준편차 위(X_H)와 Z의 평균에서 1 표준편차 아래(Z_L)에서 X에 대한 Y의 회귀를 위해 아래의 교차곱항을 생성한다.

    X2A=XABOVE * XABOVE

    XAZB=XABOVE * ZBELOW

    X2AZB=XABOVE * XABOVE * ZBELOW=X2A * ZB

3. 변환된 변인과 그 교차곱항으로 회귀분석을 시행한다. 각각의 경우에 X의 계수 b_1은 설정된 에스와 Z값에 대한 X에 대한 Y의 조건부 회귀를 나타낸다.

〈표 5-5〉는 X_H, X_M, X_L와 Z_H, Z_M, Z_L의 조합 중 2개의 조합에 한 단순 기울기의 테스트를 위해 SPSS-X를 사용하는 법을 보여 준다. 〈표 5-5〉는 중심화된 예측 변인을 사용한 전체 회귀 모형이다. 예측 변인이 중심화된 경우 b_1은 X_M과 Z_M의 값에서 구한 X에 대한 Y의 회귀의 단순 기울기에 대한 테스트에 해당한다는 점을 기억하자. 〈표 5-5b〉는 〈표 5-4〉에 제시된 9개의 단순 기울기에 대한 테스트에 필요한 항들을 생성하기 위한 코드다. 〈표 5-5c〉는 X_H, Z_L에서 X에 대한 Y의 단순 기울기에 대

한 테스트를 보여 준다. 이는 〈표 5-4〉(단순 기울기 행렬의 3행, 1열)에서 행렬을 기반으로 한 테스트에 해당한다. 마지막으로, 〈표 5-5d〉는 X의 평균인 X_M과 Z_H에서 X에 대한 Y의 회귀를 나타내며 〈표 5-4〉 2열 4행의 단순 기울기에 대한 테스트에 해당한다. 행렬 기반 테스트와 통계 패키지를 이용한 결과가 동일하며 이는 두 방법의 절차가 동일함을 보여 준다.

 마지막 세 가지 이슈

곡선성과 상호작용

Darlington(1990)은 X와 Z 간 강한 상관이 존재할 때 상호작용을 포함하는 회귀방정식 $\widehat{Y}=b_1X+b_2Z+b_3XZ+b_0$과 곡선형 항을 포함하는 회귀방정식 $\widehat{Y}=b_1X+b_2X^2+b_0$ 간의 구분이 어려움을 지적하였다. 이러한 경우에 X^2과 XZ 항 간에는 강한 상관이 존재한다. 따라서 표본이 큰 경우에서도 이러한 통계적으로 두 회귀방정식의 구분이 어려운 경우가 자주 발생한다. Lubinski와 Humphreys(1990)은 고등학생들로 이루어진 국가적 대형 표본을 위한 고등 수학 시험 점수를 예측하는 모형에서 이러한 문제를 설명하였다.

주어진 표본에서 두 가지 해석을 구분하려는 연구자는 많지 않다. 실질적(substantive) 이론을 지지하는 모형을 선택해야 한다고 논증할 수도 있다. 또는 두 번째 모형 $Y=b_1X+b_2X^2+b_0$은 단일한 변인 X만 관여하여 때문에 모수의 수가 적기 때문에 간결함(parsimony)의 측면에서 선택되어야 한다고 주장할 수도 있다. X와 Z 간 상관이 낮은 표본을 찾거나 두 변인 간 상관을 낮출 수 있는 방법으로 표집을 하는 것이 더 나은 해결 방법일 것이다. X와 Z가 겹치지 않는 정보를 제공한다면 상호작용과 곡선성을 포함하는 모형 간의 구분은 쉬울 것이다.

회귀방정식에 어떤 항을 포함시켜야 하는가

이 장에서 사용된 예는 시뮬레이션에 기반하기 때문에 자료를 생성하는 데 사용된 실제 방정식이 알려져 있다. 그러나 일반적으로는 회귀방정식에 포함시킬 항을 연구자가 결정해야 한다. 이러한 결정은 기존의 이론과 실제 분야에서 경험적 연구를 기반으로 하여야 한다. 또한 잠재적인 효과에 대한 가설을 회귀방정식에 포함시킬 수도 있다. 그럼에도 불구하고 해당 분야에 대한 확실한 지식이 없는 상태에서는 '실제' 회귀방정식에 비교해 너무 많거나 적은 수의 항을 포함시키게 될 수 있다.

효과가 0이 아닌 고차항을 생략하면 저차항의 계수들에 편향이 생긴다. 각 저차항(예를 들어, b_1X)의 테스트에는 저차항의 고유한 분산과 생략된 고차항과 공유하는 분산을 모두 포함한다. 이 문제는 시뮬레이션 데이터를 사용한 두 회귀방정식의 비교를 통해 알아볼 수 있다. 만약 X와 Z 항을 포함하는 식을 추정한다면 다음의 식을 구하게 된다.

$$\hat{Y} = 1.923X + 3.726Z + 8.944$$

반면에 데이터 생성에 사용된 식 5.4를 추정하게 되면 다음의 식을 구하게 된다.

$$\hat{Y} = -2.042X + 2.138Z + 2.996X^2 + 2.793XZ + 1.960X^2Z + 3.502$$

X와 Z항 계수의 극적인 변화를 통해 0이 아닌 고차항을 생략함으로써 생기는 편향을 알 수 있다. Neter, Wasserman 그리고 Kutner(1989)는 잔차의 그래프를 통해 이러한 문제를 확인할 수 있는 몇 가지 방법을 제시하였다.

실제 계수가 0인 고차항의 생략은 저차항의 추정에 편향을 일으키지 않는다. 제3장에서 X와 Z가 중심화되고 2변량 정규 분포를 이룰 때 X와 X^2, Z와 Z^2, X, Z와 XZ 간 상관이 0임을 지적하였다. 이러한 조건에서 식 5.2의 X^2 또는 식 2.1의 XZ와 같은 고차항을 포함시키는 것은 X와 Z의 계수를 추정하는 데 본질적으로 영향을 미치지 않는 것으로 보일 수도 있다. 그러나 고차항이 있을 때 1차항 변인들 간에 약간의 상관이라도 존재한다면 변인이 중심화된 경우에도 1차항과 3차항(예를 들어, Z와 X^2Z) 간에는 강한 상관이 존재하게 된다. 2차항과 4차항의 경우에도 마찬가지다(예를 들어, X^2와 XZ, X^2와 X^2Z^2).[14] 예측 변인들 간의 이러한 상관은 회귀 계수의 불안정성을 일으킨다. 이러한 상관은 변인이 중심화된 경우에도 존재한다(Dunlap & Kemery, 1987; Marquardt, 1980). 예를 들어, 식 5.4의 모든 항과 계수가 0임을 알고 있는 세 개의 항(Z^2, XZ^2, X^2Z^2)을 추가로 포함하는 식 5.5를 추정한다면 다음의 식을 추정할 수 있다.

$$\hat{Y} = -1.027X + 2.412Z + 3.497X^2 + 0.411Z^2 + 1.929XZ$$
$$-0.534XZ^2 + 2.725X^2Z - 0.003X^2Z^2 + 1.795$$

이를 통해 다음을 알 수 있다. ① 5개의 0이 아닌 항은 식 5.4에서 추정된 값으로부터 얼마간 변하였다(유의도 수준은 비슷하다.). ② 모집단에서 0인 항이 표본에서는 유의하게 나타났다(XZ^2 항의 $p < .05$). 이러한 유의함은 XZ^2와 다른 변인들 간의 상호 상관에서 유래한다. XZ^2 항은 결과 변인과 낮은 정적 영순위(zero order) 상관($r = 0.246$)을 가지지만 다른 3차항 X^2Z 항과 높은 영순위 상관($r = 0.817$)을 가진다. X^2Z에 대한 유의한 부적 계수는 예상하지 못한 억제효과에 의한 것이다.[15]

따라서 두 가지 이유에서 연구자들이 일상적으로 이론의 뒷받침이 없는 고차항을 포함시키는 데 주의할 것을 당부한다. 방금 보았듯이 그러한 항

---

14) 다변량 정규 분포 변인 X, Z, W에 대해서는 W 간 상관관계의 여부에 관계없이 모든 홀수 모멘트(moment) (예를 들어, XZW, X^2Z, X^2Z^2W)들은 사라진다. X, Z, W 간 상관관계가 존재한다면 짝수 모멘트(예를 들어, X^2Z^2, $X^2Z^2W^2$)는 사라지지 않는다. 다변량 정규 분포의 모멘트에 대해서는 Kenny와 Judd(1984)의 〈부록〉 참고.

15) 일반적으로 억제 변인(suppressor)은 결과 변인과 상관관계를 가지지 않고 다른 예측 변인과 높은 상관을 가지며 회귀방정식에 포함됨으로써 다른 예측 변인의 예측력을 증가시키는 변인이다. 억제 변인은 보통 유의미한 음수 계수를 가진다.

은 변인들이 중심화되었더라도 예측 변인들 간 강한 상관을 유발할 수 있으며 이는 회귀 계수의 불안정성과 부적절한 결과로 이어질 수 있다. 또한 불필요한 항의 추가는 회귀방정식에 포함된 모든 항의 테스트에 대한 검정력의 저하를 일으킨다. 유의미하지 않은 고차항을 회귀방정식에서 생략하여 나머지 항에 대한 검정력을 높이는 절차에 대해서는 제6장에서 논의한다.

곡선성을 나타내는 다른 방법들

이 책에서 다항식으로 표현될 수 있는 이론을 기반으로 하여 만들어진 모형을 테스트하는 도구로서 회귀분석을 사용하는 것을 강조해 왔다. 이러한 식은 과학의 여러 분야에서 현재의 이론을 가설화하는 형태다. 동시에 다른 형태의 비선형 상호작용이 가설화되고 회귀분석이 좀 더 탐색적인 방법으로 수행되기도 한다. 다음에서 이론적으로 예측되는 다른 형태의 비선형 상호작용에 대한 접근 방법과 실질적인 예측 문제에서 회귀분석의 탐색적 사용 방법에 대해 짧게 설명한다.

이론에 기반한 비선형 상호작용의 다른 형태들

비선형 회귀 문제에 대한 가장 간단한 접근은 가능하다면 파라미터가 선형이거나 선형화된 방정식을 가진 모형을 테스트하는 것이다. 예를 들어, 이론에 따른 예측은 $X^* = \log(X)$이고 $Z^* = (Z)^{1/2}$라고 하자. 또한 이론에 따르면 변환된 변인은 Y를 예측하는 데 있어 상호작용한다.

$$\hat{Y} = b_1X^* + b_2Z^* + b_3X^*Z^* + b_0$$

이 식은 지금까지 보아 왔던 표준적인 형태를 따른다. 이 식은 다음과 같이 다른 방법으로 표시할 수 있다.

$$\hat{Y} = b_0 + b_1\log(X) + b_2(Z)^{1/2} + b_3\log(X)(Z)^{1/2}$$

이 두 번째 식은 파라미터에 대해 선형이며 최소제곱법(ordinary least squares: OLS)을 통해 추정된다. 그 결과는 지금까지 설명된 절차를 통해 원 척도 X가 아닌 변환된[예를 들어, $\log(X)$] 변인으로 해석할 수 있다.

선형화된 방정식의 예는 Cobb-Douglas production 함수를 $Q = b_0 K^{b_1} L^{b_2} u$ (Q: 제품의 개수, K: 자본, L: 노동력, b_0, b_1, b_2: 비선형 회귀 계수, u: 곱셈오차항)(multiplicative error term)으로 표시한 Wonnacott과 Wonnacott(1979)에서 찾을 수 있다. 방정식의 양쪽에 로그를 씌우면 다음을 얻을 수 있다.

$$\log(Q) = \log(b_0) + b_1 \log(K) + b_2 \log(L) + \log(u)$$

이 방정식은 간단히 추정할 수 있는 다음의 선형 회귀방정식의 형태와 같다.

$$Y = b_0^* + b_1 X + b_2 Z + e$$

OLS를 통해 회귀 계수를 추정하고 b_0은 추정된 b_0^*으로부터 계산할 수 있다(지수함수 사용).

선형화되지 않는 더 복잡한 비선형 회귀방정식 또한 반복적(iterative), 수치적(numerical) 절차를 통해 추정할 수 있으나 이러한 절차들은 이 책의 범위를 벗어난다. 그러한 방정식에 대한 추정, 테스트, 해석에 대한 개괄은 Judge, Hill, Griffiths, Lutkepul 그리고 Lee(1982), Kmenta(1986), Neter 등(1989)을 참고하기 바란다. 더 높은 수준의 설명은 Gallant(1987)에서 찾을 수 있다. 마지막으로, 지금까지 설명된 절차에서 연구자의 목적은 이론에 따라 설정된 비선형 모형에서 회귀 계수의 편향되지 않거나 최소한으로 편향된 추정치를 구하고 이를 테스트하는 것이다. 이러한 테스트는 이론에 기반한 가설에 대한 증거 또는 반증을 제공한다.

실질적 예측에서 탐색적 회귀분석

실제 예측에 관심이 있는 연구자들은 단순 선형 회귀로 해결할 수 없는 자료를 접하게 되는 경우가 많다. 이러한 연구자들은 비선형 변환을 통해 회귀방정식을 단순화하는 시각적(graphical), 통계적 방법들을 개발해 왔다(예를 들어, Atkinson, 1985; Box & Cox, 1964; Daniel & Wood, 1980). 이러한 방법들은 자료에 존재하는 극단값과 같은 문제들을 최소화하고 R^2를 최대화한다. 이러한 방법들은 실질적 이론에 기반한 모형들의 회귀 계수에 대한 비편향된 테스트를 제공하지는 않는다.

물론 회귀방정식의 단순화를 위한 자료의 변환은 모형에 기반한 흥미로운 곡선형 효과나 상호작용 효과를 제거하는 경우가 많다. 따라서 연구자들은 비선형 회귀분석의 전략을 선택할 때 자신의 작업의 목적이 이론의 테스트인지 실질적인 예측인지를 파악할 필요가 있다.

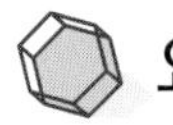

요약

유의미한 고차항과 그들 간의 상호작용을 포함하는 복잡한 회귀방정식에서 원래 회귀방정식의 분산을 분할함으로써 해석이 용이해질 수 있다. 회귀방정식을 재조합하기 위해 3단계 과정이 사용되었다. 첫째, 한 예측 변인의 계수를 전체 회귀방정식의 계수의 선형 조합으로 표현함으로써 전체 회귀방정식을 그 예측 변인(예를 들어, X 또는 Z)에 대한 결과 변인(Y)의 회귀방정식으로 정리한다. 식 5.11과 식 5.16은 X에 대한 Y의 회귀에 대해 X와 X^2 요소로 정리하는 예를 보여 준다. 두 번째, [그림 5-2]과 같이 다른 예측 변인의 값을 재정리된 식에 대입하여 일련의 단순 회귀방정식을 생성한다. 마지막으로, 지정된 변인에 대한 회귀방정식에 해당 변인이나 다른 변인의 지정된 값에 대한 단순 기울기를 계산한다. 예를 들어, 식 5.3과 식 5.4에서처럼 X와 Z값에서 X에 대한 Y의 회귀의 단순 기울기를 계산한다. 이러한 단순 기울기를 통해 각 단순 회귀방정식이 나타내는 경향성에 대해 파악할 수 있다.

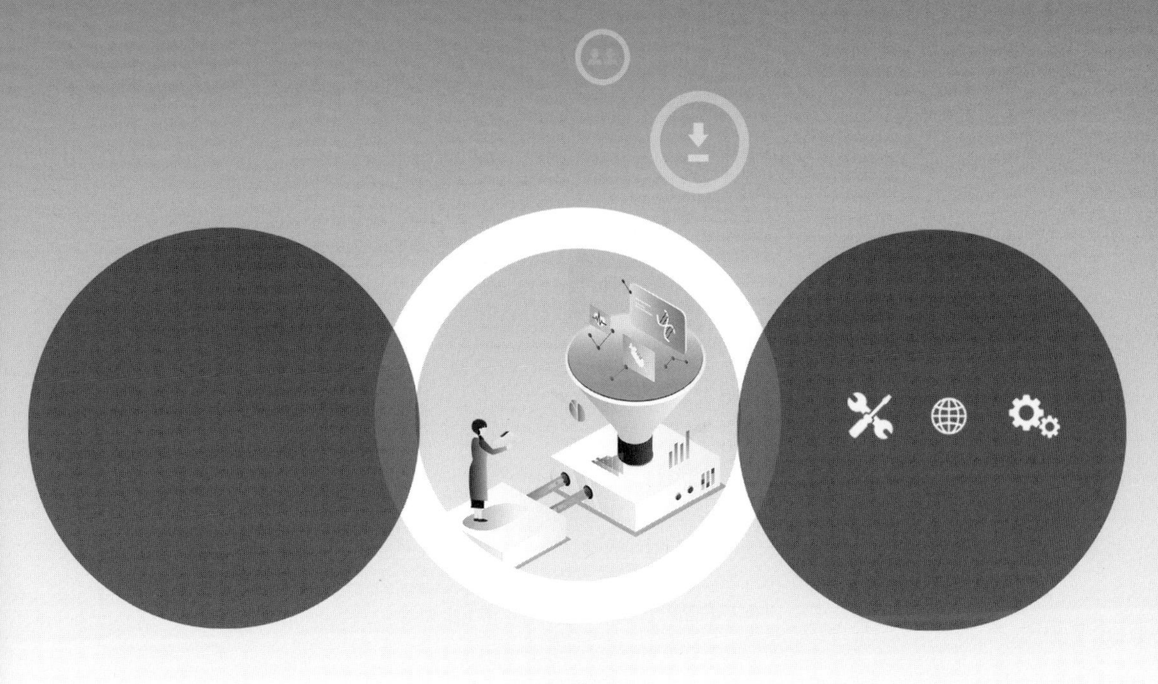

제6장

고차항을 가진 모형과 효과에 대한 테스트

- 고차항을 포함하는 모형에서 저차항 효과의 테스트에 대한 이슈들
- 포괄 테스트를 통해 고차항을 포함하는 회귀방정식에 대한 탐색
- 고차항을 포함하는 회귀방정식의 순차적 모형 수정: 탐색적 테스트
- 요약

비선형항과 상호작용항을 포함시킴으로써 제4장과 제5장에서 살펴본 복잡한 회귀방정식이 만들어진다. 지금까지의 논의는 모든항이 포함된 전체 모형(full model)의 최고차항에 대한 규명(probing)과 해석에 초점이 맞춰졌다. 이 장에서는 유의미하지 않은 고차항을 모형에서 제거함으로써 회귀방정식을 단순화하는 것에 관련된 이슈를 자세하게 다룬다. 또한 전체 모형(full model)을 단순화된 축소 모형(reduced model)과 비교하고 축소 모형이 비슷한 적합도를 제공하는지에 대한 몇 가지 포괄 테스트(global test)를 알아본다. 마지막으로, 고차 상호작용을 포함하는 복잡한 회귀방정식을 단순화하는 순차적 테스트 방법을 알아본다. 이 장 전반에서 규명 중에 있는 특정 항이 왜 회귀방정식에 포함되어 있는지에 주의할 필요가 있다. 그 항이 강한 이론적 기반을 가지는지 아니면 자료의 탐색에 의한 것인지에 대해 적절한 전략과 해석은 다양할 수 있다.

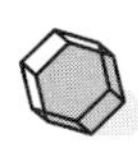

고차항을 포함하는 모형에서 저차항 효과의 테스트에 대한 이슈들

복잡한 회귀방정식을 테스트하는 데 있어 핵심적인 이슈는 일반적으로 저차항 효과와 상호작용이 독립적이지 않다는 것이다. 방정식 내의 항들 간 공유하는 분산은 여러 가지 방법으로 저차항과 고차항 간에 분배하는 것이 가능하다. 이 이슈는 다중 회귀에서 중첩된 효과를 테스트하는 전략에 대한 수많은 연구들을 촉발시켰다(예를 들어, Allison, 1977; Cleary & Kessler, 1982; Cohen & Cohen, 1983; Darlington, 1990; Lane, 1981; Pedhazur, 1982; Piexoto, 1987 참고). 흥미롭게도 이 주제에 대응하는 ANOVA의 불균

형적(nonproportional) 셀 크기를 가진 요인 설계에서 분산을 분할하고 효과를 테스트하는 전략에 대한 연구를 찾을 수 있다(예를 들어, Appelbaum & Cramer, 1974; Cramer & Appelbaum, 1980; Herr & Gaebelein, 1978; Overall, Lee, & Hornick, 1981; Overall & Spiegel, 1969; Overall, Spiegel, & Cohen, 1975 참고). 이러한 설계는 복잡한 다중 회귀방정식의 경우와 마찬가지로 분산의 분할이 분명하지 않다는 문제를 가지고 있다.

이러한 이슈를 설명하고 이러한 이슈에서 파생되는 의문점을 알아보기 위해 가장 익숙하고 단순한 경우라고 할 수 있는 두 변인의 상호작용을 포함하는 회귀방정식을 고려해 보자. 이러한 방정식은 식 6.1로 표현된다.

$$\hat{Y} = b_1X + b_2Z + b_3XZ + b_0 \tag{6.1}$$

이 식을 기반으로 아래 6.2, 6.3, 6.4의 더 단순한 모형을 생성할 수 있다.

$$\hat{Y} = b_1X + b_2Z + b_0 \tag{6.2}$$

$$\hat{Y} = b_1X \quad + b_0 \tag{6.3}$$

$$\hat{Y} = \quad + b_2Z + b_0 \tag{6.4}$$

식 6.1, 6.2, 6.3의 b_1X 항은 일반적으로 같지 않다는 점을 주의할 필요가 있다. 식 6.3에서 b_1은 X와 Y가 공유하는 모든 분산을 나타낸다. 식 6.3에서 b_1은 Z와 Y 간 공유하는 분산을 넘어서 X와 Y 간 공유하는 분산을 나타낸다. 마지막으로, 식 6.1에서 b_1은 Z와 XZ가 Y에 대해 가지는 효과를 제거한 후 X와 Y 간 공유하는 고유한 분산을 나타낸다.[1)] 따라서 세 식에서 b_1은 서로 다른 의미를 가지며 예측 변인 간 상관과 변인들의 분포에 따라 그 정도가 상당한 정도로 변할 수 있다.

지금까지 이 책에서는 식 6.1의 b_1과 b_2 계수의 해석에 대해서만 다루었다. 각 저차항은 식에 포함되어 있는 상호작용이 존재한다는 가정하에서

1) 회귀방정식에서 각 예측 변인과 결과 변인 간에 고유한 공유 분산 비율은 표준화 회귀계수의 제곱이다.

해석되었다.[2] 식 6.1의 각 항에 대한 테스트는 각 효과에 의한 고유한 분산에 대한 테스트다. b_3가 유의미(significant)할 때 이러한 전략은 항상 적절하다. 이러한 경우에 핵심적인 질문은 저차항을 어떻게 해석하는가다. 이 첫 번째 질문에 대한 답은 다음에서 살펴보게 되겠지만 여러 문헌에서 다양한 논의가 이루어졌다(Appelbaum & Cramer, 1974; Cohen, 1978; Darlington, 1990; Finney, Mitchell, Cronkite, & Moos, 1984; Overall et al., 1981; Pedhazur, 1982).

위에서 든 예에서 b_3가 유의미하지 않다고 가정해 보자. 이러한 결과는 또 다른 논쟁을 촉발시킨 두 번째 질문으로 연결된다(예를 들어, Cramer & Appelbaum, 1980; Finney et al., 1984; Overall et al., 1981). XZ 항을 회귀방정식에서 제거하고 식 6.2를 사용해서 b_1과 b_2 계수를 추정해야 하는가? 이 질문에 대답하기 위해 두 가지 경우를 구분할 필요가 있다. ① X와 Z의 효과만을 시사하는 강한 이론적 근거가 있으나 연구자가 탐색적 목적으로 XZ 항을 포함시킨 경우, ② 강한 이론적 근거를 가진 XZ 항이 현재의 연구에서 확인되지 않는 경우.

---

2) 자주 이용되지는 않지만 또 다른 대안 절차는 분석자가 위계적 상향 절차의 테스트 순서를 정하는 것이다. 테스트의 순서는 강한 이론적 배경에 기반하거나 예측 변인의 시간적 순서에 따르거나 두 가지 모두를 고려하는 것이다. 예를 들어, 학생의 인종(X)과 고등학교 성적(Z), 두 변인 간 상호작용(XZ)이 대학교 학점에 미치는 영향에 대한 연구에서 연구자는 인종이 고등학교 성적에 선행하기 때문에 고등학교 성적의 분산의 일부를 설명한다고 주장할 수 있다. 또한 근거는 더 약하지만 인종과 고등학교 성적이 인종과 고등학교 성적 간 상호작용에 선행한다고 주장할 수 있다. 이러한 강한 가정하에 식 6.3의 b_1에 대한 테스트는 인종의 효과를 테스트하며, 식 6.2의 b_2에 대한 테스트는 고등학교 성적의 효과를, 식 6.1의 b_3에 대한 테스트는 인종과 고등학교 성적 간 상호작용의 효과를 테스트한다. 이러한 전략에서 인종, 고등학교 성적, 두 변인 간 상호작용 간에 공통된 분산은 인종에 할당된다. 고등학교 성적과 상호작용 간에 공통된 분산은 고등학교 성적에 할당된다. b_3에 대한 테스트는 여기에서도 상호작용의 고유한 분산에 대한 테스트다. X가 Z의 원인이라는 강한 이론이 존재하지 않을 때 공통 분산을 X에 기인한다고 보는 것은 논리적으로 합리화되지 않는다. 따라서 이러한 접근의 타당성은 그 기반에 존재하는 실질적 이론의 적절함에 달려 있다.

질문 1: b_3가 유의미할 때 저차항의 해석

상호작용이 존재할 때 저차항에 대한 해석은 제3장과 제5장에서 다루었다. 간단하게 요약하자면, 1차항의 효과는 두 번째 변인의 모든 범위에서 일정한 효과를 나타내지 않는다. 그 대신, 중심화된 변인의 경우에 1차항의 효과는 두 번째 변인의 평균에서 조건부 효과를 나타낸다. 1차항은 또한 표본의 각 경우에 대해 구한 단순 기울기의 평균으로 정의되는 평균효과(average effect)로 해석되기도 한다(Darlington, 1990; Fenney et al., 1984). 따라서 예측 변인이 중심화되어 있는 한 저차항은 명확한 해석을 가진다.

Z의 표본 평균 값에서 X에 대한 Y의 평균적인 회귀의 값(즉, $\bar{Z}$에 대한 X의 조건부 효과)이 유용한 경우가 많이 있다. 예를 들어, 가난한 학생이 가정의 식생활 상태(Z)와 관계 없이 따뜻한 점심 프로그램(X)의 혜택을 받거나 받지 않는 경우에, 따뜻한 점심 프로그램이 건강(Y)에 긍정적인 영향을 미치는지에 대해 전체 표본에서 평균적으로 효과라도 있는지 아는것은 유용할 것이다. b_1의 해석을 중심화된 $Z = 0$에서 조건부 효과로 기술한다면, 따뜻한 점심 프로그램이 평균적인(또는 일반적인) 가정 식생활 상태인 학생에게 긍정적인 효과가 있는지 파악할 수 있는것은 유용하다. 따라서, 변인을 중심화하고 조건부 효과를 테스트하는 것을 권장한다. 동시에 조건부 효과의 의미와 조건부 효과가 더 친숙한 고정적 주효과와 어떻게 다른지 설명하는 것이 필요할 것이다. 조건부 효과의 테스트를 상호작용의 사후 규명(post hoc probing)의 맥락만으로 제한하는 것은 이러한 효과에 대한 오해의 가능성을 최소화하는 데 도움을 줄 것이다.

질문 2: b_3가 유의미하지 않을 때 저차항 계수를 축소 모형에서 테스트해야 하는가

두 번째 질문은 상호작용에 대한 b_3 계수에 대한 테스트가 유의미하지 않을 때 적절한 절차에 관한 것이다. 이 질문은 상호작용이 회귀방정식에서 제거되고 1차항 X와 Z를 식 6.2에서 테스트해야 하는지가 핵심이다. 이 질문에 답하기 위해 통계적 추정의 두 가지 바람직한 특성인 비편향성(unbiasedness)와 효율(efficiency)를 고려해 보자.

비편향성(unbiasedness)은 추정치(이 경우에 표본의 회귀 계수)가 평균적으로 모집단의 해당 모수(parameter)와 같은 것이다. 표준 회귀 모형에서 편향이 일어나는 주된 이유는 모집단에서 실제 효과가 존재하는 항을 회귀방정식에 포함시키지 않는 것이다(모형 설정 오류, specification error). 높은 효율(efficiency)이라는 것은 추정치의 표준오차(standard error)가 다른 종류의 추정치의 표준오차에 비해 작은 것이다. 결과 변인과 관계가 없는 항을 회귀방정식에 추가하는 것은 편향에는 영향을 미치지 않는다. 모든 회귀 계수는 모집단의 해당 파라미터에 대한 비편향 추정치다. 그러나 모집단에서는 결과 변인과 관계가 없는 불필요한 항을 회귀방정식에 추가하는 것은 회귀 계수의 효율을 상당 수준 감소시킨다. 다시 말해 회귀 계수의 표준오차의 추정치가 커지고 회귀방정식의 실제 존재하는 효과가 통계적 유의성을 유지하기가 어려워진다. 따라서 다른 효과에 대한 검정력을 높이기 위해 모집단에서 0인 항은 회귀방정식에서 제거되어야 한다.

모집단에서 상호작용이 0인지 연구자들이 알고 있는 경우는 거의 없다. 통계적으로, 이를 확인하기 위해 모든 연구자들이 일반적으로 할 수 있는 것은 표본에서 상호작용을 테스트하여 상호작용이 0과 다르지 않음을 보이는 것이다. 안타깝게도 제8장에서 볼 수 있듯이 상호작용의 테스트는 검정력이 낮은 경우가 많고 표본에 존재하는 실제 상호작용 효과를 발견하지 못할 수도 있다. 이러한 문제로 인해 여러 문헌에서 서로 모순되는 방법을 권하게 된다. 예를 들어, ANOVA 맥락에서 Cramer와 Appelbaum(1980)은 유의미하지 않은 고차항이 모형에서 제거되었을 때 증가하는 효율성(efficiency)을 강조하였다. 이를 통해 얻는 이득은 저차항 효과를 추정할 때 발생하는 약간의 편향을 상쇄하고도 남는다고 주장하였다.[3] 대조적

3) 순차적 테스트(사전테스트 추정, pretest estimator)에서 편향(bias)과 효율(efficiency)에 대한 더 복잡한 처리에 대해서는 Judge, Hill, Griffiths, Lutkepul, 그리고 Lee(1982,

으로, Overall 등(1981)은 편향의 문제에 초점을 맞추었으며 자신들의 시뮬레이션에서 사용한 조건하에서는 전체 모형(full model, 식 6.1)을 사용하였을 때 저차항의 효과에 대한 테스트에서 편향이 적게 발생하고 정확하며 축소 모형(reduced model, 식 6.2)을 사용했을 때와 같은 검정력을 가진다는 것을 보여 주었다.

그러나 이러한 결과는 유용하지만 모든 맥락에 적용할 수 있는 것은 아니다. Finney 등(1984)은 "시뮬레이션 분석이 아닌 실제 연구 상황에서 각 접근에서 발생하는 편향의 정도는 모형에 포함되지 않은 관련된 변인들의 주효과와 상호작용 효과와 같이 알 수 없거나 알아낼 방법이 없는 요인에 달려 있다."(p. 91)라고 지적하였다. 그 대신 Finney 등(1984)는 위에서 설명한 상호작용에 대한 이론적 기반과 탐색적 기반의 구분에 초점을 맞추어야 한다고 주장하였다. Finney 등(1984)은 상호작용에 대한 강한 이론적 기대가 있을 때는 최종적인 회귀 모형에 상호작용이 포함되어야 한다고 결론 내렸다. 이를 문헌에 기록함으로써 연구 중에 있는 이론에 대한 지식을 축적할 수 있다. 상호작용이 유의하지 않다고 해도 상호작용의 여러 연구에서 얻어진 효과 크기(effect size)에 대한 추정치는 메타분석을 통해 결합될 수 있다. 나아가 이론이 상호작용을 강하게 시사하는 경우에는 식 6.2의 X와 Z에 대한 고정적(constant) 효과를 보고하는 것은 논리적으로 적절하지 않다.

모든 예측 변인이 중심화되어 있는 경우 식 6.1과 식 6.2에서 도출된 저차항의 추정치는 실제로는 매우 비슷한 경우가 많다. 물론 Finney 등(1984)은 이러한 추정치들이 동일한 세 가지 경우를 주목하였다. 이러한 각각의 경우에서 두 예측 변인과 그들의 상호작용 간 중첩되는 분산이 존재하지 않는다. ① 만약 X와 Z 간 서로 상관이 존재하지 않는다면 X항과 Z항은 XZ항과 상관이 존재하지 않는다. ② X와 Z가 2변량 정규 분포라면 마찬가지로 $r_{X,XZ} = r_{Z,XZ} = 0$이다. ③ 만약 XZ 쌍이 균형 잡혀 있다면(다시 말해모든 [$-X$, Z] 값에 해당하는 [X, $-Z$] 값이 있는 경우), 마찬가지로

특히, 제21장)과 Judge와 Bock(1978)을 참고.

$r_{X,XZ} = r_{Z,XZ} = 0$이다. 비록 정확히 이러한 조건은 관찰된 자료에는 해당되지 않는 경우가 많지만 중심화된 X와 Z에서 $r_{X,XZ}$, $r_{Z,XZ}$ 상관은 낮은 경우가 많으며 이러한 경우 식 6.1과 식 6.2의 추정값은 상당히 비슷하게 된다.

권장 사항

우리의 권장 사항은 Finney 등(1984)과 상당히 일치한다. 상호작용을 기대할 수 있는 강한 이론적 기반이 있을 때 상호작용의 테스트 결과가 유의하지 않더라도 최종적인 회귀 모형에 포함되어야 한다. 상호작용이 전체 결과를 잠재적으로 어떻게 변화시킬 수 있는지에 대한 보충적 안내로서 사후 규명(post hoc probing) 절차 또한 사용할 수 있다. 그러한 규명 절차는 상호작용의 검정력이 낮고 1차 효과가 유의하지만 그 크기가 크지 않을 때 특별히 더 중요하다. 중심화된 X와 Z가 사용되었고 효과의 본질에 대해 설명할 수 있는 경우에는 식 6.1의 저차항의 조건부 효과를 보고하는 것이 필요하고 쓸모 있을 수 있다. 그러나 이론적으로 상호작용을 기대할 수 없는 경우에는 하향식(step-down) 절차를 사용해야 한다. 회귀방정식에서 상호작용을 제거하고 식 6.2를 사용하여 1차항 효과를 추정하여야 한다.

앞으로 이 장에서는 전체 회귀 모형의 다양한 대안 모형에 관한 초점 가설을 테스트하는 데 유용하게 사용할 수 있는 다양한 포괄 테스트(global test)에 초점을 맞춘다. 또한 복잡한 회귀방정식을 탐색하는 데 유용한 순차적 하향식(step-down) 절차를 제시한다. 분석가는 진행되는 테스트가 이론 기반인지 탐색 기반인지 언제나 주의하여야 한다. Finney 등(1984)에서 주장한 바와 같이 연구자들이 주요 결과에 맥락을 부여하는 예비 분석의 결과를 보고하기 위해 포괄 테스트와 하향식 테스트 절차를 사용하는 것을 권장한다.

포괄 테스트를 통해 고차항을 포함하는 회귀방정식에 대한 탐색

연구자들이 가설에 대한 포괄 테스트를 위해 다중 회귀를 사용하게 되는 경우가 자주 있다. 이러한 테스트들은 경쟁 관계에 있는 이론적 관점에 기반한다. 예를 들어, 이론 1은 X와 X^2이 Y를 예측한다고 제안하는 반면 이론 2는 Z와 Z, X, X^2의 상호작용 또한 Y를 예측하는 데 기여한다고 제안할 수 있다. 또는 이러한 가설에 대한 테스트는 순수하게 탐색적일 수도 있다. 상호작용과 고차항 효과에 대한 가설은 또한 자료에 대한 직감이나 사전지식, 발견된 효과에 대한 잠재적인 중재 변인의 제거 등을 비롯한 여러 가지 정보나 목적에 기반할 수 있다.

이러한 탐색은 직교형(orghogonal) ANOVA에서 흔히 볼 수 있다. 연구자들은 강한 이론적 예측이 없을 때 사전 분석으로서 인구통계학적 요인(예를 들어, 성별)들의 주효과와 상호작용 효과를 탐색하는 경우가 많이 있다. 복잡한 요인 ANOVA 모형은 연구자가 구체적인 가설을 가지고 있지 않은 효과를 포함하는 경우가 많다. 예를 들어, 4요인 ANOVA 설계는 4개의 주효과, 6개의 2원 상호작용, 4개의 3원 상호작용, 1개의 4원 상호작용, 총 15개의 효과를 생성하는데 이 중 일부만이 이론적으로 예측할 수 있는 효과들이다. 이러한 탐색적 분석으로부터 후속 연구에서 테스트할 수 있는 새롭고 흥미로운 가설을 도출할 수 있다. 그러나 많은 수의 테스트를 수행함으로써 발생하는 높은 실험내(experimentwise) 오류율(α 수준 상승)을 감안할 때 원래 표본 내에서 탐색적 분석 결과를 해석하는 데 상당한 주의가 필요하다. 이러한 문제는 Bonferoni 절차 등을 통해 수행된 테스트의 개수에 따른 유의수준을 조정함으로써 최소화할 수 있다.

회귀의 맥락에서 일반적인 모형 비교 절차를 통해 비선형 및 상호작용 효과에 대한 다양한 가설을 테스트할 수 있다. 전체 모형(full model)인 모형 1은 모든 저차항뿐만 아니라 연구문제에 해당되는 특정 항들을 추가로 포함한다. 축소 모형(reduced model)인 모형 2는 저차항만 포함한다. 이 두 모형을 비교하기 위해항의 추가로 인한 예측상의 이득의 유의도에 대한 테스트는 다음과 같으며 자유도는 m, $n-k-1$이다.

$$F = \frac{\frac{R_{in}^2 - R_{out}^2}{m}}{\frac{1-R_{in}^2}{n-k-1}} \tag{6.5}$$

이 식에서 R_{in}^2 은 해당 항을 포함하는 모형의 다중 상관의 제곱이다. R_{out}^2 은 해당 항이 제거된 축소 모형의 다중 상관의 제곱이다. m은 탐색의 대상이 되는 항의 집합에 속한 항의 개수이며 n은 관찰값의 개수다. k는 R_{in}^2 을 계산한 전체 회귀 모형의 예측 변인의 수다. 이 장의 나머지 부분에 걸쳐 이러한 일반적 절차의 다양한 변형을 사용할 것이다.

예를 들어, Z 및 XZ 항이 식 6.1을 통한 예측에 기여하는지 여부를 결정하기 위해 전체 모형(식 6.1)과 X 및 XZ를 제거한 축소 모형(식 6.3)을 비교할 수 있다. 이러한 비교에서 R_{in}^2 은 식 6.1의 다중 상관관계이며 R_{out}^2 은 식 6.3의 다중 상관이다. 테스트 대상인 b_2Z와 b_3XZ 항에 대한 $m=2$. 식 6.1의 세 예측 변수에 해당하는 $k=3$. 중요한 점은 회귀방정식에서 한 세트의 항으로 인한 예측의 이득에 대한 모든 테스트는 스케일 불변성(scale invariant)을 가진다(다시 말해, 스케일 방법에 따라 달라지지 않는다.). 이는 예측 변인 세트를 구성하는 모든 항이 척도 불변성을 가지는 것이 아닌 경우에도 성립한다. 이러한 포괄 테스트가 유의하지 않으면 세트에 포함된 모든 항을 삭제하고 (즉, 오차항으로 통합) 수정된 모델이 잠정적으로 채택된다.

축소 모형의 기반에 따라 이 시점에서 결과의 해석과 후속 통계 절차의 차이가 나타날 수 있다. 축소 모형이 실질적인 이론에 기반하는 경우, 간결성(parsimony)의 측면에서 전체 모형이라는 대안보다 선호된다. 축소 모형의 항을 제거하기 위한 추가 테스트는 일반적으로 이루어지지 않는다. 이에 반해, 축소 모형들이 탐색의 목적이라면 이러한 수정된 모형들은 면밀히 살펴볼 필요가 있다. 축소 모형에 여러 개의 항이 남아 있는 경우에는 축소 모형에서 추가로 항을 삭제할 수 있는지에 대한 가능성에 대해 고려하게 된다. 복잡한 회귀 모형에 대한 이러한 탐색적 테스트의 목적은 모형에 포함될 근거가 없는 예측 변인을 제거하고 모형을 최대한 단순화하는 것이다.

고차항을 포함하는 모형에 대한 포괄 테스트

하나의 회귀 모형을 기반으로 다양한 포괄 테스트가 만들어질 수 있다. 몇 가지 해석 가능한 타입의 포괄 테스트의 수행에 대해 보여 주기 위해 우리에게 익숙한 다음의 회귀방정식을 사용한다.

$$\hat{Y} = b_1X + b_2X^2 + b_3Z + b_4XZ + b_5X^2Z + b_0 \tag{6.6}$$

테스트의 선택은 실질적인 이론에 의해 이루어지는 것이 이상적이다. 좀 더 탐색적인 경우에 테스트는 연구자가 알고자 하는 구체적 질문에 따라 달라진다.

회귀의 선형성에 대한 포괄 테스트

식 6.6과 선형항만을 포함하는 식 6.2 $\hat{Y} = b_1X + b_2Z + b_0$의 비교를 통해 회귀 모형이 순수하게 선형으로 취급될 수 있는지를 결정할 수 있다. 식 6.2에 비해 식 6.6이 예측의 이득이 없다면 더 간단한 선형 모델인 식 6.2가 더 적절하다고 결론을 낸다. 이러한 결론에 이르고 나면 식 6.2의 b_1 과 b_2 계수의 테스트는 각각 X와 Z의 선형 효과의 유의도에 대한 정보를 제공한다(Darlington, 1990, p. 336; Pedhazur, 1982, p. 426 참고).

회귀의 곡선성에 대한 포괄 테스트

결과 변인에 대한 X의 관계가 곡선형인지 결정하기 위해 식 6.1에 비해 식 6.6이 가지는 예측의 이득을 테스트한다. 이를 위해 식 5.16의 다항 회귀방정식의 형태로 식 6.6을 재정리한다.

$$\widehat{Y}=(b_1+b_4Z)X+(b_2+b_5Z)X^2+(b_3Z+b_0) \tag{6.7}$$

식 6.1에 비해 식 6.6이 가지는 예측의 이득에 대한 테스트는 X^2에 대한 회귀 계수의 선형 조합(b_2+b_5Z)가 0과 다른가에 대한 테스트를 제공한다. Z^2 항과 관련된 식에서 Z와 Z^2에 대한 유사한 재정리를 통해 Z가 결과 변인에 대해 가지는 관계가 곡선형인지에 대한 테스트의 기반이 된다.

단일 변인의 효과에 대한 포괄 테스트

식 6.6에서 1차항 또는 고차항 형태의 예측 변인들 중 하나에 대한 테스트를 할 수 있다. 변인 X에 대한 포괄 테스트는 X를 포함하는 모든 항을 제거한 식 6.4 $\widehat{Y}=b_2Z+b_0$과 식 6.6을 비교함으로써 이루어진다. 변인 Z에 대한 포괄 테스트는 Z를 포함하는 모든 항을 제거한 식 6.8과 식 6.6을 비교함으로써 이루어진다.

$$\widehat{Y}=b_1X+b_2X^2+b_0 \tag{6.8}$$

k개의 원 예측 변수에 기반한 회귀 모형에는 k개의 이러한 테스트를 할 수 있다(여기서 X와 Z에 해당하는 $k=2$이다. Darlington, 1990, p. 336 참고). 이러한 테스트에서 테스트의 대상인 변수와 관련된 모든 상호작용은 제거되지만 해당 변수와 관련되지 않은 상호작용은 포함된다.

ANOVA 형태의 효과에 대한 포괄 테스트

제5장에서 지적한 바와같이 수준이 2개 이상의 수준을 가지는 요인들은 ANOVA에서 복수의 자유도(df)를 가지는 주효과와 상호작용을 생성한다. 예를 들어, X의 수준이 3개이고 Z의 수준이 2개인 ANOVA는 df가 2인 XZ 상호작용을 생성한다. 같은 자료를 다중 회귀를 사용해 분석하게 되면 ANOVA의 상호작용 분산은 식 6.6의 $XZ+X^2Z$ 항으로 설명된다.

이러한 구조적 동일성을 고려할 때 동일한 분산 분할을 ANOVA와 다중 회귀에서 사용할 수 있다. 따라서 식 6.6에서 제시한 전체 모형을 XZ와 관련된 두 항이 삭제된 축소 모형 간의 비교를 통해 ANOVA의 XZ 상호작용의 테스트에 해당하는 테스트를 할 수 있다.

이러한 축소 모형은 식 6.9에서 확인할 수 있다.

$$\hat{Y} = b_1X + b_2X^2 + b_3Z + b_0 \tag{6.9}$$

유의한 상호작용이 없다면 b_4XZ와 b_5X^2Z 모두 제거되며 식 6.9가 적절한 회귀방정식이 된다.

ANOVA에서와 유사한 포괄 테스트를 여러 효과에 대해 연속적으로 사용할 수 있다. 상호작용에 대한 테스트가 유의하지 않아 축소 회귀방정식 6.9가 도출되었다고 가정해 보자. 식 6.9는 X와 X^2 항으로 대표되는 X의 주효과와 Z의 주효과를 나타낸다. 다음으로 예측에 대한 X의 전체적인 기여도를 알아보기 위해 식 6.9와 식 6.4를 비교하게 된다. 이는 3개의 수준을 가진 X의 주효과에 대한 ANOVA의 테스트에 해당한다. 마지막으로, Z의 선형 효과는 식 6.9와 식 6.8 간의 비교를 통해 테스트할 수 있다.

앞에서 살펴본 것과 같은 Z가 존재하는 경우에 X의 전체 효과(X와 X^2)와 X가 존재하는 경우의 Z 효과에 대한 테스트는 많은 ANOVA 사용자들에게는 익숙한 테스트다. 이러한 절차는 Appelbaum과 Cramer(1974)의 다른 주효과에 더한(over and above) 주효과의 테스트와 동일하다. Appelbaum과 Cramer(1974)는 A와 B 주효과에 대한 ANOVA의 이러한 테스트를 'A 제거(eliminating) B'와 'B 제거 A'라고 명명했다.

Appelbaum과 Cramer(1974)는 또한 2개의 주효과를 포함하는 회귀방정식(예를 들어, 식 6.9)의 다중 상관은 유의할 것이지만 각각의 개별효과는 어떤 것도 유의하지 않다는 것을 확인하였다. Appelbaum과 Cramer(1974)는 X와 Z가 개별적으로 포함된 단일 회귀방정식을 통해 X와 Z의 주효과를 추가로 테스트 할 것을 권장하였다. 현재의 사례에서 식 6.8의 b_1과

b_2에 대한 결합(joint) 테스트는 X에 대한 테스트가 되고, 식 6.4의 b_2에 대한 테스트는 Z에 대한 테스트가 된다. Appelbaum과 Cramer(1974) 가 'A 무시(ignoring) B'와 'B 무시 A'라고 명명한 이러한 테스트는 단일 요인이 결과에 대해 가지는 효과를 명확하게 하기 위해 권장된다. 만약 둘 중 하나만이 유의하다면 그 관련된 예측 변인들은 결과에 대해 효과를 가지는 것으로 (또는 연관되어 있는 것으로) 간주된다.

두 회귀방정식의 동치에 대한 포괄 테스트

제7장에서 연속형과 범주형 예측 변인이 결합된 회귀방정식의 분석에 대해 언급한다. 식 6에서 X는 연속 변수이고 Z는 서로 다른 두 집단(예를 들어, 남성 대 여성)을 나타내는 이분형(dichotomous) 예측 변인이라고 가정해 보자. 식 6.1의 XZ 상호작용항은 X에 대한 Y 회귀선 기울기의 두 집단(여기서는 남성 대 여성) 간 차이를 나타낸다. 예측 변인 Z는 연속형 변인의 전체 표본 평균에서 계산된 두 집단 간 Y 점수의 차이를 나타낸다.[4] 식 6.1과 식 6.3 간의 비교를 통해 두 집단 간 단순 회귀선의 차이에 대한 포괄 테스트를 할 수 있다(Cohen & Cohen, 1983, pp. 312-313; Lautenschlager & Mendoza, 1986; Neter, Wasserman, & Kutner, 1989, p. 368 참고).

고차항을 포함하는 회귀방정식의 구조화

이러한 모든 포괄 테스트에서 고차항을 포함하는 방정식은 고차항을 구성하는 모든 저차항을 포함하도록 구성된다. 고차항의 기여도에 대한 테스트는 저차항의 효과에 더하여 가지는 고차항의 예측을 고려해야 한다.

---

4) 제7장에서 설명했듯이 이러한 해석은 집단 변인을 더미 코딩으로 처리했음을 가정한다. 만약 효과 코딩(effect coding)을 사용했다면 이러한 효과는, 마찬가지로 연속형 변인이 평균일 때, 비 가중 평균(unweighted mean)으로부터 각 집단의 차이를 나타낸다.

이는 모든 저차항이 고차항으로부터 부분화(partialed)*되었을 때에만 고차항이 실제로 나타내고자 하는 효과를 나타낼 수 있기 때문이다(Cohen, 1978). 제4장에서 자세히 다룬 XZW 상호작용은 모든 저차항 효과(즉, X, Z, W, XZ, XW, ZW)가 XZW 항에서 제외되었을 때에만 선형×선형×선형 요소를 나타낸다. 식 6.6에서 X의 곡선성에 대한 포괄 테스트는 식 $\hat{Y}= b_2X^2+b_5X^2Z+b_0$의 다중 상관의 유의도를 결정하는 것을 통해 이루어지지는 않는다. 그러한 식에서 고차항 곡선 효과는 선형 X, 선형 Z, 선형×선형 XZ 상호작용의 기여와 혼입된다. 요약하자면, 고차항을 포함하는 회귀방정식을 구성할 때 모든 저차항을 포함시키는 것을 강력히 권장한다(고차항을 테스트할 때 저차항을 포함시키는 것이 필수적임에 대한 추가적인 논의는 Allison, 1977; Cleary & Kessler, 1982; Cohen & Cohen, 1983; Darlington, 1990; Pedhazur, 1982; Peixoto, 1987; Stone & Hollenbeck, 1984 참고).

연구 문헌에서 저차항이 생략된 경우를 수시로 만날 수 있다. Fisher(1988)은 한 예측 변인 X가 결과 변인 Y에 대해 직접 효과(direct effect)를 가지고 두 번째 예측 변인 Z가 X가 가지는 효과를 변화시키지만 Y에 대한 직접 효과는 가지지 않는 모형에 대해 설명하였다. 이러한 이론에 따르면 회귀방정식은 Y가 가지는 직접 효과에 대한 b_2Z가 생략된 $\hat{Y}=b_1X+b_3XZ+b_0$가 된다. 우리가 제안하는 것은 Z가 가지는 직접 효과가 이론적 지지를 받지 않더라도 이를 생략하기보다는 모형에 포함시켜 테스트하는 것이다. 따라서 이론을 테스트 하기 위해 모든 저차항을 포함하는 모형을 사용하는 쪽을 지지한다. 이론이 존재하지 않는다고 예측한 효과가 실제로 존재하지 않음을 보여 주는 것은 이론의 정립에 중요한 가치를 가진다.

---

* 역자 주: 예를 들어, 변인 X에 대해 부분화(partialling)한다는 것은 결과 변인 Y를 X에 대해 회귀분석을 하고 그 잔차에 대해 나머지 변인에 대해 회귀분석을 진행하는 것이다. 즉, 결과 변인에서 한 변인의 영향을 제거하는 것을 의미한다.

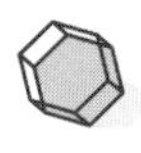

고차항을 포함하는 회귀방정식 순차적 모형 수정: 탐색적 테스트

복잡한 회귀방정식에서 한 항씩 점진적으로 살펴봐야 하는 두 가지 상황이 있다. 첫째, 탐색적 가설에 대한 테스트에서 몇 개의 항에 대한 포괄 테스트가 유의하다면 포괄 테스트에서 연구된 효과의 본질에 대해 확인하기 위해 개별 항에 대한 테스트를 진행할 수 있다. 두 번째 경우는 포괄 테스트의 부재다. 복잡한 회귀방정식에 대해 먼저 포괄 테스트를 진행하지 않고 한 항씩 순차적으로 탐색하는 전략을 사용할 수 있다.

제3장에서 최고차항의 계수를 제외한 모든 회귀 계수가 스케일에 종속적이며 유의도 수준은 1차항 예측 변인의 스케일에 따라 크게 달라짐을 확인하였다. 따라서 분석의 각 단계에서 오직 스케일에 대해 독립적인 항만 관여하는 방식으로 한 항씩 순차적인 테스트를 사용한 모형 탐색에 대한 접근이 필요하다. 각 단계 이후에 이루어지는 모형 재설정을 통한 회귀방정식의 하향 위계 검증(step-down hierarchical examination)은 이러한 조건을 만족시킨다. 이러한 접근은 전체 회귀방정식으로부터 시작한다. 최고차항에서 시작해서 각 단계에서 유의하지 않은 항을 순차적으로 제거한다. 각 단계에서 스케일에 대해 독립적인 항을 확인하고 이러한 항들에 대해서만 통계적 유의성을 테스트 한다. 식 6.6에 대한 이러한 접근은 Peixoto (1987)에서 확인할 수 있다.

어떠한 회귀방정식이든 해당 항의 문자와 차수가 다른 어떤 항에도 포함되지 않을 때 그 항은 스케일로부터 자유로운(scale free) 항이다. 식 6.1에서 XZ 항이 스케일로부터 자유로운 항이다. 같은 항이 식 6.6에서는 X^2Z에 포함되어 있기 때문에 스케일로부터 자유로운 항이 아니다. 마찬가지로 식 6.9에서 X^2는 스케일에서 자유롭지만 식 6.6에서는 그렇지 않다. 〈부록 B〉는 XZW 또는 X^2Z^2를 포함하는 식 4.1과 5.5를 통해 스케일에서 자유로운 항을 찾아내는 알고리즘을 보여 준다. 또한 이렇게 찾아

낸 항이 스케일에서 자유로움을 산술적으로 보여 준다. 복잡한 회귀방정식에서 유용한 회귀방정식을 두 번 추정하는 것은 통계 패키지를 이용해 간단하게 시행할 수 있는 절차이며 복잡한 회귀방정식에서 유용하다. 첫 번째 추정에서 예측 변인의 원래 값을 사용한다. 두 번째 추정에서는 각 예측 변인에 상수를 더한다(예를 들어, $X^* = X + 10$). 두 번의 추정에서 변하지 않는 회귀방정식의 항들은 스케일로부터 자유로운 항들이다. 모형 수정 과정에서 각 단계마다 한 항이 제거되어 새로운 항이 스케일로부터 자유로운 항이 되기 때문에 위에서 설명한 통계 패키지를 이용한 확인 절차는 각 단계마다 이루어져야 한다.[5]

포괄 테스트에 이은 순차적 테스트의 적용

하나 이상의 항에 대한 포괄 테스트가 유의하다면, 포괄 테스트에 관련된 개별 항들에 대해 탐색이 이루어져야 하며 이러한 탐색은 포함된 항 중 유일한 스케일 불변 항인 최고차항으로부터 시작한다. 최고차항에 대한 테스트가 유의하지 않다면 이를 제거하고 모형을 수정한다. 포괄 테스트 세트에서 남아 있는 항들 중 수정된 모형에서 스케일로부터 자유로운 항들의 유의도를 테스트한다. 예를 들어, 150페이지에서 회귀의 선형성을 테스트하기 위해 식 6.6과 식 6.2를 비교하였다. 만약 이러한 포괄 테스트가 유의하다면 세트에 포함된 항들 X^2, XZ, X^2Z가 뒤따르는 테스트의 후보가 된다. 가장 먼저, X^2Z 항의 유의도를 테스트하기 위해 식 6.6의 b_5 계수의 유의도를 테스트하거나 식 6.6이 식 6.10에 비해 획득하는 예측의 이득을 테스트한다.

$$\hat{Y} = b_1X + b_2X^2 + b_3Z + b_4XZ + b_0 \qquad (6.10)$$

만약 b_5 계수가 유의하다면 이러한 상호작용은 제5장, 사례 4a의 방법에 따라 규명하게 된다. 만약 계수가 유의하지 않고 회귀방정식에서 제거

5) 스케일 불변성에 대한 컴퓨터 테스트에 대한 David Kenny의 제안에 감사드린다.

되어 식 6.10이 되었다면, b_2X^2, b_4XZ 2개의 스케일 독립적인 항이 존재한다. b_4XZ 항은 식 6.10과 식 6.9를 비교함으로써 테스트할 수 있다. b_2X^2항은 식 6.10과 아래에 제시한 식 6.11을 비교함으로써 테스트할 수 있다.

$$\hat{Y} = b_1X + b_3Z + b_4XZ + b_0 \tag{6.11}$$

식 6.9와 식 6.10은 모든 저차항들이 표시가 되어 위계적으로 '잘 정립된(well formulated)'(Peixoto, 1987) 방정식임을 주목할 필요가 있다. 나아가 b_2X^2항이 유의하고 b_4XZ 항이 유의하지 않은 경우를 가정해 보자. 이 경우 식 6.9를 채택한다. 포괄 테스트에서 발견한 선형성으로부터 이탈의 원인은 X에 대한 Y의 곡선형 회귀인 것으로 밝혀졌다. 이러한 관계는 제5장, 사례 2에서 기술된 곡선형 관계를 규명하는 전략을 통해 자세히 파악할 수 있다.

순차적 테스트의 일반적 적용

복잡한 회귀방정식을 탐색하는 대안적인 전략은 포괄 테스트를 하지 않고 모형을 각 항에 대해 단순화하는 것이다. 연구자는 회귀방정식의 최고차항에서 시작해서 스케일 독립적인 항을 찾는 알고리즘에 따라 위계의 아래 단계로 내려가는 하향식(step-down) 접근을 위할 수 있다. 모든 유의하지 않은 고차항이 방정식에서 제거될 때 절차를 중지한다. 만약 최종적인 축소 방정식이 고차항을 여전히 포함하고 있다면 이러한 항들은 제2장에서 제5장까지 기술된 방법으로 규명(probe)한다. 고차항이 비연속형과 연속형 예측 변인의 조합으로 이루어진 경우는 제7장의 방법을 사용할 수 있다.

이 책에서 제시하는 접근과 Cohen(1978)이 권고한 접근

Cohen(1978)은 고차항을 포함하는 회귀방정식을 점검하기 위해 위계적 상향 접근법을 제안하였다. 이 접근에서 저차항 효과는 이러한 효과만을 포함하는 회귀방정식에서 테스트한다. 그다음 상호작용은 주효과에 더해서(over and above) 테스트한다. Cohen의 접근에서 스케일 독립적인 저차항은 고차항과 함께 테스트하지 않기 때문에 스케일 불변 문제를 해결할 수 있다. 그러나 Cohen 의 상향 접근은 상호작용의 존재에 대해 연구자가 결정하기 전에 '주효과(main effect)'를 고려하게 되는 해석의 문제로 이어질 수 있다. 물론, 이어지는 테스트에서 상호작용이 유의할 때 1차항 효과만 포함하는 회귀방정식의 계수를 주효과로 해석하는 것은 상향식 접근을 잘 못 사용하는 것이다. 하향식(step-down) 접근은 스케일 불변의 문제에 대처할 수 있으며, 고차항 효과가 존재하는 것으로 확인될 경우 저차항 효과를 조건부 또는 평균효과로 해석할 수 있도록 도와준다. 하향 위계적 접근은 유의한 상호작용이 있을 경우 1차항을 테스트하지 않아야 한다는 Cohen이 취한 견해와 일치한다.

변인 선택 알고리즘

우리에게 익숙한 단계적 전향(stepwise forward)(또는 쌓기, build-up)과 단계적 후향(stepwise backward)(또는 무너뜨리기, tear-down)과 같은 자동 변인 선택 알고리즘과 여기서 설명하는 위계적 상향, 하향 절차를 혼동해서는 안 된다. 표준적 통계 패키지에서 이용할 수 있는 단계적 절차를 통한 예측 변인의 선택은 오로지 다른 예측 변인에 더해서 각 예측 변인이 가지는 예측의 유용성에만 기반한다. 위계적으로 적절하게 설정된 축소모형은 필요한 저차항을 모두 포함해야 하지만, 고차항을 포함하는 복잡한 회귀방정식의 맥락에서 이러한 자동 선택 알고리즘을 사용하면 위계적으로 적절하지 않게 설정된 회귀방정식에 이르게 된다. k개의 예측 변인으로부터 1개에서 k개의 예측 변인을 포함하는 모든 가능한 회귀방정식을 생성하고 그중에서 예측의 유용성을 기반으로 '최고의' 방정식을 찾아내는 모든 가능한 방정식 알고리즘 또한 동일한 문제를 가진다. 고차항을 포함하는 회귀방정식의 경우에 일반적인 자동 탐색 절차를 사용하는 것은 적절하지 않다. 각 단계에서 위계를 보존할 수 있는 절차만 사용할 수 있다(Peixoto, 1987 참고).

요약

이 장은 상호작용을 포함하는 회귀방정식에서 항들 간의 비독립성에서 비롯되는 두 가지 의문으로부터 시작하였다. 첫째, 상호작용이 존재하는 경우 저차항 계수의 해석에 대해 점검하였다. 둘째, 회귀방정식에서 유의하지 않은 항을 제거하는 것과 관련한 편향과 효율성의 균형에 대해 논의하였다. 테스트 절차의 선택과 결과의 해석에 있어 탐색적 목적에 대비되는 이론적 기반의 중요성에 대해 강조하였다. 다양한 초점이 되는 가설(예를 들어, 곡선성의 존재, 단일 변인의 전체 효과 등)에 대한 하향적 테스트를 소개하였다. 유의하지 않은 고차항 예측 변인에 대한 하향적 제거를 통해 복잡한 회귀방정식을 탐색하기 위한 항별(term-by-term) 전략을 제시하였다. 고차항을 포함하는 어떤 회귀방정식에서도 스케일 불변 항을 확인할 수 있는 방법을 제시하였다. 위계적 상향 절차에 비해 위계적 하향 절차가 가지는 이점에 대해 기술하였다.

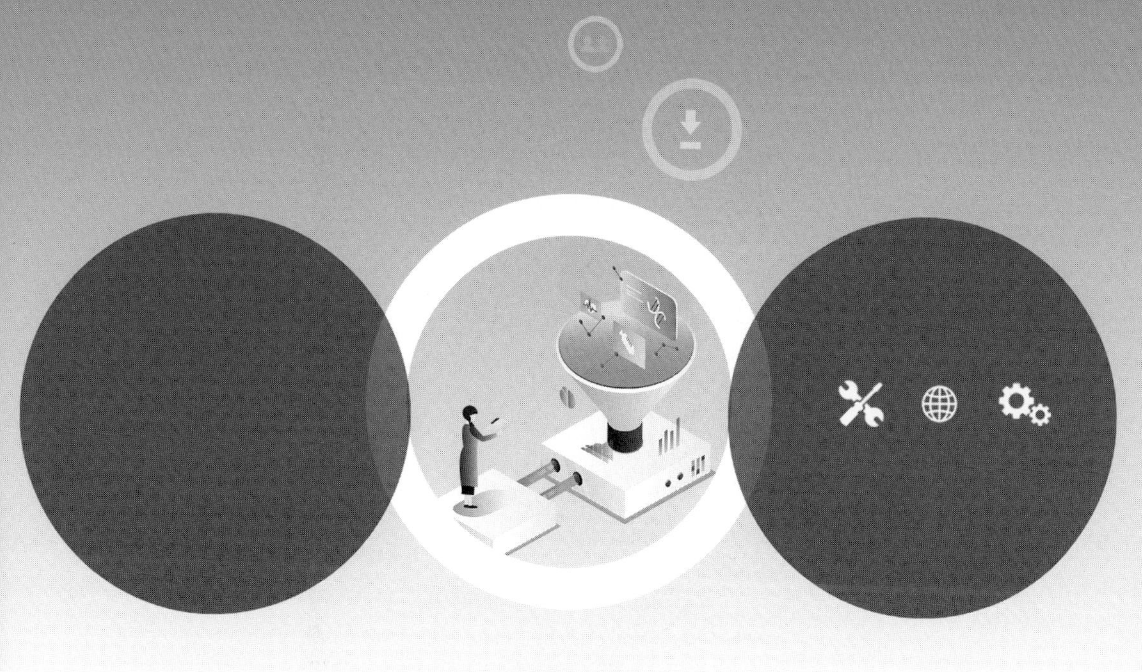

제7장

범주형 변인과 연속형 변인 간 상호작용

- 범주형 변인의 코딩
- 유의한 상호작용의 사후 규명
- 요약

지금까지 연속형 예측 변인 간 상호작용에 초점을 맞추었다. 지금부터는 두 개 이상의 수준을 가진 범주형 예측 변인이 연속형 변인과 상호작용하는 문제를 다룰 것이다. 또한 범주형 변인과 연속형 변인 간 유의한 상호작용의 해석을 도울 수 있는 사후 규명(post hoc probing)의 방법에 대해 논의할 것이다.

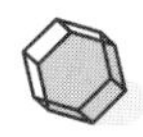 범주형 변인의 코딩

범주형 변인의 코딩을 위해 여러 가지 방법이 제안되었다(예를 들어, Cohen & Cohen, 1983; Darlington, 1990; Pedhazur, 1982 참고). 여기서는 이 중 ① 더미 변인(dummy variable) 코딩과 ② 비 가중 효과(unweighted effect) 코딩의 두 가지 방법을 살펴볼 것이다.

더미 변인 코딩

더미 변인 코딩은 회귀방정식에서 범주형 변인을 포함하기 위해 가장 자주 사용되는 방법이다. 연속형 변인에 대한 권장 사항과는 다르게 더미 코딩 방법은 범주형 변인에 관련된 비교를 중심화하지 않는다. 그럼에도 불구하고 아래에서 볼 수 있는 바와 같이 이러한 방법의 결과는 쉽게 해석할 수 있다. 더미 코딩의 사용에 대해 설명하기 위해 한 연구자가 인문(Liberal Arts, LA), 공학(Engineering, E), 경영(Business, BUS) 세 단과대의 학사 학위 소지자들의 초봉에 대해 연구한다고 생각해 보자. 이 예에서 단과대는 범주형 변인이다. 한 단과대(예를 들어, LA)는 비교 집단으로 설정된다. 이러한 비교 집단의 설정은 자의적이거나, 이론에 기반하거나, 설정된 기저선과 다른 두 단과대 간의 비교가 연구의 주제일 수 있다. 일반적으로 G를 집단의 수(범주 변인의 수준의 수)라고 했을 때 G−1개의 더미 변인이 필요하다. 세 개의 단과대를 위해서는 3−1=2개의 더미 변인이 필요하다. 세 개의 단과대를 코딩하기 위한 세 가지의 가능한 더미 변인 세트가 〈표 7−1〉에 제시되어 있다.

〈표 7-1〉 단과대 데이터에 대한 3개의 더미 변인 코딩 체계

a. LA가 비교 집단			b. E가 비교 집단			c. BUS가 비교 집단		
	D_1	D_2		D_1	D_2		D_1	D_2
LA	0	0	LA	1	0	LA	1	0
E	1	0	E	0	0	E	0	1
BUS	0	1	BUS	0	1	BUS	0	0

이 섹션에서 〈표 7−1a〉에서 제시한 첫 번째 더미 변인 세트를 사용할 것이다. 이 코딩 시스템에서 첫 번째 더미 변인(D_1)은 E와 0의 값이 할당된 LA 비교 집단을 비교한다. 두 번째 더미 변인(D_2)은 BUS를 LA 비교 집단과 비교한다. 더미 코딩에서 (a) 비교 집단은 모든 더미 변인에 0의 값을 할당하고, (b) 비교 대상이 되는 집단은 해당 더미 변인에 대해 1의 값을 할당, (c) 비교 대상이 아닌 집단은 해당 더미 변인에 대해 0의 값을 할당한다. 더미 코드는 회귀방정식에 존재하는 G−1개의 더미 변인에 조건화된 부분 효과(partial effect)임을 주목할 필요가 있다.[1)]

계속해서 위의 예를 가지고 설명해 보자면, 연구자가 소수의(N=50) 대

1) 〈표 7−1a〉의 더미 코딩 체계에서 더미 코드 D_1은 실제로는 E와 LA와, E와 BUS에 대한 대조다. 더미 코드 D_2는 BUS와 E, BUS와 LA에 대한 대조다. 두 대조는 E와 BUS 쌍을 공통으로 가진다. D_1과 D_2가 같은 회귀방정식에 포함될 때 D_1에 대한 b_1 회귀 계수는 D_1 대조에서 D_2에 대해 독립적인 부분, 즉 E대 LA 대조를 나타낸다. D_2에 대한 b_2 회귀 계수는 D_2 대조에서 D_1에 대해 독립적인 부분, 즉 BUS대 LA 대조를 나타낸다.

〈표 7-2〉 가상 데이터: 세 단과대의 초봉

Sub. No.	단과대	GPA	초봉($)	Sub. No.	단과대	GPA	초봉($)
1	LA	2.54	21,140	26	E	2.18	28,219
2	LA	2.25	20,667	27	E	1.93	27,946
3	LA	2.69	21,003	28	E	2.31	28,053
4	LA	2.84	21,269	29	E	2.45	28,209
5	LA	2.73	20,831	30	E	2.35	27,899
6	LA	2.83	21,370	31	E	2.44	28,295
7	LA	2.48	20,435	32	E	2.13	27,672
8	LA	2.58	20,584	33	E	2.22	27,756
9	LA	3.95	21,604	34	E	3.41	28,065
10	LA	3.00	20,937	35	E	2.58	27,885
11	LA	2.59	20,625	36	BUS	2.78	23,942
12	LA	2.27	20,389	37	BUS	2.50	23,205
13	LA	3.14	21,490	38	BUS	2.92	23,962
14	LA	2.95	21,007	39	BUS	3.08	24,369
15	LA	2.67	21,063	40	BUS	2.96	23,840
16	LA	2.67	21,003	41	BUS	3.06	24,452
17	LA	2.67	20,586	42	BUS	2.72	23,218
18	LA	2.89	21,084	43	BUS	2.82	23,455
19	LA	2.94	21,256	44	BUS	4.00	25,790
20	LA	3.43	21,651	45	BUS	3.22	24,206
21	LA	2.75	20,794	46	BUS	2.83	23,506
22	LA	1.93	20,380	47	BUS	2.52	22,961
23	LA	3.04	20,961	48	BUS	3.36	24,868
24	LA	3.13	21,796	49	BUS	3.18	24,223
25	LA	3.05	21,075	50	BUS	2.91	24,004

	GPA 평균	초봉 평균($)
LA	2.80	21,000
E	2.40	28,000
BUS	3.00	24,000

주: LA=인문학, E=공학, BUS=경영, 학점(GPA)는 A=4.0. B=3.0. C=2.0, D=1.0, F=0.0의 4점 체계.

학 졸업자를 표집하고 표본의 출신 단과대(College), 학점(GPA), 초봉(Salary)을 기록하였다고 가정해 보자. 단과대와 학점은 예측 변인이고 초봉은 연구의 주제가 되는 결과 변인이다. 이러한 자료가 〈표 7-2〉에 제시되어 있다. 제5장에서와 같이 복잡도가 점점 증가하는 일련의 회귀방정식의 해석에 대해 살펴볼 것이다.

범주형 변인만 있는 경우

더미 변인만 있는 단순한 회귀방정식을 고려해 보자.

$$\hat{Y} = b_1 D_1 + b_2 D_2 + b_0 \tag{7.1}$$

이 식은 세 단과대 졸업생들 간 초봉(Y)을 비교한다. 각 단과대에 대해 〈표 7-1a〉의 더미 코드를 회귀방정식에 대입해 보자.

$$\text{LA:} \quad \hat{Y} = b_1(0) + b_2(0) + b_0 = b_0$$

$$\text{E:} \quad \hat{Y} = b_1(1) + b_2(0) + b_0 = b_1 + b_0$$

$$\text{BUS:} \quad \hat{Y} = b_1(0) + b_2(1) + b_0 = b_2 + b_0$$

더미 코드를 대입함으로써 b_0은 비교 집단, 즉 LA 졸업생의 Y에 대한 예측 평균을 나타낸다는 것을 알 수 있다. $b_0 + b_1$은 BUS 졸업생들의 Y에 대한 평균을 나타낸다. 〈표 7-3a〉(i)는 단과대 초봉 자료에 대한 분석의 결과를 보여 준다. 3개의 b 계수의 추정값은 b_0이 $21,000, b_1이 $6,999.90, b_2이 $3,000.10이다. 〈표 7-2〉에서 볼 수 있듯이 b_0 =LA 졸업생들의 평균, $b_1 + b_0$ =E 졸업생들의 평균($27,999.90), $b_2 + b_0$ =BUS 졸업생들의 평균($24,000.10)이다. 이러한 자료는 〈표 7-1a〉에서 찾을 수 있다.

b_1과 b_2에 대한 결합 테스트(joint test)는 세 개의 단과대 졸업생들의 평균 초봉을 비교하며 이는 일원 ANOVA와 동일하다. 〈표 7-3a〉(i) 회귀분석의 $SS_{between}$(예측 제곱합, predictable sum of squares)은 일원 ANOVA의 $SS_{treatment}$와 정확히 일치한다. 두 분석에서 나온 F-test 또한 동일하다. 회

귀분석의 결합 테스트 결과는 집단 간 유의한 차이가 있음을 보여 준다. b_1에 대한 테스트는 E와 LA 집단 간 평균을 비교하고, b_2에 대한 테스트는 BUS와 LA 집단 간 평균을 비교한다. 두 비교는 모두 유의하다.[2)]

범주형 변인과 연속형 변인

이번에는 회귀방정식에 초봉(salary)에 대한 학점(GPA)의 효과를 추가하여 다음과 같은 회귀방정식을 구성한다.

$$\widehat{Y} = b_1 D_1 + b_2 D_2 + b_2 \text{GPA} + b_0 \qquad (7.2)$$

〈표 7-3〉 회귀방정식의 전개와 분석

a. 더미 변인 코딩

(i) 더미 변인에 대해서만 테스트

$\widehat{Y} = b_1 D_1 + b_2 D_2 + b_0$

$\widehat{Y} = (6{,}999.9)(D_1) + (3{,}000)(D_2) + 21{,}000$

b_1과 b_2의 결합 테스트: $R^2 = 0.969$, $F(2, 47) = 744$, $p < .001$

b_1의 테스트: $t(47) = 38.0$, $p < .001$

b_2의 테스트: $t(47) = 18.7$, $p < .001$

$SS_{reg} = 360{,}492{,}000$; $SS_{res} = 11{,}386{,}717$

(ii) 더미 변인과 연속형 변인에 대한 테스트

$\widehat{Y} = b_1 D_1 + b_2 D_2 + b_3 \text{GPA} + \text{b}_0$

$\widehat{Y} = (7{,}377)(D_1) + (2{,}821)(D_2) + 943(\text{GPA}) + 20{,}978$

b_1, b_2, b_3의 결합 테스트: $R^2 = 0.987$, $F(3, 46) = 1{,}124$, $p < .001$

b_3의 테스트: $R^2_{\text{change}} = 0.017$, $F(1, 46) = 58.62$, $p < .001$

$SS_{reg} = 366{,}872{,}239$; $SS_{res} = 5{,}006{,}479$

(iii) 더미 변인, 연속형 변인, 상호작용에 대한 테스트

$\widehat{Y} = b_1 D_1 + b_2 D_2 + b_3 \text{GPA} + b_4 (D_1 \times \text{GPA}) + b_5 (D_2 \times \text{GPA}) + b_0$

---

2) E와 BUS를 직접 비교하는 가장 단순한 방법은 두 집단 중 하나를 비교 집단으로 설정하는 더미 코딩을 사용해 회귀분석을 다시 하는 것이다. 〈표 7-1〉에서 (b)와 (c) 섹션은 이러한 비교를 포함한다. 이 방법은 아래에 설명하는 더 복잡한 모형에 사용할 수 있으며 제7장의 후반부에 설명되어 있다.

$\hat{Y} = (7{,}065)(D_1) + (2{,}619)(D_2) + (790)\text{GPA} + (-667)(D_1 \times \text{GPA})$
$+ (1{,}082)(D_2 \times \text{GPA}) + 20{,}982$

$b_1 - b_5$의 결합 테스트: $R^2 = 0.994$, $F(5,\ 44) = 1{,}412$, $p < .001$

b_4, b_5의 결합 테스트: $R^2_{\text{change}} = 0.007$, $F(2,\ 44) = 25.80$, $p < .001$

b_3의 테스트: $t(44) = 6.76$, $p < .001$

b_4의 테스트: $t(44) = -2.98$, $p < .01$

b_5의 테스트: $t(44) = 5.33$, $p < .001$

$SS_{\text{reg}} = 369{,}574{,}652$; $SS_{\text{res}} = 2{,}304{,}066$

b. 비 가중 효과 코딩

(i) 효과 변인에 대해서만 테스트

$\hat{Y} = b_1\text{E}_1 + b_2\text{E}_2 + b_0$

$\hat{Y} = \$3{,}665.58(\text{E}_1) + (-333.26)(\text{E}_2) + \$24{,}333.32$

b_1과 b_2의 결합 테스트: $R^2 = 0.969$, $F(2,\ 47) = 744$, $p < .001$

b_1의 테스트: $t(47) = 31.4$, $p < .001$

b_2의 테스트: $t(47) = -3.2$, $p < .01$

$SS_{\text{reg}} = 360{,}492{,}000$; $SS_{\text{res}} = 11{,}386{,}718$

(ii) 효과 변인과 연속형 변인에 대한 테스트

$\hat{Y} = b_1\text{E}_1 + b_2\text{E}_2 + b_3\text{GPA} + b_0$

$\hat{Y} = 3{,}978.1(\text{E}_1) + (-578.7)(\text{E}_2) + 943(\text{GPA}) + 24{,}377.7$

b_1, b_2, b_3의 결합 테스트: $R^2 = 0.987$, $F(3,\ 46) = 1{,}124$, $p < .001$

b_3의 테스트: $R^2_{\text{change}} = 0.017$, $F(1,\ 46) = 58.62$, $p < .001$

$SS_{\text{reg}} = 366{,}872{,}239$; $SS_{\text{res}} = 5{,}006{,}479$

(iii) 효과 변인, 연속형 변인, 상호작용에 대한 테스트

$\hat{Y} = b_1E_1 + b_2E_2 + b_3\text{GPA} + b_4(E_1 \times \text{GPA}) + b_5(E_2 \times \text{GPA}) + b_0$

$\hat{Y} = (3{,}836.9)E_1 + (-609.2)E_2 + 928.3\text{GPA}$
$+ (-805.4)(E_1 \times \text{GPA}) + (943.7)(E_2 \times \text{GPA}) + 24{,}209.3$

$b_1 - b_5$의 결합 테스트: $R^2 = 0.994$, $F(5,\ 44) = 1{,}412$, $p < .001$

b_4, b_5의 결합 테스트: $R^2_{\text{change}} = 0.007$, $F(2,\ 44) = 25.80$, $p < .001$

b_3의 테스트: $t(47) = 10.00$, $p < .001$

b_4의 테스트: $t(47) = -5.60$, $p < .01$

b_5의 테스트: $t(47) = 7.08$, $p < .001$

$SS_{\text{reg}} = 369{,}574{,}652$; $SS_{\text{res}} = 2{,}304{,}066$

연속형 변인에 대한 일반적인 처리에서와 같이 GPA는 이번 섹션에서 항상 중심화된다.

$$\text{GPA} = \text{Original GPA} - \text{Mean GPA for entire sample}$$

마찬가지로 각 단과대에 대한 더미 코드를 회귀방정식에 대입한다.

$$\text{LA:} \quad \hat{Y} = b_3\text{GPA} + b_0$$
$$\text{E:} \quad \hat{Y} = b_1 + b_3\text{GPA} + b_0$$
$$\text{BUS:} \quad \hat{Y} = b_2 + b_3\text{GPA} + b_0$$

위에서 볼 수 있듯이, 식 7.2는 각 단과대가 b_3라는 같은 기울기를 가지는 서로 다른 회귀선으로 표현될 수 있음을 시사한다. 이는 [그림 7-1b]에서 볼 수 있듯이 세 개의 회귀선이 서로 평행함을 의미한다. b_0은 GPA값이 0인 LA 졸업생의 초봉 예측값을 나타낸다.

GPA가 중심화되었기 때문에 GPA가 0이라는 것은 전체 표본의 평균에 해당한다.[3] 〈표 7-3a〉(ii)에서 b_0의 값은 첫 번째 식 $21,000에서 $20,978으로 바뀌었음을 주목할 필요가 있다. 앞서 b_0을 LA 졸업생들의 평균 초봉으로 해석했음에 반해 여기서 b_0은 LA 졸업생이 전체 표본의 평균 GPA를 가질 때 예측된 초봉이다.

b_1은 LA와 E의 회귀선 간 거리를 나타내며 b_2는 BUS와 LA 회귀선 간 거리를 나타낸다. b_1과 b_2는 각각 E와 LA, BUS와 LA 졸업생의 평균 초봉 차이를 나타내지만 여기서는 GPA에 따라 조정(조건화)된다. 그 차이는 단과대 간 GPA 차이에 더해서(GPA에 독립적으로) 단과대 간 고유한 차이에 기인한다. b_1과 b_2 계수의 이러한 변화는 〈표 7-3a〉(i)과 (ii)의 계수 값의변화에서 나타난다.

3) GPA를 중심화하지 않았다면 b_0은 GPA가 0.0인 LA 졸업생들의 초봉 예측값을 나타낸다. 아마도 이런 GPA를 받은 학생들은 아무도 졸업하지 못하고 초봉에 대한 예측값 또한 무의미할 것이다.

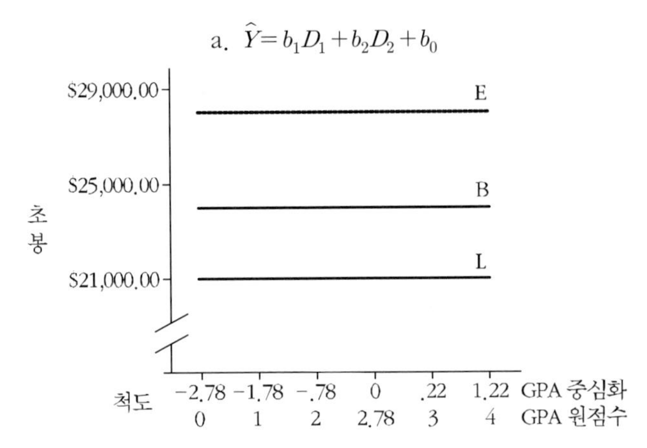

주: 이 방정식에서 예측된 초봉은 GPA의 수준에 관계 없이 단과대에 대한 평균과 같다.

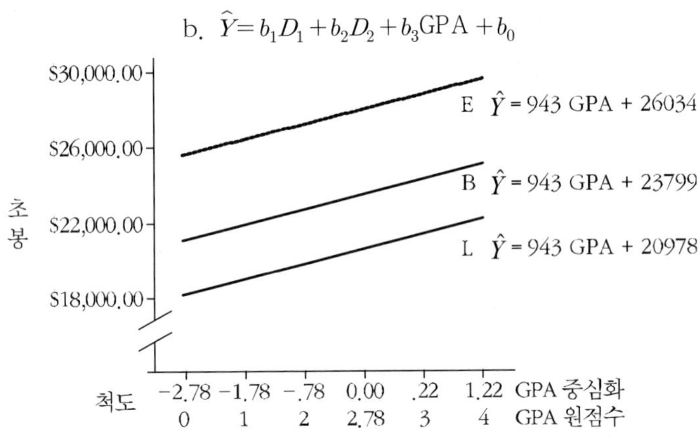

주: 세 단과대에 대한 단순 회귀선은 평행하다.

[그림 7-1] 세 단과대에 대한 단순 회귀방정식

여기서 b_1은 $7,377이고 b_2는 $2,821이다.

b_3 계수는 초봉에 관련한 GPA의 기울기를 나타낸다. 식 7.2에서 이 관계가 각 단과대에서 동일함을 기억하자. b_3 =$943은 졸업생들의 GPA가 1점 변할 때 초봉이 $943 변함을 나타낸다. 예를 들어, GPA가 2.78에서 3.78로 증가할 때 예측되는 초봉의 변화는 $943이다.

c. $\widehat{Y} = b_1D_1 + b_2D_2 + b_3\text{GPA} + b_4D_1\text{GPA} + b_5D_2\text{GPA} + b_0$

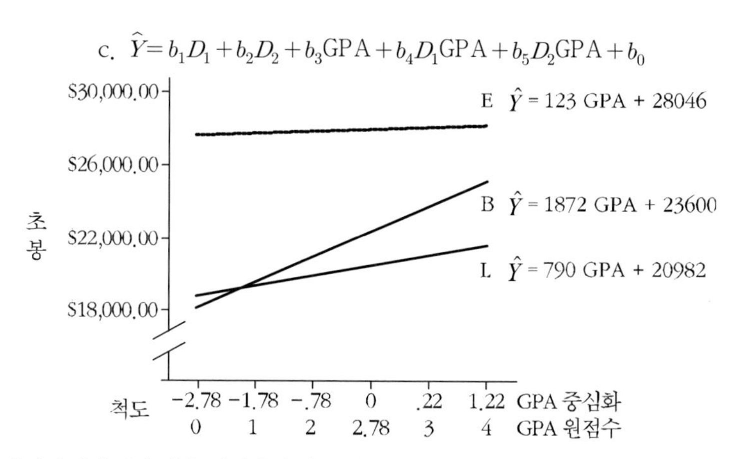

주: 세 단과대에 대한 단순 회귀선이 서로 다른 기울기를 가진다.

[그림 7-1] (계속) 세 단과대에 대한 단순 회귀방정식

식 7.2에서 단과대의 효과는 GPA에 대한 회귀 계수 b_3로부터 통계적으로 제거되었음을 주목하자. 만약 단과대의 효과가 제거되지 않는다면(다시 말해, D_1과 D_2가 식에 포함되지 않았다면) b_3는 공대의 비교적 낮은 GPA와 높은 초봉을 반영한 −\$1,080일 것이다.

범주형 변인과 연속형 변인, 둘 간의 상호작용

마지막으로, GPA와 초봉 간 관계를 나타내는 기울기가 단과대 간 다를 수 있다고 생각해 보자. 이는 회귀선이 평행하지 않으며 범주형 변인과 연속형 변인 간 잠재적 상호작용을 나타낸다. 일반적으로, 범주형 변인과 연속형 변인 간 상호작용은 연속형 변인과 범주형 변인을 구성하는 각 더미 변인을 곱하여 형성한다. 우리의 예에서 다음 식은 상호작용을 나타내는 두 항이 추가되었다.

$$\widehat{Y} = b_1D_1 + b_2D_2 + b_3\text{GPA} + b_4(D_1 \times \text{GPA}) + b_5(D_2 \times \text{GPA}) + b_0 \tag{7.3}$$

이 식의 의미를 이해하기 위해 각 단과대에 해당하는 위해 더미 코드를 식에

대입해 보자. 더미 코드를 대입하면 세 개의 단순 회귀방정식(simple regression equations)이 생성되는데 이는 제2장에서 5에서 살펴본 단순 회귀방정식과 유사하다. 값이 0인 더미 변인은 생략되었다.

$$\text{LA:} \quad \hat{Y} = b_3\text{GPA} + b_0$$

$$\text{E:} \quad \hat{Y} = b_1(1) + b_3\text{GPA} + b_4\text{GPA} + b_0$$

$$= (b_1 + b_0) + (b_3 + b_4)\ \text{GPA}$$

$$\text{BUS:} \quad \hat{Y} = b_2(1) + b_3\text{GPA} + b_5\text{GPA} + b_0$$

$$= (b_2 + b_0) + (b_3 + b_5)\ \text{GPA}$$

이러한 대입을 토해 각 단과대가 별도의 절편과 기울기를 가지는 고유한 선형 회귀선을 가지는 것을 명확히 확인할 수 있다. 각 단과대에 해당하는 세 개의 회귀선은 [그림 7-1c]에서 확인할 수 있다. b_3은 LA 졸업생들의 회귀선 기울기를 나타내고, $b_3 + b_4$는 E 졸업생들의 회귀선 기울기를, $b_3 + b_5$는 BUS 졸업생들의 회귀선 기울기를 나타낸다. 〈표 7-3a〉(iii)에서 $b_3 = \$790$은 LA 졸업생들의 기울기, $b_3 + b_4 = \$123$는 E 졸업생들의 기울기, $b_3 + b_5 = \$1,872$는 BUS 졸업생들의 기울기다.

b_0은 전체 50명의 학생의 평균에 중심화된 경우에 LA 회귀선의 절편을 나타낸다. b_1은 LA와 E의 회귀선 간의 거리를 나타내고 b_2는 LA와 BUS 회귀선 간 거리를 나타내며 두 거리는 전체 표본의 평균에서 계산된 것이다. 〈표 7-3a〉(iii)에서 $b_0 = \$20,982$, $b_1 = \$7,065$, $b_2 = \$2,619$임을 확인할 수 있다(LA 졸업생들에 대한 절편은 $b_0 = \$20,982$, E 졸업생에 대해서는 $b_1 + b_0 = \$7,064.71 + 20,981.52 = \$28,046$, BUS 졸업생들에 대해서는 $b_2 + b_0 = \$2,618.57 + 20,981.52 = \$23,600.09$이다.). 이러한 계수들은 상호작용항을 포함하지 않는 추정식 7.2의 추정치로 얻어진 값들과 같지 않다. 식 7.2는 상호작용 분산의 일부를 저차항에 할당한다. 회귀선이 평행하지 않기 때문에 회귀선 간 거리에 대한 추정값은 GPA의 표본평균에서만 의미 있는 해석이 가능함을 명심하자.

기울기와 절편의 추정값에 대한 또 다른 관점을 보여 주기 위해, GPA에 대한 초봉의 단순 선형 회귀를 각 단과대별로 계산한다. 결과는 다음과 같다.

$$\text{LA:}\quad \hat{Y} = 790\text{GPA} + 20{,}982$$
$$\text{E:}\quad \hat{Y} = 123\text{GPA} + 28{,}046$$
$$\text{BUS:}\quad \hat{Y} = 1{,}872\text{GPA} + 23{,}600$$

각 단과대의 기울기와 절편은 반올림하면 더미 변인, 연속형 변인, 둘 간의상호작용에 기반한 위의 모형에서 보고된 값과 같다.

b_4와 b_5에 대한 결합 테스트(joint test)를 통해 상호작용의 유의성에 대한 통합 테스트가 가능하다. 〈표 7-3a〉(iii)에서 볼 수 있듯이, 이 테스트는 연속형 변인인 GPA와 상호작용에 포함된 더미 변인이 나타내는 각각의 집단 간 비교(contrast)에 대한 테스트에서와 같이 유의하다.

마지막으로, 연속형 변인인 GPA의 유용한 범위 안에서 교차하는지 결정하기 위해 어떤 회귀선의 쌍이 교차하는 지점을 계산할 수 있다. 각 회귀선의 쌍은 서로 다른 지점에서 교차할 수 있다. 교차점을 계산하기 위해 두 회귀선이 같다고 놓고 연속형 변인(GPA)에 대해 해를 구한다. LA와 E 집단을 나타내는 회귀선에 대해서 다음과 같이 구할 수 있다.

$$b_3\text{GPA} + b_0 = \hat{Y} = b_1 + b_3\text{GPA} + b_4\text{GPA} + b_0$$

따라서 LA와 E의 교차점은 $-b_1/b_4 = -7{,}065/-667 = 10.59$이다($b_1$과 b_4의 값은 〈표 5-3a〉(iii)에서). 다른 집단들에 대한 식들을 같다고 놓고 풀이하면 추가로 2개의 교차점을 계산할 수 있다. LA와 BUS 간 교차점은 −2.42이고 BUS와 E의 교차점은 2.54이다. GPA를 중심화했다는 사실을 기억하자. 이 값들을 원래의 단위로 되돌리기 위해 표본 평균을 더하면 중심화 전 GPA의 변인에 대해 다음의 교차점 값을 구할 수 있다. LA−E=13.36, LA−BUS=0.35, E−BUS=5.31. 〈표 7-1c〉는 각 단과대에 대한

3개의 단순 회귀선을 보여 준다.

제2장에서 논의한 바와 같이, 모든 교차점이 연속형 변인의 유용한 범위 바깥에 떨어지는 상호작용을 순서적(ordinal) 상호작용이라고 하고, 최소한 하나의 교차점이 유용한 범위 안에 떨어질 때 비순서적(disordinal) 상호작용이라고 한다. 3개 중 2개의 교차점이 GPA의 가능한 범위 바깥에 떨어진다. 그러나 LA−BUS 교차점(0.35)는 GPA의 이론적 범위인 0.0에서 4.0 사이에 위치한다. 그러나 우리의 표본에서 LA−BUS 교차점이 관찰된 GPA 범위 바깥에 떨어졌으며, 이는 실제 졸업자들에게 불가능한 GPA를 나타낼 수도 있다는 점도 주목할 필요가 있다. 따라서 LA−BUS 상호작용 또한 순서적이라고 간주되어야 한다.

좀 더 일반적으로, 연속형 변인의 교차점은 두 회귀선의 기울기와 절편으로 다음의 식을 통해 계산할 수 있다.

$$(\text{교차점}) = \frac{I_1 - I_2}{S_2 - S_1} \tag{7.4}$$

이 식에서 I_1은 집단 1의 절편, I_2는 집단 2의 절편, S_1은 집단 1의 기울기, S_2는 집단 2의 기울기다.

고차항 효과와 상호작용

연속형 변인에 대한 제5장에서 살펴보았듯이, 고차항 또한 회귀방정식에 포함시킬 수 있다. 여기서 제5장의 권장 사항을 적용시킬 수 있기 때문에 2개의 짧은 예만 고려하기로 한다.

첫 번째 예는 GPA가 초봉에 대해 가지는 잠재적인 선형, 2차(quadratic) 효과는 이러한 효과가 집단 간 동일하다고 가정한다면 GPA^2 항을 식 7.2에 추가함으로써 알아볼 수 있다. 이러한 과정을 통해 식 7.5를 생성한다.

$$\hat{Y} = b_1 D_1 + b_2 D_2 + b_3 \text{GPA} + b_4 \text{GPA}^2 + b_0 \tag{7.5}$$

이 예를 연장시키자면, GPA에 대한 선형과 2차 효과 모두가 집단에 따라 다를 수 있다면 식 7.5에 항을 추가하여 식 7.6을 생성한다.

$$\begin{aligned}\widehat{Y} = b_1 D_1 + b_2 D_2 + b_3 \text{GPA} + b_4 \text{GPA}^2 + b_5 (D_1 + \text{GPA}) \\ + b_6 (D_2 \times \text{GPA}) + b_7 (D_1 \times \text{GPA}^2) \\ + b_8 (D_2 \times \text{GPA}^2) + b_0 \end{aligned} \tag{7.6}$$

식 7.6은 GPA-초봉 관계의 선형과 2차 효과 요소가 3개의 단과대 간에 달라지는 것을 허용한다. 식 7.6과 $(D_1 \times \text{GPA}^2)$, $(D_2 \times \text{GPA}^2)$ 항을 포함하지 않는 식 간의 비교를 통해 단과대×GPA 상호작용의 2차 요소에 대한 유의도 테스트가 가능하다.

두 집단의 교차점은 두 집단에 대한 회귀방정식을 동치로 놓고 연속형 변인에 대한 해를 구함으로써 찾을 수 있다. 예를 들어, 식 7.6에 대입하고 대수 연산을 통해 LA와 E의 회귀선이 교차하는 지점을 다음과 같이 계산할 수 있다.

$$\text{교차점 } 1 = \frac{-b_4 + [b_4^2 - 4(b_1)(b_7)]^{1/2}}{2(b_1)}$$

$$\text{교차점 } 2 = \frac{-b_4 - [b_4^2 - 4(b_1)(b_7)]^{1/2}}{2(b_1)}$$

만약 교차점 1과 2의 해가 같다면 하나의 교차점만 존재한다. 연속형 변인의 유용한 범위 안에 교차점이 존재하지 않거나, 하나만 존재하거나, 둘 다 존재할 수 있다.

요약하자면, 연속형 변인의 경우와 같이 특정 가설을 테스트하기 위해 회귀방정식에 고차항을 추가할 수 있다. 범주형 변인을 나타내는 각각의 더미 변인은 1차항과 모든 상호작용에 포함되어야 한다. 연속형 변인의 경우와 마찬가지로 상호작용과 관련된 모든 저차항은 회귀방정식에 포함되어야 한다. 더미 변인의 2차 또는 더 고차함수는 회귀방정식에 절대 포함되지 않는다. 이러한 항의 효과는 해석이 불가능하다.

비 가중 효과 코딩

비 가중 효과 코딩은 두 번째로 흔히 사용되는 코딩 체계다. 이 코딩 체계에서, 코드에서 설정된 대조와 관련한 두 집단은 모든 집단의 비 가중(unweighted) 평균과 비교된다. 제2장에서 정의한 바와 같이 비교 집단은 항상 −1로 코딩되며 비교 집단에 대조되는 집단에는 1이 할당된다. 대조와 관련되지 않은 집단에는 0이 할당된다. 단과대−초봉의 예로 돌아와서, LA를 임의의 비교 집단으로 설정해 보자. 마찬가지로 LA와 E, BUS 대조를 위해 2개의 효과 코딩 변인이 필요하다. 〈표 7−4〉는 이러한 대조를 위한 효과 코딩을 보여 준다.

〈표 7-4〉 단과대 예에 대한 비 가중 효과 코딩

	E1	E2
LA	−1	−1
E	1	0
BUS	0	1

이 값들을 식 7.1에 대입하면 각 단과대에 대해 다음과 같은 식을 구할 수 있다.

$$\text{LA:}\quad \hat{Y} = -b_1 - b_2 + b_0$$

$$\text{E:}\quad \hat{Y} = b_1 + b_0$$

$$\text{BUS:}\quad \hat{Y} = b_2 + b_0$$

이 식에서 b_0은 3 단과대의 비 가중 전체 평균을 나타낸다. 다시 말해, b_0 =[LA 평균+E 평균+BUS 평균]/3=[$21,000+$27,999.9+$24,000.1]/3 =$24,333.3이 된다. b_1은 E1 대조에서 1이 할당된 집단의 평균, 즉 E 평균이 전체 비 가중 평균에서 떨어져 있는 정도를 나타낸다. 이 값은 $27,999.9−$24,333.3=$3,666.6이다. b_2는 E2 대조에서 1이 할당된 집단의 평균, 즉 BUS 평균이 전체 비 가중 평균에서 떨어져 있는 정도를 나타낸다.

〈표 7-3b〉는 위에서 논의한 몇 개의 회귀방정식에 대해 효과 코딩을 이용해 분석한 결과를 보여 준다. 이러한 결과와 더미 코딩을 사용한 결과의 비교를 통해 유사점과 차이점을 확인할 수 있다. (a) 전체 모형의 R^2나 범주형 변인 또는 연속형 변인 또는 상호작용의 추가로 인한 R^2의 변화는 두 가지 코딩 체계 간에 동일하다. (b) 연속형 변인의 계수(b_3)와 상호작용의 각 항의 계수(b_4, b_5)에 대한 테스트는 다르다.[4] (c) 절편과 더미(또는 비 가중 효과) 변인에 대한 테스트 또한 다르다. 이러한 차이는 두 코딩 시스템에서 b 계수에 대한 해석의 차이를 반영한다. 더미 변인 코딩에서 대조는 비교 집단에 대한 것이며, 비 가중 효과 코딩에서 대조는 표본의 비 가중 평균에 대한 것이다.

해석의 차이점에 대한 추가적인 설명을 위해 상호작용을 포함하는 전체 모형(〈표 7-3b〉(iii))과 각 단순 회귀(p. 173)의 b 계수를 비교해 보자. 세 단과대에 대한 절편은 \$20,982(LA), \$28,046(E), \$23,600(BUS)이다. 세 절편의 비 가중 평균은 \$24,209이며 이는 b_0과 같다. LA에 대한 절편은 $-b_1 - b_2 + b_0 =$ −\$3,836.9−(−\$609.2)+\$24,209.3=\$20,982이다. 각 단과대에 해당하는 값들을 대입하면 E에 대한 절편은 \$3,836.9+\$24,209.3=\$28,046이고 BUS에 대한 절편은 −\$609.2+\$24,209.3=\$23,600이다. 비슷한 논리를 기울기의 계산을 위해 적용할 수 있다. 각 단과대별로 계산한 단순 회귀의 기울기는 LA에 대해 \$790, E에 대해 \$123, BUS에 대해 \$1,872이다. 세 단과대 기울기의 비 가중 평균은 \$928.3이며 이는 b_3과 동일하다. LA 집단에 대한 기울기는 $b_3 - b_4 - b_5 = 928.3 - (-805.4) - 943.7 = 790$이다. E 집단에 대한 기울기는 $b_3 + b_4 = 123$이고 BUS에 대한 기울기는

4) 이전의 덧셈 상수항을 통한 1차항에 대한 스케일 변환(rescaling)의 경우에 그 결과로 상호작용의 계수에는 변화가 없었다. 그러나 더미 코딩에서 효과 코딩으로 변화는 덧셈 상수에 의한 간단한 변화와는 다르다는 점을 숙지할 필요가 있다. 상호작용의 계수는 코딩 방법에 따라 변한다.

$b_3 + b_5 = 1,872$이다. 따라서 더미 코딩과 효과 코딩 분석 간 b 계수의 차이는 그 의미의 차이를 직접적으로 반영한다. 더미 코딩이나 비 가중 효과 코딩을 사용하더라도 각 집단의 단순 회귀방정식(simple regression equation)은 동일하다는 것을 주목할 필요가 있다. 이는 제3장에서 강조한 포인트인 예측 변인의 스케일은 사후 규명(post hoc probing) 분석에 영향을 미치지 않는다는 사실의 또 다른 예라고 할 수 있다.

코딩 체계의 선택

지금까지 논의한 두 코딩 체계가 가지는 서로 다른 의미는 분석의 결과에 나타난다고 할 때, 어떤 코딩 체계가 더 선호되는가? 범주형 변인과 연속형 변인 간 상호작용이 관련되어 있을 때, 더미 코딩은 비교 집단에 대한 대조로 즉시 해석이 가능한 결과를 내 놓는 반면에 단순효과 코딩은 그렇지 않다. 따라서 집단 간 대조에 관심이 있는 경우에는 더미 코딩이 더 효과적이다. 두 개 또는 그 이상의 범주형 변인이 관련된 상호작용에 관심이 있을 경우 표준적인 ANOVA 절차와 직접적인 비교가 가능한 효과 코딩이 선호된다. 예를 들어, 각 셀(cell)이 같은 n을 가질 때, 효과 코딩은 직교하는(orthogonal) 주효과와 상호작용 효과를 만든다. 그러나 더미 코딩은 주효과와 상호작용 효과의 콘트라스트* 벡터(contrast vector) 간의 상관을 유발한다. 따라서, 더미 코딩으로 분석한 결과에서 주효과와 상호작용에서 발생한 분산에 대한 직교 추정을 위해 약간의 수정이 필요하다(Pedhazur, 1982, p. 369).

중심화에 대한 재검토

두 개 이상의 연속형 변인 간 상호작용의 경우의 중심화를 강조한 이후

* 역자 주: 선형 모형에서 콘트라스트(contrast)는 일반적인 의미에서 대조가 아니라 특정 가설을 테스트하기 위해 design matrix에 곱하는 행렬(보통 0, 1, −1로 구성)을 의미한다.

에, 중심화한 더미나 효과 코딩 변인(다시 말해, 평균이 0)을 사용하지 않는 것은 이상하게 느껴질 수 있다. 그러나 범주형 변인을 사용할 때는 거의 항상 집단의 (가중)평균에서가 아니라 특정 집단 내에서 예측 변인의 회귀에 관심이 있다. 살펴본 바와 같이 더미 코딩과 효과 코딩을 통해 각 집단의 기울기와 절편에 대한 명확한 해석이 가능하다. 그러나 만약 연속형 변인의 평균효과(average effect)에 관심이 있다면 가중 효과 코딩(weighted effect coding)이라는 다른 코딩 체계를 사용해야 한다. 가중 효과 코딩은 비 가중 효과 코딩과 같은 논리를 따르지만 각 집단의 표본 크기를 고려한다. Darlington(1990)에서 가중 효과 코딩에 대한 논의를 찾을 수 있다. 각 집단의 표본 크기가 모두 동일한 경우에는 비 가중 효과 코딩과 가중 효과 코딩은 차이가 없다.

 유의한 상호작용에 대한 사후 규명

범주형 변인과 연속형 변인 간 상호작용에 대한 전체(결합) 테스트는 회귀선의 기울기가 전체적으로 차이가 있다는 것을 알려 줄 뿐이다. 상호작용의 해석을 돕기 위해 두 연속 변인 간 유의한 상호작용의 경우처럼 상호작용에 대한 추가 규명을 하려고 한다. 서로 다른 의문점에 대한 세 가지 세트의 테스트를 할 수 있다.

첫 번째로, 결과 변인(예를 들어, 초봉)에 대한 연속형 변인(예를 들어, GPA)의 단순 회귀를 테스트할 수 있다. 예측 변인 중 하나가 범주형이기 때문에 각 집단에 해당하는 더미(또는 효과) 변인의 값에서 단순 회귀를 계산하게 된다. 따라서 우리의 예에서 관심사는 LA, E, BUS 집단에 대한 단순 회귀가 0과 다른가이다.

두 번째로, 연속형 변인의 특정값에 대한 예측값의 집단 간 차이에 대해 테스트할 수 있다. 예를 들어, 장학금 기준인 3.5와 같은 특정값을 가진 학생들에 대해 E와 BUS 회귀선이 다른지 테스트하려 할 수 있다.

세 번째로, 두 회귀선이 유의하게 다른 연속형 변인의 영역에 관심을 가질 수 있다. 예를 들어, E와 BUS 학생들은 GPA의 어떤 영역에서 초봉이 달라지는가?

집단 내 단순 기울기 테스트

범주형 변인의 각 수준(집단) 안에서 단순 기울기의 유의도를 테스트하기 위해 제2장에서 설명한 일반적 절차를 따른다. 초봉의 예에서 b_3은 LA 집단의 단순 기울기고, (b_3+b_4)는 E 집단의 단순 기울기이며, (b_3+b_5)는 BUS 집단의 단순 기울기다. 각각에 해당하는 표준오차는 $(s_{33})^{1/2}$, $(s_{33}+s_{44}+2s_{34})^{1/2}$, $(s_{33}+s_{55}+2s_{35})^{1/2}$이다. 여기서 s_{33}, s_{44}, s_{55}, s_{34}, s_{35}는 예측 변인 계수의 공분산 행렬 S_b의 요소다.[5] 단순 기울기를 해당 표준오차로 나누면 t-테스트를 할 수 있다. t-테스트의 자유도는 $df=1, n-k-1$이며 k는 절편을 제외한 회귀방정식에 포함된 항의 수이다(여기서 $k=5$).

통계 패키지의 이용

통계 패키지를 이용하여 간단히 각 집단의 단순 기울기를 테스트할 수 있다. 우리의 예에서, 범주형 변인, 연속형 변인, 둘 간의 상호작용을 포함하는 전체 분석(〈표 7-3a〉(iii))에서 $D_1=0$, $D_2=0$일 때 b_3의 테스트는 비교 집단(LA)의 단순 기울기에 대한 적절한 테스트를 제공한다. 특정 코딩 체계에서 비교 집단(comparison group)의 기울기는 이러한 경우 언제나 적절히 테스트할 수 있다는 점에 주목하여 이를 이용할 수 있다. 우리의 예

---

5) 표준오차를 계산하기 위한 가중치 벡터(weight vector)는 $w'=[0\ 0\ 1\ D_1\ D_2]$이다. D_1과 D_2의 값은 LA에서 (0, 0), E 에서 (0, 1), BUS에서 (0, 1)이다. 표준오차의 일반적인 표현은 $w'S_bw$이다. S_b는 일반적인 통계 패키지 아웃풋에서 찾을 수 있는 b 계수의 5×5 분산-공분산 행렬이다.

에서, 〈표 7−1b〉의 더미 코딩 절차에 따라 집단을 다시 코딩하면 E 집단이 비교 집단이 된다. E 집단의 단순 기울기는 $b_3 = 122.9$이고 회귀분석에서 b_3에 대한 테스트($t = 0.65$)는 단순 기울기에 대한 적절한 테스트를 제공한다. 마찬가지로, 〈표 7−1〉의 절차로 집단에 대한 더미 코딩을 다시 한다면 $b_3 = 1{,}872.0$은 BUS 집단의 단순 기울기이고 이고 회귀분석에서 b_3에 대한 테스트($t = 11.29$, $p < .001$)는 단순 기울기에 대한 유의도 테스트가 된다. 따라서, 3개의 집단과 관련한 우리의 경우에, 각 집단을 비교 집단으로 설정하여 3개의 회귀분석을 진행함으로써 3개의 단순 기울기에 대한 적절한 테스트가 가능하다.

특정 지점에서 회귀선의 차이

유의한 상호작용을 규명하는 두 번째 방법은 집단 간 예측값이 연속형 변인의 특정값에서 다른지를 테스트하는 것이다. Johnson-Neyman 방법(Johnson & Fay, 1950; Johnson & Neyman, 1936; Rogosa, 1980, 1981; 기본적인 방법과 더욱 복잡한 문제에 대한 확장에 대한 좋은 논의는 Huitema, 1980 참고)은 오랫동안 이러한 질문에 대한 해결책을 제시해 왔다. 이 방법을 사용한 계산은 간단하지만 상당히 지루하다. 그리고 통계 패키지에 내장되어 있지는 않다. 여기서는 Johnson-Neyman 방법의 간단한 대안으로 단순 기울기를 테스트하기 위해 통계 패키지를 사용하는 방법에서 도출된 방법을 소개한다.

우리의 예에서 E와 BUS의 두 집단만 있는 것으로 단순화시켜 보자. GPA=3.5(장학생 기준)에서 두 회귀선의 차이가 있는지를 결정하는 것에 관심이 있다고 가정한다. BUS 집단을 임의의 비교 집단으로 설정하면 E에 대한 더미 변인 $D_1 = 1$, BUS에 대해서는 0이 된다. 아래의 식은 잠재적인 상호작용을 포함하여 이러한 두 집단의 경우를 설명한다.

$$\hat{Y} = b_1 D_1 + b_2 \text{GPA} + b_3 (D_1 \times \text{GPA}) + b_0$$

GPA에 대한 몇 가지 변환을 이용해 이 회귀방정식을 추정하면 b_3 계수는 고정되고 저차항에 대한 계수는 변화한다. 아래에 3가지 해를 제시한다. (a) 일반적인 0.0−4.0의 범위를 가지는 변환하지 않은 GPA, (b) 위에서 언급된 중심화된 분석과 최대한 비슷하게 만들기 위해 전체 50명의 학생의 평균(GPA=2.78)에 중심화한 GPA−C, (c) 장학금 기준인 3.5에서 0.0의 값을 가지도록 변환된 GPA−D=GPA−3.50. 3가지 회귀방정식의 결과는 다음과 같다.

$$\text{(a) GPA:}\quad \hat{Y} = 9,303.4(D_1) + 1,872.0(\text{GPA}) + (-1,749.1)(D_1 \times \text{GPA}) + 18,401.5$$

$$\text{(b) GPA−C:}\quad \hat{Y} = 4,461.1(D_1) + 1,872.0(\text{GPA}-\text{C}) + (-1,749.1)(D_1 \times \text{GPA}-\text{C}) + 23,600.1$$

$$\text{(c) GPA−D:}\quad \hat{Y} = 3,185.5(D_1) + 1,872.0(\text{GPA}-\text{D}) + (-1,749.1)(D_1 \times \text{GPA}-\text{C}) + 24,953.5$$

각 경우에 b_1 계수는 GPA 변인이 0.0일 때 E와 BUS 회귀선 간의 거리를 나타낸다는 점을 주목하자. (a)에서 이 거리는 원래 GPA 변인이 0.0일 때 구한 거리이며 유용하지 않을 가능성이 높다. (b)에서 이 거리는 원래 GPA 변인이 전체 학생 표본의 평균인 2.78일 때 구한 거리다. (c)에서 이 거리는 우리의 관심사인 장학금 기준점인 3.50에서 구해진 거리다. 따라서 GPA=3.5에서 E와 BUS의 예측 초봉의 차이는 $3,186임을 발견하였다. b_1에 대한 테스트 또한 일반적인 통계 패키지의 아웃풋에 포함되며 $t = 12.01$, $p < .001$이다. 이는 GPA가 3.5일 때 두 회귀선의 차이에 대한 Johnson-Neyman 유의도 테스트 결과와 일치한다. 이러한 방법은 연속형 변인들에 대한 특정값이 주어졌을 때 두 회귀 면이나 두 회귀 곡선 간 거리의 유의도 테스트와 같은 복잡한 문제로 확장될 수 있다.

통계 패키지를 이용하는 이러한 방법에 대해 언급할 것이 몇 가지 있다.

1. 각 집단의 회귀선의 차이를 비교하는 것이 주된 관심사이기 때문에 이러한 테스트는 더미 코딩을 사용해야 한다. 비 가중 효과 코딩은 각 집단의 회귀선을 비 가중 평균에 비교한다.
2. 집단의 수가 둘 이상일 때 각 더미 변인의 계수에 대한 테스트는 비교 집단과 더미 코딩에서 지정된 집단 간 회귀선의 차이에 대한 테스트다. 이러한 테스트는 대조에 사용된 두 집단이 아닌 모든 집단을 기반으로 한 전체 회귀분석에서 얻어진 잔차 제곱합(mean square residual: MSres)을 사용한다는 점에 주의하자.
3. 비교 집단이 아닌 다른 집단 간 비교는 앞서 단순 기울기에 대한 테스트에서 기술한 방식으로 더미 코딩을 다시 지정함으로써 가능하다.
4. 여러 쌍의 회귀선을 비교할 때 Bonferroni 절차를 사용하여 테스트의 결과를 테스트의 수에 따라 조정할 수 있다. 이러한 맥락에서 본페로니 절차의 사용에 대한 심도 있는 논의를 Huitema(1980)에서 찾을 수 있다.

유의 영역의 확인

Potthoff(1964)는 기본적인 Johnson-Neyman 절차를 두 회귀선이 모든 점에서 유의하게 다른 영역(regions)을 확인할 수 있도록 확장하였다. 이러한 테스트의 목적은 '이러한 영역의 계산을 반복할 때 그중 5% 이하가 두 집단의 결과 변인의 기댓값이 같은 지점을 포함하는' 영역을 확인하는 것이다(Pothoff, 1964, p. 244). 따라서 이러한 테스트는 표본에 따라서 두 회귀선의 기울기와 절편의 추정값에 변동성이 있음을 허용하여 두 회귀선이 달라지기 시작하는 지점 또한 변동성이 존재하게 된다. 전통적인 Johnson-Neyman 테스트는 특정 지점에서 두 회귀선의 차이에 대한 적절한 테스트를 제공한다. Pothoff 테스트에 대한 방정식은 F의 임계값을 $2F_{2,N-4}$에서 $2F_{1,N-4}$로 바꾼 것 외에는 Johnson-Neyman 테스트의 원래 방정식과 거의 동일하다. 두 절차에 대한 논의와 유도는 Pothoff(1964)와 Rogosa(1980,

1981)에서 찾을 수 있다. 아래에 E와 BUS 집단 간 비교를 통해 이 분석을 설명한다.

분석을 수행하기 위해 Pedhazur(1982)의 권장 사항에 따라 3개의 별개 절차를 수행한다. 첫 번째, 별개의 두 회귀분석을 수행한다. 두 번째, 회귀분석의 결과를 통해 3개의 중간 수치를 계산한다. 세 번째, 유의 영역에 대한 컷오프 값을 계산한다.

단계 1: 회귀분석

해석의 편이를 위해 연속형 변인의 원래 값(중심화되지 않은)을 사용하여 아래의 두 회귀분석을 실행한다.

1. 집단 1의 데이터만을 사용해 연속형 예측 변인으로 결과 변인에 대한 회귀분석:

   E에 대해서만: $\widehat{Y}_E = b_{1(E)}(\mathrm{GPA}) + b_{0(E)}$

2. 집단 2의 데이터만을 사용해 연속형 예측 변인으로 결과 변인에 대한 회귀분석:

   BUS에 대해서만: $\widehat{Y}_{\mathrm{BUS}} = b_{1(\mathrm{BUS})}(\mathrm{GPA}) + \mathrm{b}_{0(\mathrm{BUS})}$

단계 2: 중간 수치의 계산

다음 단계로 A, B, C라고 명명한 3가지의 중간 수치를 계산해야 한다. 공식과 관련된 변인들은 아래에서 설명한다.

$$A = -\frac{2F_{2,N-4}}{N-4}(SS_{res})\left[\frac{1}{SS_{X(1)}} + \frac{1}{SS_{X(2)}}\right] + \left[b_{1(1)} - b_{1(2)}\right]^2$$

$$B = -\frac{2F_{2,N-4}}{N-4}(SS_{res})\left[\frac{\overline{X}_1}{SS_{X(1)}} + \frac{\overline{X}_2}{SS_{X(2)}}\right] + \left[b_{0(1)} - b_{0(2)}\right]\left[b_{1(1)} - b_{1(2)}\right]$$

$$C = -\frac{2F_{2,N-4}}{N-4}(SS_{res})\left[\frac{N}{n_1 n_2} + \frac{\overline{X}_1^{\,2}}{SS_{X(1)}} + \frac{\overline{X}_2^{\,2}}{SS_{X(2)}}\right] + \left[b_{0(1)} - b_{0(2)}\right]^2$$

$F_{2,N-4}$는 자유도 2와 $N-4$를 가지는 F의 임계값이다.

N은 전체 표본의 크기다. n_1은 집단 1의 크기, n_2는 집단 2의 크기다. 따라서 $N=n_1+n_2$.

SS_{res}는 전체 잔차 제곱합이다. 이는 두 집단 내 회귀분석의 잔차 제곱의 합으로 계산한다(다시 말해, 회귀분석 1과 회귀분석 2).

$SS_{X(1)}$은 집단 1의 예측 변인과 관련한 제곱합이다(회귀분석 1). $SS_{X(2)}$는 집단 2의 예측 변인과 관련한 제곱합이다(회귀분석 2).

$\overline{X}_1$은 집단 1의 평균, $\overline{X}_2$는 집단 2의 평균이다.

$b_{1(1)}$은 집단 1의 기울기(분석 1), $b_{1(2)}$는 집단 2의 기울기다. $b_{0(1)}$은 집단 1의 절편(분석 1), $b_{0(2)}$는 집단 2의 절편이다.

단계 3: 영역 임계값의 계산

마지막 단계는 유의 영역의 임계값을 계산하는 것이다. 공식은 아래에.

$$X=\frac{-B+(B^2-AC)^{1/2}}{A}$$

$$X=\frac{-B-(B^2-AC)^{1/2}}{A}$$

이 공식이 항상 예측 변인의 유효한 영역 내에서 두 개의 해를 내 놓는 것은 아니다. 상호작용의 속성에 따라 예측 변인의 가능한 범위 안에서 두 회귀선이 달라지는 영역이 0 또는 1 또는 2개일 수 있다.

E와 BUS 집단의 데이터를 사용해 두 집단의 경우에 유의 영역을 계산하는 것을 설명하겠다(다시 말해, 전체 표본이 E와 BUS만으로 구성되었다고 가정한다.). 필수적인 데이터와 계산 방법은 아래에 설명하였다.

$n_1=10;\ n_2=15;\ N=n_1+n_2=25$ (〈표 7-2〉)

$F_{2,N-4}=F_{2,21}=3.47$, alpha= .05

E 집단에 대한 회귀분석 1에서 다음을 구할 수 있다.

$$\overline{\text{GPA}}_{(1)} = 2.40;\ b_{1(1)} = 122.9;\ b_{0(1)} = 27,705.0;$$

$$SS_{X(1)} = 21,768.4;\ SS_{res(1)} = 357,394.5$$

BUS 집단에 대한 회귀분석 2에서 다음을 구할 수 있다.

$$\overline{\text{GPA}}_{(2)} = 2.99;\ b_{1(2)} = 1,872.0;\ b_{0(2)} = 18,401.6;$$

$$SS_{X(2)} = 6,671.180.4;\ SS_{res(2)} = 613,528.5$$

회귀분석 1과 2를 조합하여 다음을 구한다.

$$SS_{res} = SS_{res(1)} + SS_{res(2)} = 970,923$$

위에 있는 공식에 이 값을 대입하고 2단계와 3단계를 거치면 5.19와 5.45를 구할 수 있다. 제7장(p. 173)에서 E와 BUS 집단에 대한 회귀선의 교차점은 5.31이었음을 생각해 보자. 따라서 GPA값이 5.19보다 작을 때 E 집단은 BUS 집단에 비해 예측된 초봉이 높고, GPA가 5.45보다 클 때는 BUS 집단이 E집단에 비해 예측된 초봉이 높다. GPA가 5.19와 5.45 사이일 때 두 집단의 초봉에 대한 예측값은 다르지 않다. GPA의 범위가 0.0에서 4.0이기 때문에 가능한 GPA의 범위 안에서는 E 집단의 예측 초봉이 BUS 집단에 비해 항상높다는 것을 의미한다.

유의 영역을 결정하기 위한 Potthoff 절차에 대한 몇 가지 최종적인 주의점을 알아보자.

1. 2단계와 3단계의 계산은 상당히 반복적이며 현재(이 책이 출판될 당시) 대부분의 통계 패키지에 내장되어 있지 않다. 이 책의 〈부록 C〉에 단순한 두 집단의 경우에 대해 Johnson-Neyman 절차에 대한 Potthoff의 확장의 간단한 SAS 프로그램을 수록하였다. Borich(1971; Borich & Wunderlich, 1973)에서 Johnson-Neyman 절차에 대한 더욱 복잡한 프로그램을 확인할 수 있다.

2. 구해진 유의 영역이 예측 변인의 가능한 영역 안에 있을 때에도 해석에 주의를 할 필요가 있다. 유의 영역에 데이터가 없거나 거의 없다면 가능한 데이터를 넘어서는 심각한 외삽(extrapolation)이 일어났음을 의미한다. 예를 들어, 유의 영역이 GPA가 1.0 이하라고 구해진다면 이러한 학점을 받는 학생은 거의 없기 때문에 실질적으로는 별 의미가 없다. 마지막으로, 테스트를 통해 예측 변인의 범위 안에서 유의 영역을 찾지 못한다면 이는 두 회귀선이 ① 예측 변인의 모든 값에 대해 다르거나, ② 예측 변인의 어떤 값에서도 다르지 않음을 의미한다. ①의 경우, 집단 효과에 대한 b_1 계수는 일반적으로 유의하지만, ②의 경우에는 그렇지 않다.
3. 몇 개의 회귀선의 쌍에 대한 영역을 계산할 때, 연구 내(studywise) 오차율을 설정한 유의수준(예를 들어, alpha=0.5)으로 조정하기 위해 더 보수적인 Bonferroni F 값을 사용할 수 있다.
4. Huitema(1980)에서 기본적인 Johnson-Neyman 절차를 더욱 복잡한 상황에 적용하기 위한 확장에 대해 심도 있는 논의를 찾을 수 있다. 그러나 이 테스트는 미리 선택한 예측 변인의 값이 있을 때 적절하다는 것을 주의할 필요가 있다. 다시 한번, Potthoff 확장은 F의 임계값으로 $F_{1,N-4}$ 대신 $2F_{2,N-4}$를 사용한다.
5. Cronbach와 Snow(1977)는 유의 영역의 해석은 참가자가 처치 집단에 무선할당 되었을 때 가장 명확하다는 중요한 방법론적 논점을 지적하였다. 이는 회귀방정식의 설정 오류가 결과를 편향시킬 가능성을 제거한다. Cronbach와 Snow에서 적성과 처치 간 상호작용에 대한 훌륭한 논의를 찾을 수 있다.

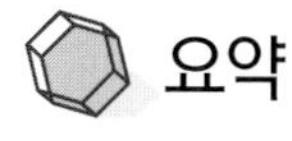

요약

이 장에서 범주형 변인과 연속형 변인 간 상호작용에 대해 논의하였다.

더미 코딩과 단순효과 코딩이라는 두 가지의 코딩 체계를 사용해 회귀방정식의 복잡함을 증가시키면서 그러한 회귀방정식의 계수에 대해 논의하였다. 또한 단순 기울기의 테스트, 집단 쌍에 대한 예측값의 차이, 유의영역의 결정과 같은 유의한 상호작용에 대한 사후 규명에 대해 논의하였다. 살펴본 바와 같이, 두 개나 그 이상의 연속형 변인들 간의 상호작용의 해석을 위해 지난 장에서 개발된 절차는 범주형 변인과 연속형 변인과 관련된 상호작용의 해석에 대해서도 잘 적용된다. 마지막으로, 이 장에서 논의하지는 않았지만 제6장에서 고차항이 존재할 때 모형과 효과에 대한 테스트는 범주형 예측 변인을 포함하는 회귀방정식에도 적용할 수 있다.

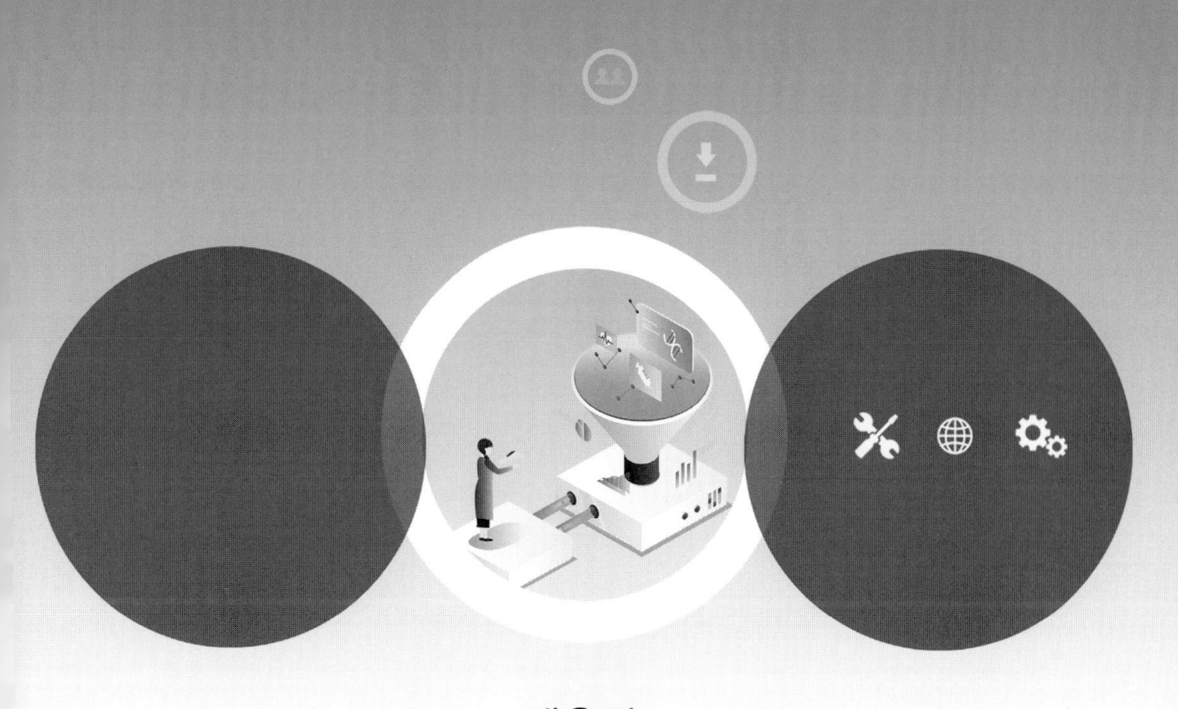

제8장

신뢰도와 통계적 검정력

- 신뢰도
- 통계적 검정력
- 전체적 조망
- 요약

이전 장에서 회귀 모형에서 예측 변인의 측정오차에 대해서는 언급하지 않았다. 지금까지는 예측 변인이 오차 없이 측정된 회귀 모형을 가정하였다. 고차항이 없는 단순 회귀분석에서 예측 변인의 측정오차는 추정된 회귀 계수에 편향을 일으킨다(다시 말해, 회귀 계수 추정치의 기댓값이 더 이상 모집단의 파라미터와 같지 않게 된다.). 더욱 복잡한 모형에서도 마찬가지다. 개별 예측 변인의 측정오차는 이러한 예측 변인으로 이루어진 고차항의 신뢰도의 급격한 저하를 일으키며, 고차항의 신뢰도의 저하는 고차항의 표준오차를 증가시키고 그 결과로 고차항의 통계적 테스트의 검정력 저하를 가져온다.

나아가, 측정오차가 없을 때조차도 고차항의 통계적 검정력이 높기를 기대하기는 힘들다. 이러한 우려는 최근에(이 책이 집필될 때 기준) 조정된 다중 회귀(moderated multiple regressin)에 대한 문헌에서 특별히 조명되었다(Chaplin, 1997). 조정된 다중 회귀의 검정력과 신뢰도 이슈에 대한 최근의 논의는 Arvey, Maxwell 그리고 Abraham(1985), Champoux와 Peters (1987), Cronbach(1987), Dunlap과 Kemery(1987, 1988), Evans(1985), Lubinski와 Humphreys(1990), Paunonen과 Jackson(1988)에서 찾을 수 있다. 이러한 문헌에서 나타난 검정력과 신뢰도에 대한 우려는 이 책에서 다루는 모든 방정식에서도 시사점을 가진다.

이 장에서는 먼저 신뢰도에 대한 고전적인 개념을 살펴보고 상호작용항의 신뢰도 분석에 대해 소개한다. 회귀분석에서 곱셈항의 신뢰도가 부족할 때 이를 수정하는 전략에 대해 다룬다. 또한 측정오차에 의해 허위 효과(spurious effect)가 발생하는 이슈에 대해 다룬다. 그다음 상호작용의 테스트에 대한 통계적 검정력의 평가를 다룬다. 첫 번째로 예측 변인의 측정오차가 전혀 없을 때 적절한 검정력을 위한 표본 크기에 대해 알아본다.

그다음 측정오차가 효과 크기, 통계적 검정력, 필요한 표본 크기에 미치는 영향에 대해 알아본다.

이 장의 첫 번째 섹션인 신뢰도는 측정 효과가 회귀 계수에 미치는 영향에 대한 이론적 배경을 살펴본다. 다시 말하지만 이 책의 이 부분은 다른 부분에 비해 느리게 진행된다. 두 번째 섹션인 통계적 검정력에서는 측정오차가 통계적 검정력과 상호작용의 테스트에 필요한 표본 크기에 미치는 실질적인 영향을 보여 준다. 이 섹션은 첫 번째 섹션에 대한 완전한 이해가 없어도 읽을 수 있다.

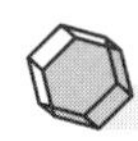

신뢰도

측정오차가 있을 때 회귀 계수의 편향

결과 변인의 측정오차는 비표준화 계수에 편향을 유발하지 않기 때문에(예를 들어, Duncan, 1975 참고), 측정오차에 대한 논의는 예측 변인의 측정오차에 대한 논의로 시작한다. 먼저 신뢰도의 정의에 대해 알아보고 단순한 단일 변인 회귀분석에서 예측 변인의 신뢰도의 부족이 가지는 효과에 대해 다룬다(Bohrnstedt, 1983; Duncan, 1975; Heise, 1975; Kenny, 1979 참고).

단일 예측 변인의 경우

고전적 측정 이론(Gulliksen, 1987)에서 관찰된 점수(X)는 변인의 진점수(true score, T_X)+무선오차(random error, ϵ_X)로 구성된다. 즉, $X = T_X + \epsilon_X$이다. 이러한 정의는 X와 T_X 간 선형 관계를 내포한다. 고전적 측정 이론은 다음을 가정한다.

1. 모집단의 무선오차의 기댓값 또는 평균은 0이다. 즉, $E(\epsilon_X) = 0$.
2. 오차는 정규 분포를 이룬다.

3. 무선오차와 진점수 간의 공분산은 0이다. 즉, $C(T_X, \epsilon_X) = 0$.

이러한 가정으로부터 관찰점수의 분산은 진점수의 분산과 오차의 분산이라는 두 부분으로 이루어짐을 알 수 있다.

$$\sigma_X^2 = \sigma_{T_X}^2 + \sigma_{\epsilon_X}^2 \tag{8.1}$$

다음으로 해당 변인의 신뢰도는 X의 전체 분산에서 진점수의 분산이 가지는 비율로 정의된다.

$$\rho_{XX} = \frac{\sigma_{T_X}^2}{\sigma_X^2} = \frac{\sigma_{T_X}^2}{\left[\sigma_{T_X}^2 + \sigma_{\epsilon_X}^2\right]} \tag{8.2}$$

신뢰도의 부족으로 인한 회귀 계수와 상관의 편향(Bias Due to Unreliability in the Regression Coefficient and Correlations). 예측 변인 X와 결과 변인 Y의 측정오차가 둘 간의 공분산에 어떻게 영향을 미치는가? $X = T_X + \epsilon_X$이고 $Y = T_Y + \epsilon_Y$라고 한다면 X와 Y의 공분산은 다음과 같다.

$$C(X, Y) = C(T_X, T_Y) + C(T_Y, \epsilon_X) + C(T_X, \epsilon_Y) + C(\epsilon_X, \epsilon_Y) \tag{8.3}$$

그러나 이 공식은 고전적 측정 이론의 두 가지 추가 가정을 통해 더욱 단순화시킬 수 있다. 예측 변인과 결과 변인의 무선오차는 진점수와 상관을 가지지 않기 때문에 $C(T_Y, \epsilon_X) = C(T_X, \epsilon_Y) = 0$이다. 그리고 모든 무선오차는 서로 상관을 가지지 않기 때문에 $E(\epsilon_X, \epsilon_Y) = 0$이다. 이러한 가정에서 관찰된 공분산은 진점수의 공분산과 같다.

$$C(X, Y) = C(T_X, T_Y) \tag{8.4}$$

고전적 측정 이론에서 공분산은 측정오차의 영향을 받지 않는다. X에 대한 Y의 회귀의 비표준화 계수는 다음과 같다.

$$b_{YX} = \frac{\mathrm{C}(X, Y)}{\sigma_X^2} = \frac{\mathrm{C}(T_X, T_Y)}{\left[\sigma_{T_X}^2 + \sigma_{\epsilon_X}^2\right]} \quad (8.5)$$

따라서 X에 측정오차가 존재한다면 b_{YX}는 편향된다. b_{YX}는 b_{YX}가 추정하는 모집단의 값보다 0에 더 가깝게 된다. b_{YX}의 분모인 예측 변인 X의 관찰된 분산이 측정오차에 의해 증가한 값이기 때문에 이러한 편향이 발생한다. 이어지는 논의에서 추정치가 추정치의 해당 모수치(parameter)보다 0에 가까울 때 이를 감쇄 편향(attenuation bias) 또는 간단히 감쇄(attenuation)라고 부르기로 한다. 상관계수의 분모가 변인의 관찰된 표준편차를 포함하기 때문에 측정오차는 또한 단순(영순위, zero order) 상관($\rho_{XY} = \mathrm{C}(X, Y)/\sigma_X\sigma_Y$)의 감쇄를 유발한다.

곱셈항이 없는 다중 회귀

고전적 측정 이론의 가정하에서, 측정오차에 의해 예측 변인들의 분산이 증가하지만 예측 변인들 간의 관찰된 공분산은 그렇지 않다. 그러나 이는 다수의 예측 변인이 존재하는 경우에 측정오차가 항상 감쇄를 유발하는 것을 의미하지는 않는다. 오류가 있는 몇 개의 예측 변인이 있을 때 각 회귀 계수의 편향의 정도(extent)와 방향(direction)은 측정된 변인에 내재하는 진점수(true score)들 간의 상관에 따라 달라진다(증명은 Bohrnstedt & Carter, 1971; Cohen & Cohen, 1983; Kenny, 1979).

Cohen과 Cohen(1983)은 이 점을 매우 명확하게 보여 주었다. 두 개의 예측 변인으로 Y를 예측하는 회귀에서 X에 대한 Y의 회귀의 표준화된 부분 회귀 계수(partial regression coefficient)는 다음과 같다.

$$b_{YX.Z} = \frac{r_{YX} - r_{YZ}r_{XZ}}{1 - r_{XZ}^2}$$

변인 Z의 신뢰도 ρ_{ZZ}가 1.0보다 작다면 $b_{YX.Z}$의 분자에 대한 측정오차의 교정을 가하면(corrected for measurement error) $r_{ZZ}r_{YX} - r_{YZ}r_{XZ}$가 된다.

r_{ZZ}는 ρ_{ZZ}에 대한 표본 추정값이다. 부분화된(partialled) 예측 변인 Z의 신뢰도 부족을 고려한 $b_{YX.Z}$의 분자의 관찰값은 실제값에서 광범위하게 변동한다. 모집단에 존재하는 X와 Y 간 실제 0이 아닌 관계가 표본에서는 관찰되지 않거나, X와 Y 간 실제 0이 아닌 관계가 0으로 나타나거나, 심지어는 X에 대한 Y의 관찰된 회귀의 부호가 특정 표본에서 실제값과 다르게 나타날 수 있다. 부분화(partialled)된 변인(여기서는 Z)의 신뢰도는 다른 변인들의 추정값에 심각한 영향을 미친다. 변인 세트 중 한 변인이 완벽한 신뢰도를 가지더라도 그 회귀 계수는 다른 예측 변인들에 의해 편향이 발생할 수 있다. 관찰된 예측 변인들에 내재하는 진점수들 간에 서로 상관이 없을 경우에만 단일 예측 변인 경우와 같은 각 계수에 측정오차에 의한 감쇄가 일어나는 것을 보장할 수 있다(Maddala, 1977).

곱셈항을 포함하는 회귀

회귀방정식에서 상호작용을 나타내는 곱셈항(예를 들어, XZ, X^2Z)의 측정오차는 특별히 고려할 필요가 있다. 특히, 곱셈항의 오차와 곱셈항을 구성하는 예측 변인들의 오차 간 공분산에 대해 특별히 주의할 필요가 있다.

곱셈항과 그 요소들의 오차 간 공분산(Covariance Between Error in Product Term and Components). 곱셈항을 포함하는 회귀 모형은 지금까지 논의한 신뢰도 부족에 관한 모든 문제를 가지고 있다. 그러나 곱셈항은 또한 또 다른 복잡성을 불러온다. 고전적 측정 이론하에서 조차 곱셈항과 그 구성 요소들 간의 공분산은 측정오차의 영향을 받는다(예를 들어, Marsden, 1981 참고).

아래의 Bohrnstedt와 Marwell(1978, p. 65)에서 가져온 두 변인 간 관찰된 교차곱의 식을 살펴보자.

$$XZ = (T_X + \epsilon_X)(T_Z + \epsilon_Z) = T_X T_Z + T_X \epsilon_Z + T_Z \epsilon_X + \epsilon_X \epsilon_Z \tag{8.6}$$

마지막 3개의 항($T_X \epsilon_Z + T_Z \epsilon_X + \epsilon_X \epsilon_Z$)은 관찰된 XZ 곱의 측정오차 요소(ϵ_{XZ})를 나타낸다. 이러한 항은 그 요소들과 0이 아닌 공분산을 가진다. 예

를 들어,

$$C(\epsilon_X, \epsilon_{XZ}) = C[\epsilon_X, (T_X\epsilon_Z + T_Z\epsilon_X + \epsilon_X\epsilon_Z)]$$
$$= T_X C(\epsilon_{X,} \epsilon_Z) + T_Z\sigma^2_{\epsilon X} + C(\epsilon^2_X, \epsilon_Z) \quad (8.7)$$

2변량 정규 분포와 오차 간 상관이 존재하지 않는다는 가정하에 이 식은 다음과 같이 단순화된다.

$$C(\epsilon_X, \epsilon_{XZ}) = T_Z\sigma^2_{\epsilon X} \quad (8.8)$$

따라서 교차곱항과 그 요소들 간의 관찰된 공분산은 다음과 같다.

$$C(XZ, X) = C(T_X T_Z, T_X) + T_Z\sigma^2_{\epsilon X} \quad (8.9)$$

XZ의 오차와 Z의 오차 간 공분산은 교차곱항과 그 요소들의 회귀 계수에도 편향을 유발한다. 측정오차를 포함하는 $C(XZ, X)$와 $C(XZ, Z)$가 이러한 계수에 존재하는 항이기 때문에 회귀 계수에 편향이 발생한다.

곱셈항에 대한 회귀 계수의 편향(Bias in the Regression Coefficients for the Product Term). 다시 말해, 고차항이 없는 다중 회귀에서의 변화와 같이 편향의 방향은 예측 변인의 진점수에 따라 달라진다. 2변량 정규 분포 가정에서 아래의 Bohrnstedt와 Marwell(1978)의 식을 통해 XZ와 X의 진점수 간 상관을 계산할 수 있다.

$$\rho_{T_X T_{Z,} T_X} = \frac{\mu_X C(X, Z) + \mu_Z \sigma^2_X \rho_{XX}}{\dfrac{(\sigma^2_{XZ}\sigma^2_Z)^{\frac{1}{2}}}{\rho_{XZ,\ XZ}\rho_{XX}}} \quad (8.10)$$

$T_X T_Z$와 T_X는 관찰된 변인 XZ와 X의 진점수다. σ^2_{XZ}와 σ^2_Z는 XZ와 X의 분산이다. μ_X와 μ_Z는 X와 Z의 모집단 평균이다. 식 8.10의 분모를 살펴보면 X와 Z가 2변량 정규 분포고 모집단에서 중심화되었을 때, 즉

$\mu_X = \mu_Z = 0$일 때 상관이 0이 됨을 알 수 있다. 모집단에서 중심화된 경우에 교차곱항의 신뢰도가 완벽하지 않을 때, 단일 예측 변인의 경우와 마찬가지로 교차곱항의 회귀 계수는 감쇄(attenuated)된다. 2변량 정규 분포인 X와 Z가 모집단에서 중심화되었을 때만 편향의 방향의 불확실성이 제거된다. 이 경우에 상호작용의 진점수가 그 요소들의 진점수와 상관을 가지지 않기 때문에, 즉 $\mathrm{C}(T_X, T_XT_Z) = \mathrm{C}(T_Z, T_XT_Z) = 0$이기 때문에 단일 예측 변인의 경우와 마찬가지로 상호작용이 독립이다.

교차곱항의 신뢰도(Reliability of the Crossproduct Term). Bohrnstedt와 Marwell(1978)은 고전적 측정 이론의 가정에 더해 2변량 정규 분포의 가정에서 X와 Z의 신뢰도에 대한 식을 유도했다.

$$\rho_{XZ,XZ} = \frac{\theta_X^2\rho_{ZZ} + \theta_Z^2\rho_{XX} + 2\theta_X\theta_Z\rho_{XZ} + \rho_{XZ}^2 + \rho_{XX}\rho_{ZZ}}{\theta_X^2 + \theta_Z^2 + 2\theta_X\theta_Z\rho_{XZ} + \rho_{XZ}^2 + 1} \tag{8.11}$$

여기서 $\rho_{XZ,XZ}$는 교차곱항의 신뢰도다. $\theta_X = \mu_X/\sigma_X$는 X의 평균과 표준편차의 비율이고, $\theta_Z = \mu_Z/\sigma_2$는 Z의 평균과 표준편차의 비율이다. ρ_{XX}와 ρ_{ZZ}는 X와 Z의 신뢰도이고 ρ_{XZ}는 X와 Z의 상관이다.

X와 Z가 모집단에서 중심화되었을 때 $\mu_X = \mu_Z = 0$이고 식 8.11은 Busemeyer와 Jones(1983)가 정리한 것과 같이 단순화된다.

$$\rho_{XZ,XZ} = \frac{\rho_{XZ}^2 + \rho_{XX}\rho_{ZZ}}{\rho_{XZ}^2 + 1} \tag{8.12}$$

만약 X와 Z 간 상관이 없다면 곱셈항의 신뢰도는 그 요소의 신뢰도의 단순한 곱이다. Bohrnstedt와 Marwell(1978)은 $\rho_{XZ,XZ}$은 변인의 스케일에 따라 달라진다는 불편한 사실에 대해 논의하였다. 그럼에도 불구하고, 식 8.12는 학습적인 측면에서 유용한데 그 이유는 식 8.12를 통해 예측 변인이 모집단에서 중심화되었을 때 교차곱 XZ의 신뢰도를 그 요소인 X와

Z의 신뢰도를 통해 확인할 수 있기 때문이다. 〈표 8-1〉은 X와 Z 간 상관이 변할 때, X와 Z의 신뢰도가 교차곱항에 대해 설정한 신뢰도를 만들 수 있는 X와 Z의 신뢰도를 보여 준다. X와 Z 간 상관이 존재하지 않을 때, 각 항의 신뢰도가 .89라면 교차곱항의 신뢰도가 .8이 된다. 각 예측 변인이 좋은 신뢰도(.84)를 가질 때, 교차곱 XZ의 신뢰도는 .70에 불과하다. 예측 변인 간 상관이 증가할수록 교차곱항의 신뢰도는 약간씩 증가하는 것을 주목할 필요가 있다. 이는 다르게 말하면 같은 수준으로 설정된 교차곱 신뢰도를 만들기 위해 필요한 X와 Z의 신뢰도가 약간 낮다는 뜻이기도 하다. 〈표 8-1〉에서 명백한 것은, 최소수준의 적절한 교차곱항의 신뢰도를 만들기 위해서 교차곱항에 포함되는 개별 변인의 신뢰도는 높아야 한다는 것이다.

고차항을 포함하는 회귀방정식에서 회귀 계수의 교정된 추정값

회귀분석에서 측정오차의 문제에 대한 연구자들이 취한 한 가지 접근은 측정오차에 대해 회귀 계수를 교정하는 것이다. 일반적인 전략은 예측 변인의 공분산 또는 상관 행렬을 오차에 대해 교정하여 감쇄에 대해 교정된(corrected for attenuation; Fuller & Hidiroglou, 1978) 행렬을 만드는 것이다.

이러한 행렬은 교정된 회귀 계수를 생성하는 데 사용된다. 지금까지 이러한 접근이 가장 흔하게 사용되는 되는 경우는 경로 분석(path analysis; Kenny, 1979)에서 구조 또는 경로 계수를 교정할 때다.[1] 이러한 계수의 크기는 변인이 가지는 인과적 효과의 정도(magnitude)를 추론하기 때문에 이론의 테스트에 필수적이다. 이러한 접근에 있어 측정 이론과 테스트 구성(test construction)(Gulliksen, 1987; Lord & Novick, 1968; Nunnally, 1978)이 요

---

1) 경로 분석에 익숙하지 않다면 이러한 분석은 일반적으로 친숙한 일반최소제곱(ordinary least square) 회귀에 기반한다는 것을 알 필요가 있다. 경로 계수(path coefficient)와 구조 계수(structural coefficient)라는 용어는 각각 표준화 회귀 계수, 비표준화 회귀 계수를 지칭한다(Duncan, 1975).

구하는 1차 예측 변인의 신뢰도의 추정값이 필요하다.[2] 그다음 교차곱항의 구성 요소의 신뢰도를 토대로 교차곱항의 신뢰도에 대한 식을 작성할 수 있다.

〈표 8-1〉 예측 변인 간 상관의 함수로서 계산한 교차곱의 신뢰도에 필요한 개별 변인의 신뢰도

필요한 교차곱 신뢰도	예측 변인 간 상관 ρ_{XZ}			
	0	.10	.30	.50
.90	.95	.95	.94	.94
.80	.89	.89	.88	.87
.70	.84	.83	.82	.79
.60	.77	.77	.75	.71
.50	.71	.70	.67	.61
.40	.63	.63	.59	.50

주: 각 셀의 숫자는 교차곱의 특정 신뢰도($\rho_{XZ,XZ}$)를 얻기 위해 필요한 X와 Z의 신뢰도(ρ_{XX}, ρ_{ZZ})다. 이 값은 X와 Z의 상관에 따라 달라진다. 예를 들어, $\rho_{XZ} = .30$일 때 교차곱 신뢰도 .70을 위해서는 각 변인이 .82의 신뢰도를 가져야 한다(또는 신뢰도의 곱 $\rho_{XX}\rho_{ZZ}$이 $.82^2$가 되어야 한다).

회귀 계수의 교정된 추정치를 계산하는 두 번째 접근은 잠재 변인 구조 방정식 모형을 통한 것이다(Kenny & Judd, 1984). 이러한 접근에서는 이론적으로는 오차를 가지지 않는 잠재 변인을 추정하고 이러한 변인을 회귀 계수를 계산하는 데 사용한다.

---

2) 신뢰도를 측정하는 일반적인 방법들은 측정의 본질에 대해 서로 다른 가정을 가진다(예를 들어, 검사-재검사 상관은 형식의 동등함을 필요로 한다. Cronbach's alpha는 동일 형식 또는 타우 동등성을 필요로 한다.). Alwin과 Jackson(1980)과 Kenny(1979)는 측정의 신뢰가 다양한 특성을 가진다는 것에 대해 논의하였다.

공분산 행렬의 교정: 고전적 측정 이론에 의한 추정

이러한 접근은 예측 변인의 공분산 행렬을 역감쇄(disattenuate)시키기 위해 (다시 말해, 관찰된 분산과 공분산에서 오차를 제거하기 위해) 고전적 측정 이론을 사용한다. 그 결과로 교정된 공분산 행렬을 회귀분석에서 사용한다(Busemeyer & Jones, 1983).

1차항의 분산(Variances of First Order Terms). 1차항의 분산은 식 8.1을 사용하여 교정한다.

$$\sigma^2_{T_X} = \sigma^2_X - \sigma^2_{\epsilon X} \tag{8.13}$$

이는 추정된 오차 분산을 각 예측 변인의 관찰된 분산에서 빼는 것이다. 신뢰도 ρ_{XX}를 안다고 가정하면 오차 분산은 $\sigma^2_{\epsilon X} = \sigma^2_X(1-\rho_{XX})$가 된다.

1차 예측 변인들 간 공분산과 1차 예측 변인과 결과 변인 간 공분산(Covariances Between First Order Predictors and of First Order Predictors with the Criterion). 고전적 측정 이론의 가정하에서 1차 예측 변인 쌍과 1차 예측 변인과 결과 변인 간 공분산은 측정오차의 영향을 받지 않는다(식 8.4 참고). 따라서 1차항들 간 또는 1차항과 결과 변인 간 공분산에 대한 교정은 필요하지 않다.

곱셈항의 분산(Variances of the Product Term). 곱셈항의 분산 σ^2_{XZ}는 그 요소의 평균과 분산, 요소들 간의 공분산으로 이루어진 복잡한 함수다(아래 공식의 유도는 〈부록 A〉 참고).

$$\sigma^2_{XZ} = T^2_X\sigma^2_Z + T^2_Z\sigma^2_X + 2C(X,Z)\,T_X T_Z + \sigma^2_X\sigma^2_Z + \mathrm{C}^2(X,Z) \tag{8.14}$$

교차곱항의 관찰된 분산 중 일부는 오차에 의한 것이다. 오차 또한 각 1차 요소의 평균과 분산뿐만 아니라 요소들의 신뢰도의 복잡한 함수다. Bohrnstedt와 Marwell(1978)은 1차항 모수를 통해 교차곱항의 분산에 대한 공식을 만들었다.

$$\sigma^2_{\epsilon X z} = T^2_Z\sigma^2_{\epsilon X} + T^2_X\sigma^2_{\epsilon Z} + \sigma^2_{\epsilon X}\sigma^2_Z\rho_{ZZ} + \sigma^2_{\epsilon Z}\sigma^2_X\rho_{XX} + \sigma^2_{\epsilon X}\sigma^2_{\epsilon Z} \tag{8.15}$$

오차에 대해 교차곱항의 분산을 교정하기 위해 식 8.15에 관찰값을 대입하여 관찰된 분산에 포함된 오차 분산의 추정값을 구한다. 그다음 추정된 오차 분산을 교차곱항의 관찰된 분산에서 빼서 교차곱항의 분산을 감소시킨다.

곱셈항과 그 요소 간 공분산(Covariances of Product Terms with Components). 이미 살펴보았듯이(식 8.9) 교차곱항과 그 요소들 간의 관찰된 공분산이 측정오차를 포함하기 때문에 교차곱항과 그 요소들 간 공분산에 대한 교정 또한 필요하다. 식 8.8은 교차곱과 그 요소들 간의 공분산에 포함된 오차 분산에 대한 식을 제공한다. 이러한 오차 분산의 추정값 역시 관찰된 값을 파라미터에 대입하여 얻을 수 있다. 그다음 오차 분산의 추정치를 교차곱과 그 요소들 간 관찰된 공분산에서 뺀다. C(XZ, X)와 C(XZ, Z)을 교정하기 위해 별개의 추정치가 존재한다는 것에 주의하자.

곱셈항과 다른 변인들 간 공분산(Covariance of Product Terms with Other Variables). 만약 XZ 교차곱항의 요소인 X와 Z가 다른 예측 변인 W가 다변량 정규 분포라면 곱셈항과 다른 예측 변인 W의 공분산에 대한 교정은 필요하지 않다. 이는 다변량 정규 분포의 세 번째 모멘트(moment)는 없어지기 때문이다(〈부록 A〉, 식 A.1 참고).

주의할 점. 위에서 설명한 대로 교정한 공분산 행렬에서 유도한 회귀 추정값에 대해 상당한 주의가 필요한 부분이 있다.

1. 오차 간 상관이 없다는 강한 가정이 들어가지만 실제 사회과학에서 측정값이 같은 방법으로 수집되었을 때 측정값의 오차 간 상관이 존재한다는 상당한 증거가 존재한다(예를 들어, Campbell & Fiske, 1959; West & Finch, 1997).
2. 교정이 완전하지 않을 때, 즉 측정오차가 있는 변인 중 교정되지 않

은 변인이 있는 경우에 부분적 교정은 계수 추정값의 편향을 없애기 보다는 증가시킨다(Won, 1982).

3. 교정된 공분산 행렬은 양의 정치(positive definite) 행렬이 아닐 수도 있으며 따라서 회귀 계수의 해가 존재하지 않을 수도 있다.
4. 역감쇄(disattenuated, 오차 제거)된 공분산 행렬에서 유도한 회귀 계수는 일반적으로 과교정(overcorrected)되는 경향이 있다(Cohen & Cohen, 1983).
5. 역감쇄된 공분산 행렬에서 유도한 회귀 계수에 대한 유의도 테스트를 할 수 없으며 이는 각 변인에 대한 모집단 신뢰도를 사용해도 마찬가지다. 다행히도 곱셈 항이 존재하는 회귀를 측정오차에 대해 교정하는 향상된 방법들이 최근에 개발되었다(Feucht, 1989; Fuller, 1987; Heise, 1986).

공분산 행렬의 교정: 오차 간 상관을 가정할 때

Heise(1986)은 곱셈항을 포함하는 회귀 계수의 추정을 향상시키기 위해 측정오차를 교정하는 것을 제안하였으나 이는 추정값의 분산이 증가하는 문제를 발생시킨다. Heise는 고전적 측정 이론의 다른 모든 가정에 더불어 오차가 서로 간에 독립적이지 않다고, 즉 $E(\epsilon_X \epsilon_Z) \neq 0$임을 가정했다. 측정오차 간 상관을 허용함으로써 고전적 측정 이론에서 벗어나는 결과가 발생한다. 1차항의 쌍의 공분산이 오차의 영향을 받게 된다. Heise는 최대 6개의 변인 간 곱셈항의 오차 구조에 대한 공식을 관찰된 점수의 교차곱의 제곱합(sums of squares)과 오차 분산, 공분산으로 나타냈다. 이러한 작업은 Bohrnstedt와 Marwell(1978)이 두 변인에 대해 개발한 대수적 방법의 확장이다. 모든 공식은 관찰된 점수의 교차곱의 제곱합과 오차항 분산, 공분산으로 이루어진다. 오차 간 상관을 허용하는 가정의 효과를 보여 주기 위해 두 개의 공식(식 8.16, 식 8.17)을 제시하였다(Heise의 용어를 우리의 이전 용례와 일치하도록 수정하였다.).

예를 들어, 두 1차항 X와 Z 간 공분산은 다음과 같다.

$$C(X,Z) = C(T_X, T_Z) + C(\epsilon_X, \epsilon_Z) \tag{8.16}$$

여기서 $C(\epsilon_X, \epsilon_Z)$는 X와 Z의 측정오차 간 공분산이다. 고전적 측정 이론에서 1차항 간 공분산은 측정오차의 영향을 받지 않는다는 점을 주의하자.

교차곱항과 그 요소 간 공분산은 다음과 같다.

$$C(XZ,X) = C(T_X T_Z, T_X) + T_Z \sigma^2_{\epsilon Z} + 2T_X C(\epsilon_X, \epsilon_Z) \tag{8.17}$$

식 8.17의 두 번째 세 번째 항은 관찰된 교차곱항과 그 요소 간 공분산의 오차 부분을 나타낸다. 식 8.17과 식 8.9 간의 비교를 통해 오차 간 상관을 허용했을 때 오차 공분산을 나타내는 항, 즉 $2T_X C(\epsilon_X, \epsilon_Z)$가 추가됨을 알 수 있다.

예측 변인 공분산 행렬을 오차에 대해 교정하기 위해 Heise는 표본 평균을 진점수에 대입하였다. Heise는 각 예측 변인의 각 값에 대한 다중 측정으로부터 오차 분산과 공분산을 추정하였다. 그러한 지점에 대한 평균 관찰값이 진점수를 나타내는 것으로 간주하였다. 단일 예측 변인 값의 관찰값의 분산은 오차 분산을 제공한다. 단일 사례에 대한 두 예측 변인의 반복 관찰값 간의 공분산은 오차 간 공분산을 추정한다. 모든 관찰값으로부터 얻은 이러한 추정값을 통합하여 이를 예측 변인의 공분산 행렬을 교정하는 데 사용한다. 2차(XZ)와 3차(XZW) 교차곱과 교차곱들 간 공분산은 Heise가 유도한 공식을 따른다. 9개의 개별 척도의 신뢰도는 모두 .90 이상이다(한 평정자 하위 집단에 대한 한 척도 제외). 이 경우 교정된 회귀 추정값은 교정되지 않은 추정값에서 크게 달라지지 않는다.

이어지는 시뮬레이션 연구에서 Heise는 표본 크기(n=200, 350, 500)와 1차 항 예측 변인의 신뢰도(.70, .90)를 변화시켰다. 제안된 방법을 통해 가장 작은 표본 크기에서도 편향은 평균적으로 항상 감소하였다. 그러나 교정된 추정값은 반복 간에 상당한 폭으로 변동하였다. 특히, .70의 신뢰도와 표본 크기가 큰 경우에도 낮은 신뢰도를 보정하지 못하였다.

신뢰도가 .70일 때 불안정한 해가 나왔다는 사실이 놀랍지는 않다. 예측 변인들 간 상관이 없다면 오차 간 상관이 없을 때 가정하에 2차 교차곱항(XZ)의 신뢰도는 $.70^2 = .49$이고 3차 교차곱항(XZW)의 신뢰도는 $.70^3 = .34$이다. 상관 방법으로는 이 정도로 오차가 많은 변인을 분석할 수가 없다. 그러나 1차 예측 변인이 .70의 신뢰도를 가진다고 해도 고차항의 측정오차는 이 정도로 늘어나게 된다. 마지막으로, Heise의 교정은 정치 행렬이 아닌 공분산 행렬을 만들 수도 있다. 이 경우에는 교정된 회귀 계수의 적절한 해가 존재하지 않는다.[3)]

공분산 행렬의 교정: 적절한 해를 위한 제약

Fuller(1980, 1987; Fuller & Hidiroglou, 1978)의 논문은 Heise의 접근을 더욱 향상시켰다. 공분산 행렬에 적용된 교정은 교정된 공분산 행렬이 정치

---

3) 공분산 행렬의 구조에 대한 제약은 $C(X, Z) \le s_X s_Z$이다. 모든 비대각 요소들이 이러한 조건을 만족시킨다면 공분산 행렬은 양의 정치(positive definite) 또는 양의 준정치(positive semidefinite) 행렬이다. 양의 정치(PD) 행렬은 전체 계수(full rank)다. 다시 말해 PD 행렬은 모두 0이 아닌 고윳값(characteristic root)*, 양의 행렬식(determinant)을 가지며 역행렬을 만들 수 있기 때문에 일반적인 OLS 해를 구할 수 있다. $b = S_{XX}^{-1} s_{XY}$, S_{XX}^{-1}는 예측 변인의 공분산 행렬의 역행렬. 양의 준정치(PSD) 행렬은 전체 계수가 아니다. 공분산 행렬이 기반하는 예측 변인 간 선형 종속이 존재한다(예를 들어, 합이 10점이 되어야 하는 예측 변인 중 3개를 투입). PSD 행렬은 최소한 하나의 0이 아닌 고윳값과 0인 행렬식을 가지며 역행렬을 만들 수 없다. 따라서 회귀 계수의 해가 존재하지 않는다.

공분산 행렬이 오차에 대해 조정되면 행렬의 비정치성(indefiniteness)이라는 세 번째 조건이 발생한다(Feucht, 1989). 조건 $C(X, Z) \le s_X s_Z$를 만족시키지 못한다. 최소한 하나의 음수 고윳값과 0이 아니지만 음수인 행렬식을 가진다. 이러한 행렬은 역행렬이 존재한다. 따라서 "이러한 모멘트 행렬이 일반 선형 모형의 구조와 가정을 위반하고 회귀분석에서 허용되지 않음"(Feucht, 1989, p. 80)에도 불구하고 파생된 '교정된' 회귀 계수에 대한 해가 된다. 항상은 아니지만 때때로 예측 변인의 비정치 공분산 행렬이 음수의 표준오차를 생성하기도 한다. 교정된 공분산 행렬이 사용될 때는 분석을 시작하기 전 항상 행렬식을 확인하여야 한다.

---

* 역자 주: 또는 eigenvalue.

행렬이 되도록 제약을 주었다. 다시 말해, 교정된 회귀 계수에 대한 적절한 해를 내 놓을 수 있는 모멘트(공분산, 상관) 행렬의 통계적 구조를 가지고 있다. Fuller의 절차는 또한 신뢰도 계수의 모집단 값을 알지 못할 때 신뢰도 추정의 오차를 고려하였다. Fuller의 절차를 통해 회귀 계수의 효율적인(efficient) 추정값과 회귀 계수의 교정된 공분산의 일관적인(consistent) 추정값을 얻을 수 있다.

Feucht(1989)는 작은 표본(n=60, 90)과 예측 변인의 신뢰도를 변화시키면서(전체 .90 또는 전체 .60 또는 .90과 .60 혼합) Heise의 교정된 추정법(corrected estimator) 접근과 Fuller의 교정/제약 추정법(corrected/constrained estimator), 표준적인 일반최소제곱(ordinary least squares: OLS) 회귀 접근(교정이 없는)을 비교하는 몬테카를로 시뮬레이션 연구를 진행하였다. 회귀방정식은 3개의 1차 항과 하나의 2원 상호작용을 포함하는 식을 사용하였다.

교정된 추정법 절차에서는 예측 변인의 공분산 행렬의 비정치성(indefiniteness, 각주 3 참고)로 알려진 문제가 발생하였다. 이러한 문제의 발생은 표본 크기와 신뢰도가 감소할 때 더 자주 발생하였다. 작은 표본 크기(n=60)와 가장 낮은 신뢰도(첫 세 개의 1차항 예측 변인의 신뢰도가 .60)의 조건에서 모든 표본의 54%에서 이러한 문제가 발생하였다. 행렬의 비정치성의 결과로 부적절한 회귀 추정값이 발생한다. 추정값의 편향에 대해서는 교정/제약 접근(corrected/constrained approach)이 추정값의 편향을 가장 적게 발생시켰으며 교정 접근(corrected approach)은 특히 교차곱항에 대해 OLS에 비해 더 많은 편향을 발생시켰다.

다른 방법들이 과도한 조정을 가하는 것에 비해 교정/제약(corrected/constrained) 추정은 상관이 보수적으로 추정되는 약간의 감쇄 편향(attenuation bias)을 발생시켰다. 추정의 효율성에 있어서 OLS가 가장 효율적인(표본의 추정치 간 분산이 가장 작은) 추정법이었고 교정/제약 접근(corrected/constrained approach)이 가장 낮은 효율을 보였다. 대조적으로 Heise의 교정 접근(corrected approach)은 Heise(1986)의 시뮬레이션 연구에서 발견한 바와 같이 매우 큰 분산을 발생시켰다. 일반적으로 모든 추정법의 편향과 효율의 측면에서 성능은 신뢰도의 감소와 함께 극적으로 나빠졌다. 흥미로운 것은 몇 가지 조건에서 예측 변인의 신뢰도가 혼합된 경우는 고르게 낮은 신뢰도 조건에서보다 낮은 성능을 나타냈다. 표본 크기의 중요성을 상기해 보자면 $n = 60$에서 $n = 90$으로 증가는 모든 추정법의 편향과 효율을 향상시켰다. 교정/제약 추정은 표본 크기가 작고 신뢰도가 낮을 때 세 가지 다른 접근 중 가장 우수한 성능을 보였다.

측정오차가 존재할 때 회귀 계수의 추정을 위한 잠재 변인 접근

측정오차에 대한 추정의 교정을 위한 중요한 대안적 접근은 잠재 변인을 사용한 구조방정식 모형에서 찾을 수 있다. 구조방정식 모형에 초점을 맞춘 수많은 문헌들이 존재하며(예를 들어, 소개는 Long, 1983a, 1983b; 심층 논의는 Bollen, 1989; Hayduk, 1987; Jöreskog & Sörbom, 1979 참고) 구조방정식의 파라미터를 추정하고 표준오차를 계산하기 위해서는 특별한 통계 소프트웨어가 필요하다. 여기서는 곡선형 효과 또는 상호작용을 포함하는 방정식에 대한 접근의 기본적인 절차와 가정을 개괄한다.

구조방정식 모형 접근은 개념적으로 다음 2개 세트의 방정식을 구성한다. ① 각각의 측정된 변인과 내재하는 잠재 변인 간 관계를 기술하는 측정 방정식, ② 각 잠재 예측 변인과 결과 변인 간 관계를 기술하는 구조방정식. ②에서 얻어진 구조 계수는 측정오차에 대해 교정된 회귀 계수에 해당된다.

구조방정식 모형의 측정 부분을 이해하기 위해 어떤 연구자가 사회경제적 지위(SES)를 측정하려고 하는 경우를 생각해 보자. SES는 직접 측정할 수 없는 잠재 변인이다. 따라서 일반적으로 잠재 변인에 대해 수입(income, I), 직업(occupation, O), 교육(education, E)의 3개의 지표 변인(indicator)이 측정된다. 이러한 각각의 지표 변인은 SES에 대한 불완전한 측정값, 즉 측정오차를 포함하는 측정값이다. 그러나 3개의 지표 변인이 공유하는 공통 분산은 SES 잠재 변인을 훌륭하게 나타낼 수 있다. SES를 나타내기 위한 측정 모형을 구성할 수 있다. 측정 방정식의 세트는 다음과 같다.

$$I = \lambda_1 (SES) + \epsilon_1$$
$$O = \lambda_2 (SES) + \epsilon_2$$
$$E = \lambda_3 (SES) + \epsilon_3$$

이러한 방정식에서 λ는 요인 부하량(factor loadings), 즉 측정된 변인과 잠재 변인 간 상관을 나타내고 ϵ는 측정오차를 나타낸다. 요인 부하량과 오차는 LISREL 7(Jöreskog & Sörbom, 1989) 또는 EQS(Bentler, 1989)*와 같은 특화된 소프트웨어로 추정한다. 내재된 잠재 요인에 대한 4개 이상의 지표 변인이 있을 때 하나의 요인이 데이터를 설명하기에 충분한지에 대한 테스트를 시행할 수 있다. 이러한 접근을 통해 생성된 요인은 측정오차에 대해 교정된 것이다.

이러한 요인들을 모형의 구조 부분에서 사용할 수 있다. 예측 변인과 결과 변인이 이론적으로 오차가 없는 구조(회귀) 계수에 대한 추정값을 제공하기 때문에 개념적으로는 요인 점수(factor score)를 이용한 회귀분석이라고 할 수 있다. 실제로는 모형의 측정과 구조 부분을 동시에 추정한다. 추정을 위해서 다변량 정규성, 잠재 변인과 오차 간 상관이 없음, 일반적으로 측정의 오차들끼리는 상관이 없음을 가정한다. 마지막 가정은 어떤 모형에서는 오차 간 상관의 정확한 패턴을 지정함으로써 완화될 수 있다.

구조방정식의 분야에서 모형의 구조 부분에 존재하는 상호작용과 곡선형 효과를 언급한 연구들이 존재한다. Alwin과 Jackson(1981), Byrne, Shavelson 그리고 Muthén(1989), Jöreskog(1971)는 모형의 집단 간 비교에 대해 논의하였는데 이는 제7장에서 기술한 범주형(집단) 변인과 연속형(요인) 변인 간 상호작용에 해당한다. 구조방정식 접근은 두 모형을 비교한다. 모형 1에서는 비표준화 구조 계수(회귀 계수)가 각 집단에 같도록(상호작용이 없도록) 설정한다. 모형 2에서는 각 집단별 구조 계수를 추정한다. 이러한 두

* 역자 주: 현재 연구자들에게 구조방정식 분석 패키지는 Mplus와 AMOS가 더 익숙할 것이다.

모형의 적합도(goodness of fit)를 비교함으로써 상호작용을 테스트할 수 있다. 이러한 접근은 또한 모형의 측정 부분의 집단 간 동질성을 테스트할 수 있다. 이러한 접근은 쉽게 구현할 수 있으며 문헌에서 다양한 예시를 찾을 수 있다(실증적 예시는 예를 들어 West, Sandler, Pillow, Baca, & Gersten, 1991).

Kenny와 Judd(1984)는 연속형 잠재 변인의 상호작용과 곡선형 효과를 테스트하는 방법을 개발하였다. Kenny와 Judd(1984)는 지표 변인의 곱을 생성함으로써 X^{*2}과 X^*Z^*을 포함하는 모형에 필요한 정보를 모두 갖출 수 있다. 여기서 X^*와 Z^*는 잠재 변인이다. 예를 들어, 2개의 측정 변인의 경우에 곡선형 X^{*2}를 추정하기 위해, 모형의 분산과 공분산을 추정하기 위해 필요한 정보는 측정된 변인 X_1과 X_2의 곱이다(즉, X_1^2, X_2^2, X_1X_2). 두 측정 X^*와 Z^*을 상호작용 잠재 변인 X^*Z^*을 위해서는 측정 변인 X_1, X_2와 Z_1, Z_2의 교차곱(즉, X_1Z_1, X_1Z_2, X_2Z_1, X_2Z_2)이 모형의 추정을 위한 시작점을 제공한다. 각각의 경우에 측정된 변인의 곱이 그에 해당하는 잠재 변인의 지표 변인이 된다. 관찰된 변인에 측정오차가 존재하는 경우에 모형의 수행에 대한 시뮬레이션에서 Kenny와 Judd는 그들의 접근을 통해 추정한 파라미터가 이미 시뮬레이션에서 설정된 모형의 파라미터를 잘 추정하는 것을 보여 주었다.

Bollen(1989)은 Kenny와 Judd 접근의 사용에 대한 3가지 제한점에 대해 논의하였다. 첫 번째, 최근에는 Hayduk(1987)과 Wong과 Long(1987)이 성공적인 적용 방법에 대해 기술하기도 했지만 초기에는 많이 쓰이는 EQS나 LISREL과 같은 프로그램에서 Kenny와 Judd의 접근을 구현하는 데 상당한 어려움이 있었다. 두 번째, 지표 변인의 곱을 생성하는 것은 정확한 표준오차를 계산하기 위한 추정 절차에 필수적인 다변량 정규 분포 가정을 위배한다. EQS와 LISREL 프로그램에는 대안적인 절차가(Browne, 1984) 존재하지만, 이러한 절차들은 적절한 추정값을 얻기 위해서는 표본이 커야 한다(Bentler & Chou, 1988; West & Finch, 1997). 세 번째, Kenny와 Judd는 잠재 변인과 잠재 변인의 디스터번스(disturbance, 잠재 결과 변인의 설명되지 않은 변동량을 나타내는 용어) 요소가 정규 분포를 가진다는 가정을 하였다. 이러한 가정은 EQS 프로그램을 통해 테스트할 수 있다. 다시 말하자면, 이러한 적절한 추정값을 얻기 위해 가정의 위배가 발생할 때는 대안적인 추정 방법이나 모형의 재설정이 필요할 수 있다.

곡선형 효과 상호작용과 관련된 회귀방정식의 측정오차에 대한 교정을 위한 Kenny와 Judd의 접근은 지금까지 소수의 연구에서 상당한 가능성을 보였다. 그러나 이러한 접근은 지금까지 대부분의 연구자들이 구현하기에는 어려웠으며 이런 점이 광범위한 사용을 가로막아 왔다.

측정오차가 허위 효과를 만드는가

지금까지 측정오차에 의한 회귀 추정값의 감쇄 정도에 초점을 맞추어 왔다. 측정오차로 인해 모집단에 실제로 존재하지 않는 효과와 표본에서 관찰될 수도 있다. 이를 허위 효과(spurious effects)라고 한다.

1차 허위 효과?(Spurious First Order Effects?) 상호작용을 포함하는 식에서 예측 변인에 측정오차가 포함되면 1차 효과에 편향이 생기고 추정이 불안정해진다. 1차 효과에 비해 곱셈항의 신뢰도가 더 낮다는 점을 고려하면 이러한 결과는 놀라운 것은 아니다. Cohen과 Cohen(1983)은 다른 변인(여기서 X와 Z)의 추정에 심각한 영향을 주는 것은 부분화(partialled) 변인(여기서 XZ)의 신뢰도라는 점을 지적하였다. Evans(1985)는 예측 변인에 측정오차가 있을 때 상호작용을 포함하는 회귀방정식의 1차 효과가 설명하는 결합 분산(joint variance)에 상당한 불안정성이 있음을 발견하였다. 또한 Feucht(1989)의 시뮬레이션은 회귀방정식 $\hat{Y} = b_1X + b_2Z + b_3W + b_4XZ + b_0$에서 세 가지 접근(OLS, 교정, 교정/제약)으로 얻어진 b_1과 b_2 추정값의 분산이 b_3의 분산을 초과한다는 것을 발견하였다. 낮은 신뢰도는 b_3의 추정값보다 b_1과 b_2의 세 가지 방법에 의한 추정값 모두의 편향과 안정성에 부정적인 영향을 미쳤다. 마지막으로, Dunlap과 Kemery(1988)은 상호작용 요소의 1차 계수의 1종 오류 추정값이 증가하는 것을 발견하였다. 이러한 발견은 측정오차가 있을 때 상호작용을 포함하는 회귀방정식의 1차 항의 조건부 효과(제3장과 제5장 참고)가 정적(+)으로 편향되기 쉽다는 것을 의미한다. 다시 말해, 1차항의 추정값은 해당하는 모집단의 값보다 0에서 더 멀어짐을 의미한다.

허위 상호작용?(Spurious Interactions?) 예측 변인의 측정에 무선오차가 있을 때 허위 상호작용이 발생한다는 것이 확인되지는 않았지만 상호작용에 대한 다른 종류의 측정오차의 효과는 살펴볼 필요가 있다. Evans(1985)는 예측 변인과 결과 변인의 오차 간 상관(체계적)의 영향에 대해 조사하였다. 예측 변인과 결과가 변인의 측정값을 모으기 위해 비슷한 방법을 사용했을 경우(예를 들어, 모든 측정값이 지기보고 설문인 경우) 측정오차 간 상관을 예상할 수 있다. Evans는 몬테카를로 시뮬레이션에서 ① 회귀방정식의 상호작용의 크기(상호작용 없음, 약한 상호작용, 강한 상호작용), ② 예측 변인과 결과 변인 측정오차 간 상관의 수준, ③ 예측 변인의 신뢰도(무선 측정오차) 수준을 변화시켰다. Evans는 큰 표본($n=760$)을 사용한 연구에서 오차 간 상관이 상호작용 효과의 추정값의 크기를 감쇄시켰지만 이러한 체계적 오차가 허위 상호작용을 발생시킨다는 증거는 발견하지 못했다. 무선 측정오차는 1차 효과와 상호작용 효과 모두를 감쇄시킨다. 상호작용을 구성하는 예측 변인의 신뢰도가 .80일 때 상호작용 효과가 설명하는 분산은 측정오차가 없는 모집단의 실제 분산의 반으로 줄어든다.

Busemeyer와 Jones(1983) 그리고 Darlington(1990)은 모집단에는 존재하지 않는 허위 상호작용이 관찰된 데이터에는 나타날 수 있는 한 세트의 조건에 대해 주목하였다. 이러한 조건은 비선형(nonlinear) 측정 모형과 관련이 있다. 예를 들어, $X=k(T_X)^{1/2}+\epsilon_X$와 같은 모형은 관찰된 변인은 내재하는 진점수와 선형 관계를 가져야 한다는 고전적 측정 이론의 기본적인 가정에 위배된다. 따라서 간격 척도보다는 순서 척도의 성질만 가지는 측정 도구는 상호작용과 곡선형 효과에 대한 허위 추정값을 만들 수 있다. 비선형 측정 모형에 대한 고급 방법도 존재한다. 이 주제에 대해 더 관심이 있다면 Etezadi-Amoli와 McDonald(1983), Mooijaart와 Bentler(1986)에서 비선형 측정 모형을 추정하는 한 종류의 방법에 대한 논의를 찾을 수 있다.

코멘트

Cohen과 Cohen(1983)이 예상했듯이, 회귀분석에서 측정오차의 효과에 대해 통계학 문헌과 사회과학 문헌에서 점점 더 많은 연구가 나오고 있다. Dunlap과 Kemery(1987), Evans(1985) 그리고 Feucht(1989)의 기초 연구에 기반하여 시뮬레이션 연구를 진행한다면 측정오차의 효과와 교정된 추정값의 성질에 대해 더 잘 알 수 있게 될 것이다. 새로운 이론적 · 실증적 연구가 진행되고 측정오차에 대해 교정하는 접근 방법이 더 많은 연구자들에게 접근 가능해질 것이다. 그럼에도 불구하고, 측정오차가 존재할 때 회귀 추정값을 교정하는 법을 유도하는 방법이 더 사용하기 쉬워진다고 해서 사회과학의 연구자들이 측정 도구의 향상에 대한 관심을 덜 가져도 되는 것은 아니다. 측정오차에 대한 교정의 각 접근 방법은 강한 가정에 기반한다. 이러한 가정이 심각하게 위배된다면 교정된 회귀 계수는 심각하게 편향된다. 적절한 표본 크기를 가진 연구에서 신뢰도가 높은 측정이 강력한 사회과학을 만들 수 있다.

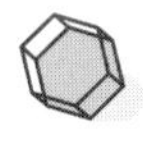

통계적 검정력

많은 연구자들이 특히 측정오차가 존재할 때 다중 회귀의 상호작용항에 대한 테스트의 약한 검정력에 대해 언급하였다(예를 들어, Busemeyer & Jones, 1983; Dunlap & Kemery, 1988; Evans, 1985). 둘 또는 그 이상의 연속형 변인과 관련된 상호작용뿐만 아니라 범주형 변인과 연속형 변인이 관련된 상호작용 모두에 대한 의문점이 생겨났다(Chaplin, 1991; 1997; Cronbach, 1987; Cronbach & Snow, 1977; Dunlap & Kemery, 1987; Morris, Sherman, & Mansfield, 1986; Stone & Hollenbeck, 1989 참고). 이번 섹션에서는 회귀방정식 $\hat{Y} = b_1X + b_2Z + b_3XZ + b_0$의 상호작용에 대한 테스트의 통계적 검정력에 대해 Cohen(1988)의 접근을 통해 살펴본다. 먼저 상호작용의 영향에 대한 효과 크기, 부분 회귀 계수(partial regression coefficient), 부분(paritial) 상관 또는 준부분(semipartial) 상관, 예측 이득(gain in prediction, 다중 상관의 제곱 또는 준부분 상관 제곱 간 차이) 등의 다양한 척도들의 관계를 살펴보면서 시작한다. X와 Z의 측정에 오차가 없을 때 XZ 상호작용을 발견하기 위해 필요한 표본 크기를 알아본다. 그다음 측정오차가 효과 크기에 미치는 영향, 설명된 분산의 양, 검정력, 표본 크기를 결정하는 ① 예측 변인 X와 Z 간 상관, ② 1차항으로 설명되는 분산의 양 두 가지의 함수로 결정되는 표본 크기에 대해 살펴본다. 마지막으로, 상호작용의 테스트에 대한 최근의 시뮬레이션 연구 결과를 살펴본다.

통계적 검정력 분석

통계적 테스트의 검정력은 모집단에서 실제로 존재하는 효과를 테스트가 표본에서 그 효과를 발견하는 확률이다. Cohen(1988)이 보였듯이 통계적 검정력은 몇 가지 파라미터에 따라 달라진다.

1. 연구자가 선택한 통계적 테스트의 종류(예를 들어, 가능한 모든 정보를 활용하는 모수적 테스트는 비모수적 테스트에 비해 검정력이 높다.)
2. 유의수준(예를 들어, α =.01 또는 005)
3. 모집단의 실제 효과의 크기
4. 표본 크기(n)

Cohen(1988)은 연구를 시작하기 전에 갖춰야 할 최소한의 검정력의 좋은 기준으로 .80을 제안하였다. 이러한 제안은 사회과학 전반에서 유용한 대략적 기준으로 받아들이고 있다. X와 Z를 포함하는 회귀방정식에서 XZ 상호작용항을 고려할 때 1차항 X와 Z를 하나의 변인 '세트'로 취급한다. 즉, 1차항 X와 Z는 세트 M 이며 주(main)효과를 나타낸다. XZ 항은 상호작용을 나타내는 두 번째 세트 I이며 상호작용(interaction)을 나타낸다.[4] 결과 변인이 Y일 때 아래의 항을 정의할 수 있다.

$r^2_{Y.MI}$: M과 I의 두 세트의 변인을 통한 복합 예측의 결과에서 유래한 다중 상관(multiple correlation)의 제곱. 여기서 M 세트는 X와 Y, I 세트는 XY로 구성된다.

$r^2_{Y.M}$: 세트 M을 통한 예측에서 유래한 다중 상관.

$r^2_{Y.(I.M)}$: 세트 I의 결과 변인에 대한 준부분(semipartial)(또는 부분, partial) 상관의 제곱. $r^2_{Y.(I.M)} = r^2_{Y.MI} - r^2_{Y.M}$. 이는 X와 Z(즉, 세트 M)로 구성된 회귀방정식에 세트 I(즉, 상호작용)의 추가로 인한 다중 상관의 증가(gain)다. 다르게 말하자면 전체 분산에서 세트 세트 M이 설명하는 분산을 넘어서 I가 설명하는 분산의 비율이다.

$r^2_{YI.M}$: 세트 I와 결과 변인 간 부분 상관의 제곱, 또는 세트 M에 의한 예측의 잔차(residual) 분산에서 세트 I가 설명하는 분산의 비율.

$$r^2_{YI.M} = \frac{r^2_{Y.MI} - r^2_{Y.M}}{1 - r^2_{Y.M}}$$

f^2: 세트 M의 효과 크기를 넘어서 세트 I가 가지는 효과 크기. 여기서 효과 크기(effect size)는 특정 효과의 강도로 정의한다(Cohen, 1988). 구체적으로는 예측 변인의 효과가 설명하는 결과 변인의 체계적 분산(systematic variance)과 설명되지 않은 분산(unexplained variance)의 비율.

$$f^2 = \frac{r^2_{Y.MI} - r^2_{Y.M}}{1 - r^2_{Y.MI}}$$

---

4) 효과 크기와 다른 용어에 있어 Cohen(1988)의 방식을 따랐다. 따라서 이 책을 읽었다면 검정력에 관한 Cohen의 매우 유익하고 유용한 처리에 대해 쉽게 이해할 수 있을 것이다.

부분 상관과 효과 크기의 분자가 같으며 또한 준부분 상관의 제곱 $r^2_{Y.(\mathrm{I.M})}$와 같다는 점을 주목할 필요가 있다. 그러나 부분 상관 제곱 $r^2_{Y\mathrm{I.M}}$와 효과 크기 f^2의 분모는 다르다. $r^2_{Y\mathrm{I.M}}$의 분모는 세트 M을 통한 예측에서 남겨진 잔차 분산이다. f^2의 분모는 세트 M과 I를 통한 예측에서 남겨진 잔차 분산이다. 가장 중요한 것은 부분 상관의 제곱 또는 세트 M에 세트 I의 추가로 인한 다중 상관의 증가가 효과 크기와 선형적으로 연관되어 있지 않다는 것에 주목해야 한다는 점이다.

통계적 검정력과 직접적 관련이 있는 것은 준부분 상관의 제곱이 아니라 f^2[또는 이와 밀접한 관련이 있는 부분(partial) 상관 $r^2_{Y\mathrm{I.M}}$의 제곱]이다. 이러한 발견은 Evans(1985)가 몬테카를로 시뮬레이션에서 발견한 "앞선 1차 효과가 종속 변인 분산의 80%를 사용할 때 분산의 1%(준부분 상관의 제곱)를 설명하는 상호작용이 유의할 가능성이 높다. 1차 효과가 종속 변인 분산의 10%만을 흡수한다면 비슷한 정도의 상호작용이 유의하지 않을 가능성이 높다(p. 317)."는 사실을 명확히 해 준다. 세트 M이 80%의 분산을 설명할 때 예측 가능한 분산의 1% 증가는 효과 크기 .05에 해당한다. 세트 M이 10%의 분산을 설명한다면 예측된 변인의 1% 증가는 효과 크기 .01에 해당한다.[5)]

Jaccard, Turrisi, 그리고 Wan(1990)은 $\alpha=.05$일 때 XZ 상호작용의 통계적 검정력 .80을 얻는 데 필요한 표본 크기를 결정하는 데 유용하게 사용할 수 있는 표를 제작하였다(Jaccard, Turrisi, Wan의 p. 37 〈표 3-1〉의 일부가 축소되어 〈표 8-2〉에 제시되어 있다.). 이 표의 행은 세트 M에 대한 다중 상관의 제곱인 $r^2_{Y.\mathrm{M}}$이고 열은 '주효과'와 상호작용 모두에 대한 다중 상관의 제곱인 $r^2_{Y.\mathrm{MI}}$이다. 표의 내용은 이러한 조건에서 필요한 표본의

---

5) 곱셈항의 신뢰도($\rho_{XZ,XZ}$)와 $r^2_{Y(\mathrm{I}\cdot\mathrm{M})}$ 간에는 직접적인 관계가 있다($r^2_{Y(\mathrm{I}\cdot\mathrm{M})}=\rho_{XZ,XZ}(b_3^2\sigma_{T_XT_Z})$), b_3^2는 $\hat{Y}=b_1X+b_2Z+b_3XZ+b_0$에서 왔으며 $\sigma_{T_XT_Z}$는 진점수 T_X와 T_Z의 곱의 분산이다. 따라서 곱셈항에 의해 설명된 결과 변인의 분산에서 감쇄한 퍼센트는 곱셈항 신뢰도의 직접적인 함수다(Busemeyer & Jones, 1983).

크기다. 표의 대각선에서 확인할 수 있듯이 $r^2_{Y.MI}$와 $r^2_{Y.M}$ 간의 상수 차이, 즉 준부분 상관 제곱의 상수 $r^2_{Y(I.M)}$에 대해 $r^2_{Y.M}$의 증가에 따라 필요한 표본 크기는 체계적으로 감소한다. 〈표 8-2〉에는 Jaccart 등(1990)의 필요 표본 크기에 더해서 효과 크기가 추가되어 있다. 대각 요소들을 살펴보면 $r^2_{Y.M}$의 증가와 함께 효과 크기 추정값이 증가하며 이는 $r^2_{Y.M}$이 증가함에 따라 필요한 표본 크기가 체계적으로 감소하는 이유를 설명한다. 〈표 8-3〉은 $r^2_{Y.M}$의 증가에 따른 준부분 상관 상수 제곱 $r^2_{Y(I.M)}$에 대한 효과 크기 f_2와 부분 상관 상수 제곱 $r^2_{YI.M}$의 변화를 탐색하는데, 역시 여기에서도 $r^2_{Y.M}$의 증가에 따른 상수 $r^2_{Y(I.M)}$의 효과 크기의 증가를 확인할 수 있다. 상호작용의 통계적 검정력에 관한 문헌을 검토할 때, 준부분 상관 제곱 $r^2_{Y(I.M)}$과 효과 크기 f^2를 혼동하지 말아야 한다.

Cohen(1988)은 사회과학에서 효과 크기를 해석하는 유용한 지침을 제공하였다. 효과 크기가 $f^2 = .02$ 정도이거나 부분 상관 제곱이 $r^2_{YI.M} = .02$ 정도일 때를 '작은(small)' 효과 크기, $f^2 = .15$ 정도이거나 $r^2_{YI.M} = .13$ 정도일 때 '중간(moderate)' 효과 크기, $f^2 = .35$ 정도이거나 $r^2_{YI.M} = .26$ 정도일 때 '큰(large)' 효과 크기로 명명하였다. Cohen의 개괄뿐만 아니라 포괄적 메타 분석 개괄에 따르면 사회과학, 교육, 경영 등 대부분의 분야의 문헌에서 큰 효과 크기는 드물게 발견할 수 있다고 지적하였다. 예측 변인의 측정오차가 없다고 가정하고 Cohen의 검정력 표를 이용하여 $\alpha = .05$에서 검정력 .80으로 XZ 상호작용(세트 I)을 발견하는 데 필요한 관찰값의 수를 찾으면 큰, 중간, 작은 효과 크기에 대해 각각 $n = 26, 55, 392$이다.

〈표 8-2〉 $r^2_{Y.M}$과 $r^2_{Y.MI}$의 다양한 조합에 대한 효과 크기(Jaccard et al. 1990, 〈표 3-1〉에서 가져옴)

		$r^2_{Y.MI}$								
		.05	.10	.15	.20	.25	.30	.35	…	.50
$r^2_{Y.M}$	.05		.06[a]	.12	.19	.27	.36	.46	…	.90
			143[b]	68	43	32	24	19	…	10
	.10			.06	.12	.20	.29	.38	…	.80
				135	65	41	29	22	…	10
	.15				.06	.13	.21	.31	…	.70
					127	60	39	27	…	13
	.20					.07	.14	.23	…	.60
						119	57	36	…	15
	.25						.07	.15	…	.50
							111	53	…	17
	.30							.08	…	.40
								103	…	22

주: 이 표는 회귀방정식 $\hat{Y}=b_1X+b_2Z+b_2XZ+b_0$, 검정력 .80, α=.05인 조건에서 XZ 상호작용의 테스트를 위한 표본 크기를 계산한 Jaccard 등(1990), 〈표 3-1〉에서 가져온 것이다. 효과 크기 추정값이 추가되었다.

a. 효과 크기

b. 검정력 .80, α=.05를 위한 표본 크기

〈표 8-3〉 예측의 지속적 이득 또는 준부분 상관[$r^2_{Y(I.M)}$]에 대한 표본 크기, 효과 크기(f^2), 부분 상관 제곱($r^2_{YI.M}$)의 변화

$r^2_{Y.IM}$	$r^2_{Y.M}$	$r^2_{Y(I.M)}$	N^a	f^2	$r^2_{YI.M}$
.30	.05	.25	24	.36	.26
.35	.10	.25	22	.38	.28
.40	.15	.25	21	.42	.29
.45	.20	.25	19	.45	.30
.50	.25	.25	17	.50	.33

* 필요한 검정력은 .80, Jaccard et al.(1990), 〈표 3-1〉, p. 37.

중간 효과 크기에 대한 $n = 55$는 Jaccard 등(1990)의 〈표 3-1〉 전체의 n의 대부분을 넘어서는 것에 주목할 필요가 있는데 이는 Jaccarrd 등(1990)의 표의 효과 크기의 대부분은 $f^2 = .15$, 즉 보통 효과 크기에 해당하는 값을 넘어서기 때문이다. 사회과학에서 일반적으로 발견할 수 있는 상호작용 효과의 강도를 발견하기 위해서 작은 표본 크기가 충분하다고 생각하지 말아야 한다.

통계적 검정력에 대한 측정오차의 효과

본 섹션에서는 예측 변인의 측정오차가 통계적 검정력에 대한 몇 가지 지표에 미치는 효과를 조사한다. 앞서 곱셈항의 신뢰도가 그 요소 간 상관($r_{X.Z}$)의 증가에 따라 증가함을 보였다. 또한 1차 효과에 의해 설명되는 분산의 퍼센트($r^2_{Y.M}$)가 상호작용의 효과 크기에 영향을 준다는 것을 지적하였다. 따라서, 우리의 연구에서 $r^2_{Y.M}$과 $r^2_{X.Y}$ 모두가 변화하였다.

우리의 조사는 다중 회귀의 테스트에 대한 통계적 검정력을 계산하는 Cohen(1988)의 절차에 기반한다. 검정력에 대한 이러한 절차는 모든 예측 변인이 정규 분포를 따른다는 것을 가정한다. 이러한 관례에 따라 본 섹션에서도 X와 Z가 2변량 정규 분포를 따른다고 가정한다. 정규 분포를 가지는 두 변인의 곱은 정규 분포를 따르지 않는다. 따라서 검정력, 효과 크기, 설명된 분산에 대한 우리의 추정은 실제 값보다 아마도 약간 높을 것이며 필요한 표본 크기에 대한 추정은 실제 필요한 크기에 비해 약간 낮을 것이다(Jaccard et al., 1990). 그러나 검정력의 계산의 목적은 적절한 연구를 위해 필요한 참가자의 수에 대한 '대략적인(ballpark)' 추정을 제공하는 것이기 때문에 이러한 약간의 과대 또는 과소 추정이 심각한 한계점은 아니다.

예측 변인의 측정오차가 없다는 가정에서부터 시작해 보자. 다음의 조건을 사용하였다. 세 가지 효과 크기($f^2 = .35$, $.15$, $.02$ 또는 큰, 중간, 작은), 세 가지 수준의 1차항이 설명하는 결합 분산($r^2_{Y.M} = 0$, $.20$, $.50$), 예측 변인 간 상관값 2개($r_{X.Z}=0$, .50). 이러한 값으로부터 1차 효과와 상호작용으로 설명되는 분산의 크기 $r^2_{Y.MI}$와 준부분 상관 제곱 또는 주효과를 넘어서 상호작용이 설명하는 분산의 크기 $r^2_{Y(I.M)}$을 계산한다. 예측 변인들이 결과 변인과 동일한 상관(타당도, validities)을 가진다, 즉, $r^2_{Y,X}=r^2_{Y,Z}$을 추가로 가정하고 $r^2_{Y.M}$을 계산하기 위해 이러한 타당성에 대한 해를 구한다.

다음으로 측정오차를 추가하여 예측 변인 X와 Z, 결과 변인 Y의 신뢰도 .80인 것으로 가정한다. 곱셈항에 신뢰도에 대한 고전적 측정 이론(Lord & Novick, 1968)의 가정과 Bohrnstedt과 Marwell(1978) 연구에 따라 검정력과 관련된 상관($r^2_{Y.M}$, $r^2_{Y.Z}$, $r^2_{X.Z}$, $r^2_{Y.M}$, $r^2_{Y.IM}$, $r^2_{Y(I.M)}$)을 감쇄(attenuate)시킨다. 마지막으로, 감쇄된 상관에 기반하여 상호작용의 테스트에 대한 효과 크기 f^2를 계산한다. 계산된 f^2를 토대로 오차가 없는 상황에서 검정력 .80에 필요한 표본 크기(큰, 중간, 작은 효과 크기에 대해 각각 $n=26$, 55, 392)를 가정하고 통계적 검정력을 계산한다. 중간과 큰 효과 크기에 대해 X와 Z, Y의 신뢰도가 .70일 경우에 대해 이러한 과정을 반복한다.

〈표 8-4〉는 신뢰도의 감소가 효과 크기와 상호작용이 설명하는 분산에 미치는 효과를 보여 준다. 〈표 8-5〉는 오차가 없는 경우에 필요한 n을 가정할 때 신뢰도의 감소가 상호작용의 테스트에 대해 가지는 효과를 보여 준다. 이 표는 또한 $\alpha=.05$일 때 검정력 .80을 얻기 위해 필요한 표본 크기를 보여 준다.

효과 크기와 측정오차

먼저 상호작용의 효과 크기가 최초의 큰 효과 크기($f^2=0.35$, 〈표 8-4a〉)에서 감소하는 것을 고려해 보자. 주효과가 설명하는 분산의 크기 6가지($r^2_{Y.M}=0$, .20, .50)와 예측 변인 간 상관($r^2_{X.Z}=0$, .50)의 조합에 대한 효과 크기 f^2가 1행에 제시되어 있다. 예측 변인과 결과 변인의 신뢰도가 .80으로 줄어들면(〈표 8-4〉의 큰 효과 크기 섹션 2행) 효과 크기는 $r^2_{Y.M}=0$일 때 원래 값의 반으로, $r^2_{Y.M}=.50$일 때 원래 값의 1/3로 줄어든다. 중간 효과

〈표 8-4〉 감소한 신뢰도의 상호작용의 [$r^2_{Y(I.M)}$]와 효과 크기(f^2)에 대한 영향. 사용된 회귀방정식은 아래와 같다.

$$\hat{Y} = b_1X + b_2Z + b_3XZ + b_0$$

$r^2_{Y.M}$	0		.20		.50	
$r_{X.Z}$	0	.50	0	.50	0	.50
	a. 큰 효과 크기 $f^2 = .35$ ($r^2_{YI.M} = .26$)					
신뢰도	$n = 26$에서 실제 효과 크기					
1.00	.35	.35	.35	.35	.35	.35
.80	.15	.17	.14	.16	.11	.13
.70	.10	.12	.09	.11	.06	.08
신뢰도	$n = 26$에서 실제 $r^2_{Y(I.M)}$					
1.00	.26	.26	.20	.20	.13	.13
.80	.13	.15	.11	.12	.07	.07
.70	.09	.11	.07	.09	.04	.05
	b. 중간 효과 크기 $f^2 = .15$ ($r^2_{YI.M} = .13$)					
신뢰도	$n = 55$에서 실제 효과 크기					
1.00	.15	.15	.15	.15	.15	.15
.80	.07	.08	.07	.07	.05	.06
.70	.05	.06	.04	.05	.03	.04
신뢰도	$n = 55$에서 실제 $r^2_{Y(I.M)}$					
1.00	.13	.13	.10	.10	.07	.07
.80	.07	.07	.05	.06	.03	.04
.70	.04	.05	.04	.04	.02	.03
	c. 작은 효과 크기 $f^2 = .02$ ($r^2_{YI.M} = .02$)					
신뢰도	$n = 392$에서 실제 효과 크기					
1.00	.02	.02	.02	.02	.02	.02
.80	.01	.01	.01	.01	.01	.01
신뢰도	$n = 392$에서 실제 $r^2_{Y(I.M)}$					
1.00	.02	.02	.02	.02	.01	.01
.80	.01	.01	.01	.01	.01	.01

크기($f^2 = .15$ 〈표 8－4b〉)와 작은 효과 크기($f^2 = .02$ 〈표 8－4c〉)일 때에도 효과 크기는 비슷한 비율로 감소한다. 여기서 나타나는 일반적인 양상은 신뢰도가 1.00에서 .80으로 줄어들 때, 효과 크기는 최소 50% 줄어든다. 신뢰도가 1.00에서 .70으로 줄어들 때 효과 크기는 원래 값의 약 33%가 된다.

설명된 분산과 측정오차

1차 효과가 설명하는 분산을 넘어서 상호작용항으로 설명되는 분산의 백분율(다시 말해, $r^2_{Y(I.M)}$) 또한 비슷한 양상을 따른다. 〈표 8－4〉의 큰 효과 크기($f^2 = .35$)를 다시 살펴보자. 〈표 8－4a〉의 4행의 큰 효과 크기는 f^2가 .35로 고정되어 있고 예측 변인의 신뢰도가 완벽(1.00)할 때 상호작용이 설명하는 분산은 $r^2_{Y.M} = 0$일 때 .26, $r^2_{Y.M} = .20$일 때 .20, $r^2_{Y.M} = .50$일 때 .13이다.

신뢰도가 .80으로 떨어지면 상호작용이 설명하는 분산은 50% 줄어든다. 신뢰도가 .70일 때 상호작용이 설명하는 분산은 신뢰도가 1.00일 때 설명하는 분산의 겨우 33%에서 50%이다. 이러한 양상은 중간과 작은 효과 크기에서도 동일하다

통계적 검정력과 측정오차

〈표 8－5〉는 신뢰도가 1.0 이하인 경우의 통계적 검정력에 대해 언급한다. 〈표 8－5〉는 신뢰도 1.0에서 각 효과 크기의 검정력은 .80이 되도록 구조화되어 있다. 효과 크기의 변화에 따라 일정한 검정력 .80이 나올 수 있도록 표본 크기가 변하는 것을 주목하자. 〈표 8－5〉의 큰 효과 크기 부분의 모든 검정력 계산은 $n = 26$을 기반으로 한다. 표의 중간 효과 크기 부분은 $n = 55$를 기반으로 한다. 표의 작은 효과 크기 부분은 $n = 392$를 기반으로 한다. 통계적 검정력의 감소 양상은 효과 크기와 설명된 분산에서 이미 살펴본 바와 같다. 신뢰도가 1.00이 아니라 .80일 때 검정력은 최대 절반으로 줄어들고 신뢰도가 .70으로 떨어지면 검정력은 최대 2/3로 줄어든다.

필요한 표본 크기와 측정오차

$\alpha=.05$에서 .80의 검정력을 얻기 위해 필요한 표본 크기는 신뢰도의 감소에 따라 급격하게 증가한다(〈표 8-5〉). 신뢰도가 1.00에서 .80으로 떨어질 때 $\alpha=.05$에서 검정력 .80을 얻기 위해 필요한 표본 크기는 신뢰도가 1.00일 때의 2배보다 약간 더 크다. 신뢰도가 .70으로 떨어질 때 필요한 표본 크기는 신뢰도가 1.00일 때 필요한 표본 크기의 3배 이상이다. 예를 들어, 중간 효과 크기에 대해 예측 변인에 측정오차가 없을 때 상호작용을 발견하기 위한 표본 크기는 $n=55$인 데 반해, 예측 변인의 신뢰도가 .70일 때는 200 이상의 표본 크기가 필요하게 된다. 측정오차가존재할 때 적절한 통계적 검정력을 얻기 위해서는 연구의 진행에 필요한 비용이 크게 증가하게 된다.

주효과가 살명하는 분산의 크기와 예측 변인 간 상관에 대해 주의할 부분

1차 효과가 설명하는 분산의 비율이 커지면, 신뢰도의 감소에 따라 상호작용의 효과 크기, 상호작용이 설명하는 분산의 크기, 상호작용의 테스트에 대한 검정력은 가파르게 감소한다. 마찬가지로 필요한 표본 크기는 증가한다. 이 장의 초반에서 예측 변인 간 상관이 증가할수록 곱셈항의 신뢰도가 증가하는 것을 확인하였다. $r_{X.Z}$의 증가가 통계적 검정력의 감소를 약간 상쇄시켜 준다.

〈표 8-5〉 검정력 .80, α =.05에서 회귀방정식 $\hat{Y}=b_1X+b_2Z+b_3XZ+b_0$ 의 상호작용의 테스트에 대한 감소한 신뢰도의 영향

$r^2_{Y.M}$	0		.20		.50	
$r_{X.Z}$	0	.50	0	.50	0	.50
	a. 큰 효과 크기 f^2 =.35 ($r^2_{Y1.M}$ =.26)					
신뢰도	n =26에서 검정력					
1.00	.80	.80	.80	.80	.80	.80
.80	.45	.49	.41	.46	.34	.38
.70	.31	.37	.29	.34	.21	.26
신뢰도	검정력 .80을 위해 필요한 n					
1.00	26	26	26	26	26	26
.80	54	47	59	52	75	64
.70	84	68	94	75	127	100
	b. 중간 효과 크기 f^2 =.15 ($r^2_{Y1.M}$ =.13)					
신뢰도	n =55에서 검정력					
1.00	.80	.80	.80	.80	.80	.80
.80	.48	.52	.44	.49	.37	.41
.70	.34	.40	.31	.36	.25	.29
신뢰도	검정력 .80을 위해 필요한 n					
1.00	55	55	55	55	55	55
.80	109	99	122	108	153	132
.70	169	139	192	155	257	207
	c. 작은 효과 크기 f^2 =.02 ($r^2_{Y1.M}$ =.02)					
신뢰도	n =392에서 검정력					
1.00	.80	.80	.80	.80	.80	.80
.80	.51	.55	.47	.52	.39	.44
신뢰도	검정력 .80을 위해 필요한 n					
1.00	392	392	392	392	392	392
.80	774	692	841	752	1056	909

몇 가지 확증적 증거: 시뮬레이션 연구

측정오차가 검정력에 대해 가지는 효과에 대한 정리는 Cohen(1988)의 검정력 계산과 고전적 측정 이론에 기반한다. Evans(1985)는 몬테카를로 시뮬레이션을 이용하여 몇 가지의 확증적 증거를 제시하였다. 측정오차가 발생하면 효과 크기는 급격히 감소하는 것이 관찰되었다. 〈표 8-4〉에서 볼 수 있는 것과 같이, 큰 효과 크기는 중간 효과 크기로 감소하였다. Evans는 1차 효과 $r^2_{Y.M}$가 설명하는 분산이 .80이라면 1% 의 분산을 설명하는 상호작용을 발견할 수 있다고 보고하였다. Evans의 시뮬레이션에서 표본 크기는 각 표본당 $n=760$이었으며 이는 〈표 8-5〉에서 상호작용이 1%의 분산을 설명하는 작은 효과 크기를 발견하는 데 필요한 표본 크기의 범위 안에 있다. 마지막으로, Evans는 예측 변인의 신뢰도가 1.00에서 .80으로 감소할 때 상호작용이 설명하는 분산이 반으로 감소하는 것을 보고하였다. 이러한 감소량은 〈표 8-4〉가 보여 주는 감소량이다.

추가로 두 가지의 시뮬레이션 연구에서 상호작용의 검정력에 대한 유용한 모형을 찾을 수 있다(Dunlap & Kemery, 1988; Paunonen & Jackson, 1988). Dunlap과 Kemery(1988)는 작은 표본에서($n=30$) 측정오차가 1차 효과와 상호작용에 대한 테스트의 검정력에 가지는 효과에 대한 광범위한 시뮬레이션을 진행하였다. 결과 변인의 신뢰도는 .70으로 고정되었고 X와 Z 예측 변인의 신뢰도를 변화시켰다(두 예측 변인과 X와 Z의 모든 조합의 혼합 신뢰도에 대해 .20, .50, .80, 1.00으로 변화). 테스트에 사용된 회귀 모형 중 하나는 다음과 같다.

$$\text{모형 1: } \hat{Y} = 0X + 0Z + 1XZ$$

이는 순수한 상호작용 모형이다.

$$\text{모형 2: } \hat{Y} = 1X + 1Z + 1XZ$$

이 모형에서 각 1차 항과 상호작용이 예측하는 정도는 같다.

각 모형과 예측 변인 신뢰도 조합에 대해 10,000개의 반복에서 유의미한 상호작용의 비율을 보고하였다. 〈표 8-6〉은 그 결과의 일부를 보여 준다. 이 표에서, '관찰된 검정력(Observed Power)'은 시뮬레이션 결과를 나타내며, 'Cohen 검정력(Cohen power)'은 〈표 8-5〉의 결과를 가리킨다. 예측 변인 신뢰도가 1.0일 때 관찰된 검정력은 모형 1에서 1.00에 근접하며 모형 2에서 .90을 넘어선다. 두 예측 변인의 신뢰도가 .80일 때 관찰된 검정력은 모형 1에서 .90이고 모형 2에서 .69이다. 〈표 8-4〉와 〈표 8-5〉의 예시를 고려할 때 이러한 검정력 수준은 매우 높아 보이며 실제로 그러하다. 높은 수준의 통계적 검정력은 시뮬레이션에서 사용한 매우 높은 효과 크기의 직접적인 결과다.

Dunlap과 Kemery가 탐색한 6개의 조건(모형 1과 2, 신뢰도 1.00, .80, .50)에 대해 Cohen(1988)의 절차에 따라 계산한 효과 크기를 〈표 8-6〉에 정리하였다. 신뢰도가 .80 이상일 때 효과 크기(f^2)의 범위는 .31에서 2.45이며 이러한 범위는 사회과학에서는 극히 드물다. 마지막으로 〈표 8-5〉를 생성하기 위해 사용한 접근에 따라 상호작용의 검정력을 계산하였다. 이론적인 검정력 계산(〈표 8-6〉)의 'Cohen의 검정력(Cohen's power)'은 시뮬레이션에서 관찰한 값과 유사하다.

Paunonen과 Jackson(1988) 또한 예측 변인에 측정오차가 없고 $n=100$일 때 모형 2의 상호작용의 검정력에 대한 시뮬레이션 연구를 진행하였다. Paunonen과 Jackson(1988)은 상호작용이 1,000개의 시뮬레이션 표본에서 100% 확인되었다고 보고하였다. 결과 변인에 측정오차를 추가하였으나 그 크기를 밝히지는 않았다. 만약 결과 변인의 신뢰도가 Dunlap과 Kemery(1988)에서와 같은 .70이라고 가정하면 상호작용이 100% 확인 가능할 것을 기대할 수 있는데, 이는 상당히 작은 표본 크기인 $n=30$에서도 이러한 테스트에 대한 검정력이 1.00에 근접하기 때문이다. 심지어 결과 변인의 신뢰도가 .50일 때도 $n=100$과 완벽하게 측정되고 상관이 0인 2변량 정규 분포를 이루는 예측 변인, 큰 효과 크기($f^2=.33$)일 때 검정력은 1.00에 근접한다. 다시 말하자면 상호작용이 매우 큰 효과 크기를 가지기 때문에 상호작용은100% 확률로 발견할 수 있다.

〈표 8-6〉 시뮬레이션(Dunlap & Kemery, 1988)에서 관찰된 검정력과 Cohen(1988)에 따른 검정력 계산 결과와의 비교

예측 변인의 신뢰도		모형					
		$Y=0X+0Z+1XZ$			$Y=1X+1Z+1XZ$		
ρ_{XX}	ρ_{ZZ}	관찰된[a] 검정력	Cohen[b]의 검정력	f^{2c}	관찰된[a] 검정력	Cohen[b]의 검정력	f^{2c}
1.00	1.00	→ 1.00	→ 1.00	2.45	.93	→ 1.00	.78
.80	.80	.93	.88	.39	.69	.80	.31
.50	.50	.54	.66	.22	.29	.31	.08

주: 예측 변인 X와 Z간 상관은 없다(Dunlap과 Kemery의 조건 중 하나). 결과 변인 Y의 신뢰도는 .70으로 고정되고 표본당 $n=30$.

a. $r_{X.Z}=0$의 조건에서 Dunlap과 Kemery(1988)이 시뮬레이션에서 발견한 검정력.

b. 신뢰도의 부족에 따른 역감쇄(disattenuation)에 대해 적절한 교정 후 Cohen(1988)에 따라 계산한 검정력.

c. Cohen(1988)의 공식에 기반한 효과 크기.

Paunonen과 Jackson(1988) 또한 Morris 등(1986)의 실제 자료의 구조에 대응하는, 효과 크기의 측면에서 더욱 현실적인 시뮬레이션 연구를 진행하였다. 이러한 시뮬레이션에서 표본 크기 $n=100$일 때 상호작용의 효과는 겨우 평균 4.1%만 발견할 수 있었다. 이러한 발견 비율은 작은 효과 크기인 $f^2=.02$보다 한참 아래에 있는 효과 크기와 관련이 있다. 물론 Cronbach(1987)의 재분석에 따르면 Morris 등(1986)이 고려한 한 가지 경우에서 효과 크기 f^2는 .001에 육박하였다.

마지막으로, 예측 변인의 무선 측정오차를 포함하는 회귀 모형의 해석에 대해 주의할 필요가 있다. 측정오차의 영향은 1차 효과에 비해 상호작용의 검정력에 더 큰 영향을 미친다. 측정오차는 또한 허위(spurious) 1차 효과를 만드는 것으로 나타났지만 허위 상호작용은 만들어 내지 않았다(Dunlap & Kemery, 1988; Evans, 1985). 종합하자면, 이러한 두 가지 요소는

상호작용에 대한 이론적 예측에 대한 뒷받침을 희생하여 주효과의 이론적 예측에 대한 훨씬 명백한 실증적 뒷받침으로 이어진다.

중간값 분할 접근: 이분화의 문제점

이 책에서 살펴본 다중 회귀 접근에 대한 일반적인 대안은 각 예측 변인에 대해 중앙값을 기준으로 반분하여 ANOVA를 시행하는 것이다. 이러한 전략은 각 예측 변인의 정보를 잃게 만들기 때문에 이분화로 인한 오차라는 새로운 측정오차가 발생하게 된다. 이러한 절차의 단순 상관에 대한 효과는 변인에 대한 거친(coarse) 범주와의 문제를 다른 연구에서 심층적으로 연구되었다(예를 들어, Bollen & Barb, 1981; Cohen, 1983).

Cohen(1983)은 X와 Y 모두가 연속형 변인일 때와 X가 이분화되었을 경우 기대되는 간 상관, t-값, 검정력에 대한 자료를 제공한다. Cohen은 두 변인이 2변량 정규 분포 모집단에서 표집되었을 때 이분화된 예측 변인과 연속형 예측 변인 간 단순 상관 r은 두 변인 모두가 연속형일 때 얻을 수 있는 값의 .798임을 분석적(analytically)으로 보여 주었다. 변인들 간 상관이 $r_{XY} = .20$일 때 이분화된 경우의 t-테스트의 값은 두 변인이 모두 연속형일 경우의 .78로 줄어든다. $r_{XY} = .70$일 때 이분화된 경우의 t값은 두 변인이 모두 연속형일 경우의 .62로 줄어든다. 중간 효과 크기($r = .30$)에 대해 $n = 80$이고 $\alpha = .05$인 경우의 테스트의 검정력은 .78에서 .55로 줄어든다. 따라서 단일 예측 변인의 경우 이분화는 통계적 검정력의 심각한 저하로 이어진다.

상호작용항의 비정규성으로 인한 어려움 때문에 다중 회귀에서 상호작용에 대해서는 비슷한 분석적 연구가 이루어지지 않았다. 최초의 시도로써, 상호작용에 대한 검정력의 감소를 알아보기 위한 작은 규모의 시뮬레이션을 실시하였다. 모집단 회귀방정식 $\hat{Y} = 2.00X + 0.00Z + 1.00XZ + .01$을 사용하여($X$와 Z의 상관은 .32) 크기가 200인 표본 5개를 추출하여 회귀방정식을 추정하였다. 각 표본에 대해 X와 Z에 대한 중간값 분할을 실시하여 2×2 ANOVA를 실시하였다. 중간값 분할에 기반한 ANOVA(자유도 m을 가지는 t=자유도가 (1, m)인 F^2)에서 상호작용에 대한 테스트의 t-값은 표준적인 다중 회귀에서 얻을 수 있는 t-값인 .67이었다. t-값의 정확한 감소 정도는 몇 가지 파라미터(예를 들어, 상호작용 효과의 크기)에 달려 있지만 이러한 예는 이분화가 통계적 검정력에 대해 가지는 문제점에 대한 Cohen(1983; Cohen & Cohen, 1983)의 충고를 확증한다.

주성분 회귀가 검정력 문제의 해결책은 아니다

Morris 등(1986)은 상호작용 효과에 대해 주성분 회귀(principal component regression: PCR)가 OLS 다중 회귀보다 더욱 강력한 접근이라고 제안하였다(분석에 대한 명확한 개념적 설명은 Cronbach, 1987 참고). Morris 등은 비중심화 회귀방정식에서 상호작용과 그 요소 간에 자주 나타나는 높은 수준의 다중공선성(multicollinearity)에 특별히 관심이 있었다.[6] Morris 등은

---

6) PCR 회귀는 Mansfield, Webster 그리고 Gunst(1977)가 예측 변인 행렬의 다중공선성에 대해 조정하기 위해 개발하였다. 먼저 예측 변인의 $p \times p$ 공분산 행렬의 고윳값 $\lambda_i (i=1, p)$과 고유벡터 $a_i (i=1, p)$을 결정한다. 그다음 $(n \times p)$ 원자료 행렬 X를 고유벡터 행렬로 후위곱(postmultiplication)하여 한 세트의 p 주성분(principle components)에 대한 성분 점수(component scores)를 구한다($u_i = Xa_i$, u_i는 i번째 주성분의 성분 점수 행렬이다). 각 u_i는 모든 예측 변인의 선형 조합이다. 크기가 큰 고윳값($\lambda_1, \lambda_2, \cdots, \lambda_k$)에 관련된 이러한 성분($u_1, u_2, \cdots, u_k$)($k \le p$)을 분석에 사용한다. 매우 작은 고윳값과 연관된 성분은 제외한다. 결과 변인 Y는 선택된 k개의 직교(orthogonal) 주성분에 대해 회귀분석을 한다. $\ddot{Y} = d_1u_1 + d_2u_2 \cdots d_ku_k + d_0$. 이러한 분석의 회귀 계수($d_1, d_2, \cdots, d_k$)는 식 $b_{\mathrm{PCR}i} = d'v_i$을 통해 원 예측 변인의 회귀 계수로 변환한다($b_{\mathrm{PCR}i}$은 원 예측 변인 세트의 예측 변인 i의 주성분 회귀 계수). 이를 통해 원 예측 변인에 대한 회귀방정식을 도출한다: $\hat{Y}_{\mathrm{PCR}} = b_{\mathrm{PCR1}}X + b_{\mathrm{PCR2}}Z + b_{\mathrm{PCR3}}XZ + b_{\mathrm{PCR0}}$. b_{PCR0}은 편향된추정치이지만 효율적(efficient)이다. 분석의 유도에 대한 전체적 설명은 Mansfield 등(1977) 또는 Morris 등(1986) 참고.

제4장에서 예측 변인의 중심화는 교차곱항과 그 요소들인 1차항 간의 상관을 대부분 제거한 것을 기억할 것이다. 따라서, 예를 들어 상호작용을 포함하는 단순한 회귀방정식 $\hat{Y} = b_1X + b_2Z + b_3XZ + b_0$에서 다중공선성은 낮은 수준의 통계적 검정력의 원인이 아니다.

12개의 실제 데이터의 분석에서 OLS 다중 회귀가 단 하나의 경우에서만 상호작용을 발견하였지만 PCR을 사용한 같은 분석에서 12개 중 10개의 데이터에서 높은 유의도의 상호작용을 발견하는 것을 보여 주었다. 그러나 PCR이 1차 예측 변인 간 다중공선성을 대처하기 위해 사용되긴 하지만 상호작용을 포함하는 다중 회귀에는 적절하지 않다. PCR은 각 변인의 분산 중 일부를 제거함으로써 이루어진다. Cronbach(1987)에 따르면 PCR에서 상호작용의 테스트는 두 개의 다중 상관 간 비교로 이루어진다. 첫 번째 다중 상관은 X, Z, XZ가 포함된 모형의 예측에서 유도된다. 두 번째 다중 상관은 XZ가 제거되고 X와 Z를 통한 예측에서 유도된다. 이는 상호작용이 예측하는 모든 변산과 상호작용이 1차항과 공유하는 변산을 인정하는 것이라고 할 수 있다. 이러한 절차는 분산을 항에 분배하는 일반적인 방법(각 효과에 대한 고유 분산만을 배분하고 1차 효과와 상호작용 간에 공통 분산은 1차 효과에 배분; Overall & Spiegel, 1969 참고)과 정 반대에 해당한다. 따라서 이론적으로는 PCR에서 상호작용 효과는 과대 추정되어야 한다. Paunonen과 Jackson(1988)은 시뮬레이션을 통해 상호작용의 테스트에 대한 유의수준이 일반적인 $\alpha = .05$으로 설정되었을 때 관찰된 α 수준이 .377인 것을 보여 주었다. 실제 데이터의 구조에 대응되는 시뮬레이션 데이터를 사용한 Morris 등(1986)의 연구에서 PCR을 사용하였을 때 61%의 경우에서 유의하였으나 OLS 를 사용한 경우에는 4%만이 유의하였다. PCR은 다중 회귀에서 상호작용에 대한 테스트의 검정력을 향상시키는 적절한 방법을 제공하지 못한다(Dunlap & Kemery, 1987 참고).

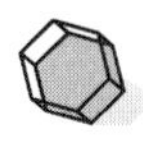 전체적 조망

이 장에서 다중 회귀에서 상호작용의 발견과 관련이 있는 측정의 신뢰도와 통계적 검정력에 관한 이슈에 대해 탐색해 보았다. 측정오차는 상호작용에 대한 테스트의 통계적 검정력을 심각하게 저하시켰으며 상호작용을 발견하는 데 필요한 표본 크기를 극적으로 증가시켰다. 상호작용에 대한 높은 검정력의 증거를 보고한 시뮬레이션에서 효과 크기는 실제로 발견할 수 있는 효과 크기에 비해 상당히 컸다. 예를 들어, Chaplin(1997)은 중재 변인에 대한 연구를 개괄하고 분명하게 발견한 것은 다음과 같다.

상호작용의 관찰된 효과 크기는 결과 변인의 분산 중 1% 정도로 매우 작다. 비슷하게 Champoux와 Peters(1987)는 직무 설계에 대한 연구에서 보고된 상호작용이 설명하는 분산의 퍼센트의 평균은 3%라고 보고하였다. 이러한 효과를 발견하기 위해서는 매우 큰 표본이 필요하다. 큰 표본을 사용하는 것은 측정오차로 인한 검정력의 문제를 완화시킨다. 사회과학 연구자들은 이러한 사실에 주의하여야 한다.

요약

제8장에서 예측 변인의 무선 측정오차가 편향과 회귀방정식의 항들에 대한 테스트의 검정력에 미치는 영향을 알아보았다. 고전적 측정 이론을 리뷰하였으며 측정오차가 예측 변인의 공분산 행렬(회귀 계수의 추정값을 유도하는 데 사용되는)에 미치는 영향을 설명하기 위해 고전적 측정 이론을 사용하였다. 무선 측정오차가 존재할 때 Heise와 Fuller의 최근 방법을 포함하여 공분산 행렬을 교정하는 방법을 알아보았다. Kenny와 Judd가 제안한 구조방정식에 기반한 또 다른 방법을 요약하였다. 통계적 검정력의 개념을 소개하였으며 회귀분석에서 검정력에 대한 몇 가지 흔히 사용되는 척도와 검정력 간의 관계를 살펴보았다. 오차가 없는 경우와 예측 변인이 완벽하지 않게 측정되는 좀 더 일반적인 상황에서 다중 회귀의 상호작용에 대한 테스트의 검정력과 적절한 검정력을 위해 필요한 표본 크기를 살펴보았다. 연구자들이 연구를 계획할 때 유용하게 사용할 수 있는 검정력 표를 제시하였다. 우리의 이론적 분석과 몇 가지 시뮬레이션 연구에서 측정오차는 다중 회귀가 상호작용을 발견하는 능력을 상당부분 저하시키는 것을 보여 주었다.

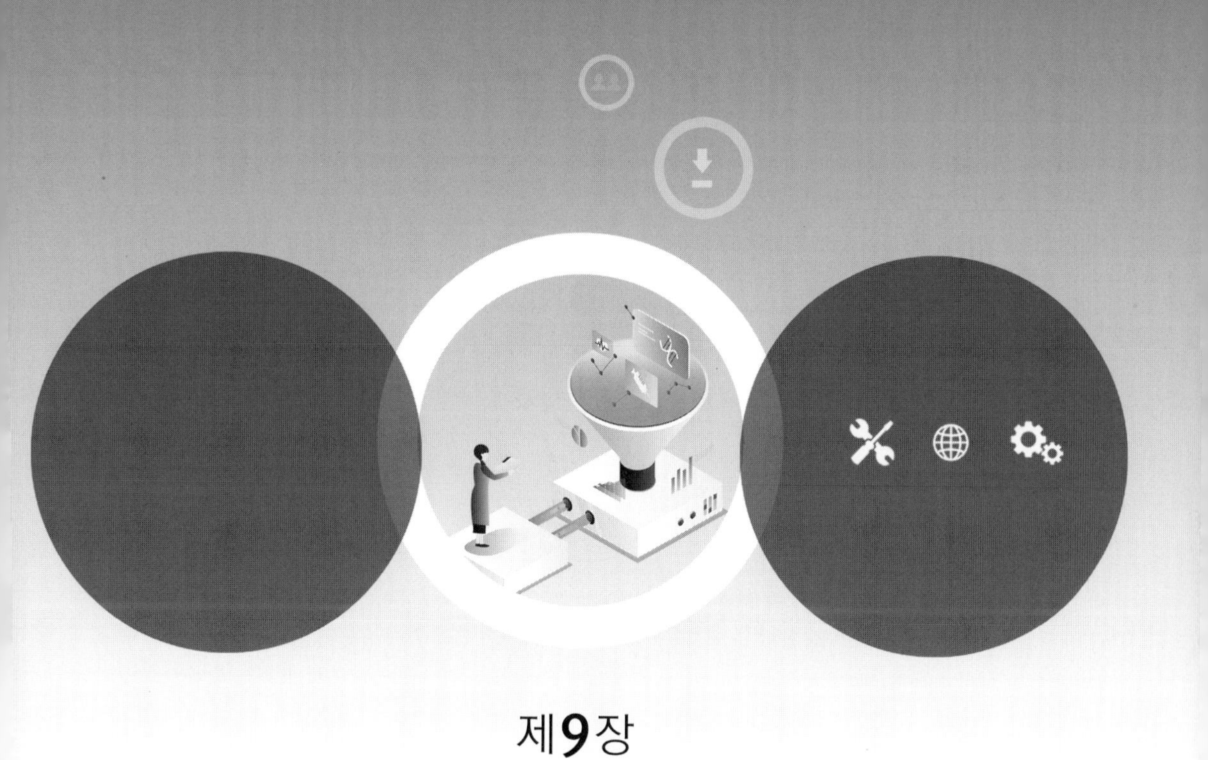

제9장

결론: 실제 분석에서 ANOVA와 다중 회귀 간의 몇 가지 대조점

이 책에서 연속형 변인의 상호작용에 대한 이해를 방해하는 여러 요소들을 극복할 수 있음을 보여 주었다. 두 변인이 선형 1차 효과와 선형-선형 상호작용만 가지는 단순한 경우에 대해 다중 회귀의 틀에서 1차 효과와 상호작용의 해석에 대한 심도 있는 논의를 하였다. 이러한 해석은 2개 이상의 상호작용하는 변인이 존재하거나 선형 효과, 범주형 예측 변인과 연속형 예측 변인의 혼합과 같은 더욱 복잡한 경우로 확장될 수 있다.

단순 기울기에 대한 테스트, 회귀선의 교차점, 상호작용의 시각화를 통해 유의한 상호작용을 규명하는 사후 절차를 단순 회귀방정식과 복잡 회귀방정식의 경우에 대해 살펴보았다. 선형 변환하에서 회귀 계수의 불변성의 부족은 상호작용의 형태나 해석에 아무런 영향을 미치지 못함을 보였다. 단순 기울기와 순서적 · 비순서적으로 구분되는 상호작용의 상태는 선형 변환하에서 예측 변인이 불변 여부에 관계없이 변하지 않았다. 분석 시작 전 중심화를 통해 해석이 용이해짐을 보여 주었다. 가설에 대한 포괄 테스트와 스케일에 영향을 받지 않고 회귀방정식의 효과를 테스트하는 각 항별 하향식 절차와 같은 고차 효과를 포함하는 회귀방정식을 탐색하는 다양한 테스트를 설명하였다.

마지막으로, 예측 변인의 신뢰도 부족이 다중 회귀의 1차항과 상호작용 항의 테스트의 편향, 효율성, 검정력에 미치는 영향을 심도 있게 살펴보았으며 신뢰도의 부족에 대해 교정할 수 있는 몇 가지 방법을 알아보았다. 정리하자면, 이 책에서 살펴본 절차들을 통해 연속형 변인들 간 상호작용을 테스트하기 위한 다중 회귀 접근의 사용을 방해하는 요소들을 극복할 수 있을 것이다.

그러나 이 책의 내용은 철학과 절차에 있어 표준적인 ANOVA 접근과 다른 두 가지 중요한 점이 있으며 ANOVA 사용자들은 이 부분에 주의할 필요가 있다. 첫 번째는 체계적 변화에 대한 모형의 사전 설정이다. 두 번째는 모형의 적절함을 평가하기 위해 데이터의 오차 구조 확인의 강조다. 이러한 차이는 다중 회귀와 ANOVA의 상이한 기원에서 유래한 전통의 차이와 일반적인 사용 영역의 차이를 반영한다. ANOVA는 원래 계획된 실험의 분석을 위해 개발된 반면 다중 회귀는 비실험적 관찰 데이터와 설문 데이터를 위해 개발되었다. 비록 수학적으로는 ANOVA가 다중 회귀의 특수한 경우라고 할 수 있지만(Cohen, 1968; Tatsuoka, 1975) 두 접근에 관련된 전통은 연구자들의 실제 적용에 있어 중요한 차이를 만든다.

다중 회귀에서는 연구자가 회귀방정식에 포함될 각 항을 설정하는 것이 필수적이다. 이러한 필수적인 설정은 이론적 배경과 이전 연구를 토대로 테스트할 모형을 개발하는 것의 중요성을 강조하며 이는 ANOVA 연구자들에게는 생소한 것이다. 다중 회귀는 또한, 많은 경우 연구자가 선호하는 모형과 직접 비교할 수 있는 대안 모형을 만들 수 있는지 결정하기 위해 이전 연구에 대해 주의 깊게 살펴보는 것을 권장한다.

다중 회귀에서 어떤 변인의 '주효과'(1차 효과) 또는 상호작용 효과의 특성에 대한 이론이 분명하지 않을 때 잠재적인 영향을 나타내기 위해 추가적인 항이 회귀방정식에 포함될 수 있다. 이러한 추가 항은 비록 다른 항의 통계적 테스트의 효율성을 떨어뜨리고 1종 오류를 증가시키기는 하지만 실제로 모집단의 결과 변인에 영향을 주지 않고 다른 예측 변인과 거의 상관을 가지지 않는다면 결과에 편향을 일으키지는 않는다. 제6장의 하향식(step-down) 절차는 모든 유의하지 않은 고차항을 제거했을 때 주어진 항을 테스트함으로써 효율성의 문제에 대처한다. 특히, 추가된 예측 변인이 이론적 근거가 있으며 주제가 되는 예측 변인과 높은 상관이 있을 때 검정력의 저하와 1종 오류의 증가, 결과 해석의 복잡성의 증가를 막기 위해 Cohen과 Cohen(1983)의 주장과 마찬가지로 우리는 이론적 근거가 없는 항을 회귀방정식에 추가할 때는 주의할 것을 권장한다.

무선화 실험(randomized experiments)에 적용된 ANOVA에서 연구자들은 일반적으로 모형 설정에서 체계적 변산의 정확한 함수적 형태를 고려하지 않는다. 표준적인 ANOVA 분석은 포함된 항들에 대한 이론적 근거와 관계 없이 가능한 최고차항까지 모든 항을 항상 포함하는 완전 포화(saturated) 모형을 사용한다. 예상하지 못한 고차 효과가 포괄 효과 테스트나 사후 규명에서 발견될 수 있다. 예를 들어, 효과에 대한 테스트에서 이론에서 예상하지 못한 유의한 상호작용을 발견하거나 선형 관계만 예상한 경향 분석(trend analysis)에서 예상하지 못한 곡선형 관계를 발견할 수도 있다. ANOVA 연구자들이 흔히 간과하는 것 중 하나는 ANOVA에서 주효과와 상호작용 효과에 대한 포괄 테스트가 몇 가지 서로 다른 함수적 형태를 포괄하지만 그중 몇 가지만이 이론적인 의미가 있기 때문에 함수적 형태를 설정하지 않는 것은 효율성(efficiency)의 측면에서 불리함이 있다.

ANOVA와 다중 회귀에서 모형 설정을 고려할 필요성의 명백한 차이는 설계에 대한 고려가 더해질 때 더 모호해진다. ANOVA는 각 요인의 수준에 대한 표집의 제약 안에서 주효과와 상호작용의 모든 가능한 함수적 형태를 테스트한다. ANOVA에서 양적 요인의 수준을 너무 적게 선택하는 것은 회귀 모형에서 비선형 항을 빼 놓는 것과 비슷한 설정의 오류다. 2×2 요인 설계의 선택은 제2장에서 살펴본 상호작용을 포함하는 단순한 회귀방정식에서와 마찬가지로 X와 Z의 선형 주효과, X와 선형 Z 상호작용만 발견할 수 있음을 의미한다. 그러나 실험 설계에서 설정 오류는 새로운 실험 설계와 새로운 자료 수집을 통해서만 해결할 수 있다. 따라서 무선화 요인 실험을 실행하는 연구자들은 설계의 함수적 형태에 관한 이슈를 암묵적으로 연구의 설계 단계에서 해결한다. 분석 단계에서 ANOVA는 설계의 제약 안에서 모든 가능한 함수적 형태를 통합한다.

그러나 요인이 둘 이상의 측정된 변인으로 이루어져 있는 상황에 대처하기 위해 ANOVA가 사용될 때 함수적 형태의 문제가 연구의 분석 단계에서 발생하기 시작한다. 기대되는 함수적 형태를 적절히 나타내기 위해 정확히 몇 개의 수준이 존재하고 각 변인을 어디에서 분할해야 하는지에 대해 결정하여야 한다. 측정된 변인을 사용하는 ANOVA에서 너무 적은 수의 수준을 사용하는 것은 다중 회귀에서 고차항을 생략하는 것과 동일하며 일반적으로 효과에 대한 편향된 추정을 일으킨다.

변인과 결과 변인 간의 관계에 대한 적절한 함수적 관계의 이러한 문제를 넘어서, 다른 예측 변인(요인)과 결과 변인(종속 변인) 모두에 상관을 가지는 중요한 변인이나 상호작용을 생략하는 것이 더 큰 문제다. 이러한 생략은 연속형 변인에 적용된 ANOVA와 다중 회귀에서 동일한 설정 오류로 이어진다(Kmenta, 1986 참고). 요약하자면, 설정 오류는 다중 회귀에서 비해 ANOVA에서 더 작은 문제라고 할 수 없다. 단지 ANOVA를 사용하는 연구자들은 무선화 실험의 분석보다는 설계 단계에서 설정의 문제를 해결하기 때문에 다중 회귀에서 보다 이러한 문제와 마주할 일이 적다.

다중 회귀 문헌들은 분석의 가정들, 특히 정규성, 분산 동질성, 예측 변인 측정의 신뢰도, 관찰값의 독립성과 같은 가정들을 중요시한다. 가정의 위배는 회귀 모형의 설정 오류에서 비롯되는 경우가 많다. 회귀 모형의 이러한 문제를 잔차에 대한 조사를 통해 발견할 수 있는 기술이 개발되고 있다(예를 들어, Atkinson, 1985; Bollen & Jackman, 1990; Daniel & Wood, 1980). 이러한 학자들은 이러한 방법을 회귀 모형이 데이터에 더 잘 적합되도록 재설정하는 것을 도울 수 있는 지침을 내 놓았다. 다른 연구자들은 설정한 모형에 대한 적절한 테스트가 가능하도록 문제가 있는 데이터[예를 들어, 잔차 간 자기 상관이 존재하는 시간적(temporal) 데이터]에 대한 적절한 변환(transformation) 방법을 찾아내는 방법을 개발하였다(Judge, Hill, Griffiths, Lutkepul, & Lee, 1982; Kmenta, 1986; McCleary & Hay, 1980). 마지막으로 개별 회귀 추정에 영향력 있는 데이터 포인트의 영향은 특별한 관심을 받는다(예를 들어, Atkinson, 1985; Belsley, Kuh, & Welsh, 1980; Cook & Weisberg, 1980; Stevens, 1984; Velleman & Welsh, 1981). 개별적인 엉뚱한 데이터 포인트의 영향을 적게 받는 대안적인 추정 기술에 제안되고 있다(Berk, 1990; Huynh, 1982).

역사적으로 ANOVA 연구자들은 모형의 정당성에 대한 이러한 신중한 조사가 드물게 행해졌는데, 이는 동일한 크기(n)의 셀로 이루어진 참가자 간, 무선화 실험의 1종 오류의 측면에서 강건성(robustness) 때문이다. 그러나 이러한 최적의 경우에서도 정규성과 분산 동질성 가정의 위배는 효과의 테스트에 대한 효율성 저하로 이어질 수 있다(Levine & Dunlap, 1982). 그리고 연구자가 무선화, 참가자 간 설계가 아닌 설계를 사용한다면 가정의 위배가 처치 효과의 잘못된 추정으로 이어질 수 있다(Kenny & Judd, 1986; O'Brien & Kaiser, 1985). 연구자가 이 책에서 다룬 것과 같은 측정된 변인을 사용한다면 이러한 강건성도 더 이상 성립하지 않는다.

요약하자면 ANOVA 사용자들은 모형 설정과 데이터의 오차 구조에 대해 다중 회귀 사용자들에 비해 더 적은 노력을 들이는 것이 일반적이다. 이는 다중 회귀의 수행에 더 많은 노력이 필요한 것처럼 보이기 때문에 다중 회귀가 더 적절한 방법인 경우라도 ANOVA 사용자들이 다중 회귀를 꺼리게 만드는 결과를 가져올 수도 있다. 연속형 변인에 적용된 ANOVA에서 정확한 효과 크기 추정값을 얻기 위해서는 다중 회귀에서와 같은 모형 설정의 신중함과 오차 구조에 대한 조사가 필수적이다. 다중 회귀 문헌들이 파라미터 추정의 문제를 광범위하게 다룬 결과로 회귀 진단 도구를 지원하는 통계 패키지가 많아졌으며(예를 들어, SAS, SPSS 등), 따라서 모형 설정의 정확성과 오차 구조 가정의 만족을 확인하기 위한 다중 회귀 사용자들의 노력이 촉진되고 있다.

이 책에서 회귀분석에서 연속형 변인 간, 범주형 변인과 연속형 변인 간 상호작용을 이해하기 위한 완전한 도구 모음을 제공하였다. 이러한 해석적 도구들을 사용함으로써 다중 회귀의 기본적 테크닉에 익숙한 연구자들이 자신들의 회귀방정식에서 연구의 이론적 주제가 되는 상호작용을 테스트하기 시작하길 희망한다. 또한 처음부터 ANOVA에 대한 훈련을 받은 연구자들이 자신들이 배운 전략을 일반화하고 연속형 변인 간 상호작용을 테스트하기 위해 더 강한 검정력을 가지고 더 적절한 회귀분석의 틀을 사용하게 되기를 희망한다.

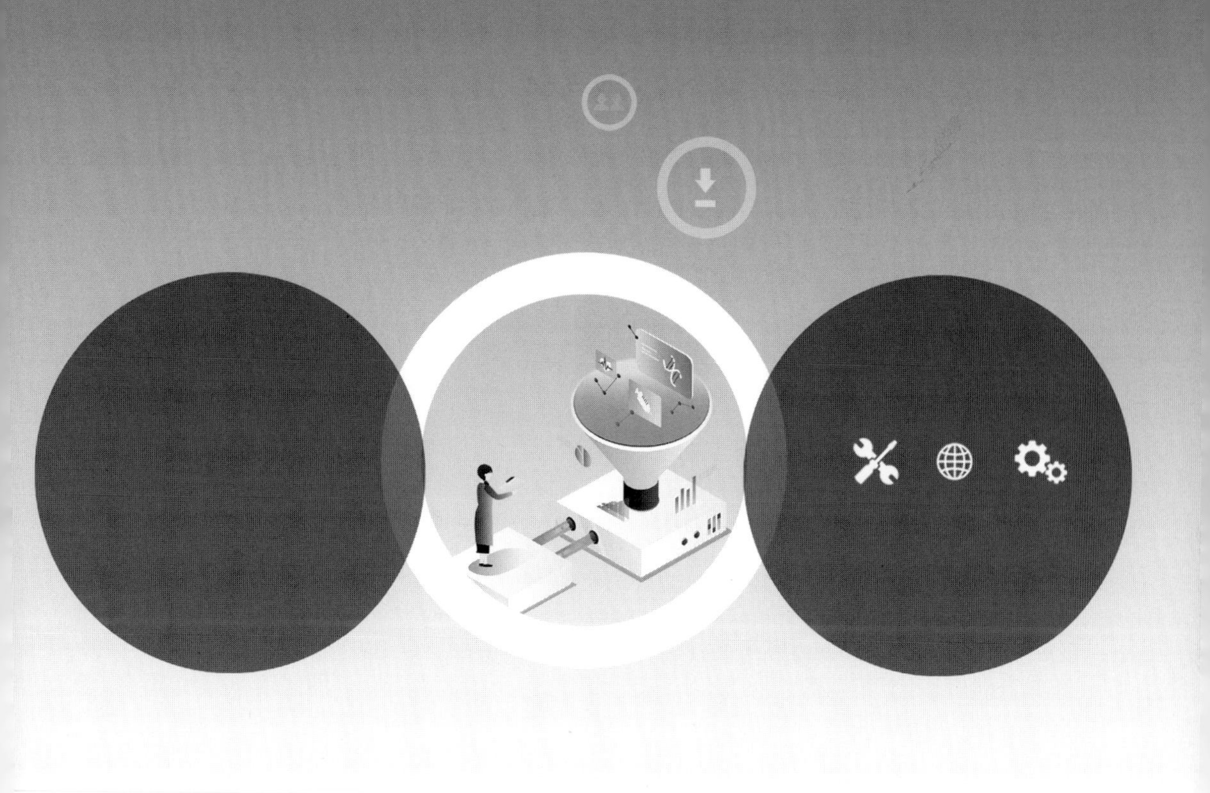

부록

부록 A: 수학적 기반

부록 B: 스케일 불변 항을 확인하기 위한 알고리즘

부록 C: 유의 영역의 테스트를 위한 SAS 프로그램

수학적 기반

우리는 어떤 변인에 대한 간단한 덧셈 변환(예를 들어,상수를 더함)은 그 변인의 분산과 다른 변인들 간의 공분산과 상관이 변하지 않는다는 것에 대해 익숙하다. 덧셈 상수로 인해 평균만 변하게 된다. 따라서 예측 변인에 대한 덧셈 변환은 다중 회귀분석에 아무 효과가 없을 것으로 기대한다. 만약 변인 X를 $X+c$(c는 상수)로 교체한다면 모든 회귀 계수 추정값과 이러한 추정값의 분산과 공분산은 변하지 않을 것으로 기대한다. 이러한 결론은 회귀방정식이 1차항만을 포함할 때만 성립한다. 이 경우에 회귀 상수(절편)만이 예측 변인의 변화에 영향을 받는다.

같은 양상의 불변성은 곱셈항에는 적용되지 않는다. 곱셈항과 관련된 변인에 상수가 더해지면 그 곱셈항의 분산뿐만 아니라 곱셈항과 다른 항 간의 공분산과 상관이 변화한다. 따라서 곱셈항을 포함하는 회귀분석은 스케일 종속적(scale dependent)이다. 회귀 계수의 추정값, 그 분산과 공분산, 표준오차는 스케일의 변화에 따라 변화한다. 최고차항의 원 회귀 계수와 그 표준오차만이 덧셈 변환에 의한 영향을 받지 않는다(Cohen, 1978).

Bohrnstedt와 Goldberger(1969)는 이러한 불변성의 실패에 대한 명확한 산술적 증명을 보여 준다. 이 책에서는 ① 교차곱항 XZ의 기댓값(또는 평균)이 그 요소인 X와 Z의 기댓값(또는 평균)에 종속되어 있는지, ② 교차곱항 XZ의 분산이 X와 Z의 기댓값에 어떻게 달라지는지, ③ 교차곱항 XZ와 다른 변인 Y 간 공분산이 X와 Z의 기댓값에 따라 어떻게 달라지는지를 보여 준다. ③을 보임으로써 XZ와 X 또는 Z 간 공분산이 X와

Z의 기댓값에 어떻게 종속되어 있는지를 쉽게 보일 수 있다.

우리의 풀이는 Bohrnstedt와 Goldberger(1969)와 기댓값에 대한 연구에 따른다(기댓값의 연산에 대한 설명은 Hays, 1988, 〈부록 B〉 참고). 이러한 풀이의 결과에만 관심이 있다면 교차곱항 XZ의 기댓값, 분산, 결과 변인 Y와의 공분산에 대해 각각 식 A.4, A.8, A.14를 살펴보면 된다. 각 경우의 식은 교차곱항을 구성하는 변인들의 기댓값 또는 평균 E(X)와 E(Z)를 포함하며 이러한 기댓값은 스케일 종속성의 근원이 된다.

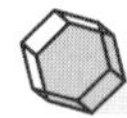 곱셈항의 기댓값(평균)

분산에 대한 가정이 없는 두 변인 X와 Z로 시작한다. 이러한 변인을 회귀분석의 두 예측 변인으로 생각해 보자. 각 예측 변인의 편차(중심화) 점수를 다음과 같이 계산한다.

$$x = X - \mathrm{E}(X),\ z = Z - \mathrm{E}(Z)$$

또는 마찬가지로 다음과 같이 쓸 수 있다.

$$X = \mathrm{E}(X) + x,\ Z = \mathrm{E}(Z) + z$$

기댓값(평균)은 $\mathrm{E}(X)$와 $\mathrm{E}(Z)$이고 분산은 $V(X) = \mathrm{E}(x^2)$, $V(Z) = \mathrm{E}(z^2)$, 공분산은 $C(X, Z) = \mathrm{E}(xz)$이다.

첫 번째, 상호작용이 있는 회귀분석에서와 마찬가지로 교차곱항 XZ를 생성한다. 원점수의 교차곱항은 다음과 같이 생성한다.

$$XZ = [x + \mathrm{E}(X)][z + \mathrm{E}(Z)] \tag{A.1}$$

$$XZ = [xz + z\mathrm{E}(X) + x\mathrm{E}(Z) + \mathrm{E}(X)\mathrm{E}(Z)] \tag{A.2}$$

따라서 원점수의 교차곱항의 기댓값 또는 평균은 다음과 같다.

$$E(XZ) = E(xz) + E(z)E(X) + E(x)E(Z) + E(X)E(Z) \tag{A.3}$$

그러나 편차점수 $E(x) = E(z) = 0$이다. 따라서 교차곱항의 기댓값은 다음과 같다.

$$E(XZ) = C(X, Z) + E(X)E(Z) \tag{A.4}$$

이는 Bohrnstedt와 Goldberger(1969)의 식 (3)과 같다. 예상한 바와 같이 교차곱의 평균은 두 변인의 평균에 체계적으로 종속되어 있다. 이는 X와 Z의 분포에 관계없이 성립한다.

 곱셈항의 분산

교차곱항의 분산을 구하기 위해 다음의 식을 풀이한다.

$$V(XZ) = [XZ - E(XZ)]^2 \tag{A.5}$$

식 A.2를 XZ에 A.4를 $E(XZ)$에 대입한다. 첫 번째, 제곱을 다음과 같이 전개한다.

$$\begin{aligned} V(XZ) &= \{XZ - [C(X, Z) + E(X)E(Z)]\}^2 \\ &= [xz + xE(Z) + ZE(X) \\ &\quad + E(X)E(Z) - C(X, Z) - E(X)E(Z)]^2 \end{aligned} \tag{A.6}$$

여기서 기댓값을 취하면 $V(XZ)$에 대한 식을 얻는다.

$$\begin{aligned} V(XZ) &= V(Z)E^2(X) + V(X)E^2(Z) + E(x^2z^2) + 2E(X)E(xz^2) \\ &\quad + 2E(Z)E(x^2z) + 2C(X, Z)E(X)E(Z) - C^2(X, Z) \end{aligned} \tag{A.7}$$

이 식은 X와 Z가 2변량 정규 분포라고 가정하면 단순화시킬 수 있다. 이는 가정은 회귀분석에서 흔한 가정이다. X, Z, W가 다변량 정규 분포라면 홀수 모멘트(1, 3, 5……차)는 0이다[다시 말해 $E(x)=E(xzw)=E(x^2z)=E(x^2z^2w)=0$]. 나아가, $E(x^2z^2)=V(X)V(Z)+2C^2(X,Z)$이다. 따라서 식 A.7은 다음과 같이 단순화된다.

$$V(XZ)=V(Z)E^2(X)+V(X)E^2(Z)+2C(X,Z)E(X)E(Z) + V(X)V(Z)-C^2(X,Z) \quad \textbf{(A.8)}$$

이는 Bohrnstedt와 Goldberger(1969)의 식 (3)과 같다. 식 A.8에서 중요하게 주목할 점은 $V(XZ)$는 X와 Z의 기댓값(또는 평균)에 종속되어 있다는 것이다. X, Z 또는 두 변인 모두에 상수가 더해지면 $V(XZ)$가 변하게 된다.

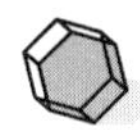 곱셈항과 다른 항 간의 공분산

회귀분석의 교차곱항 XZ와 결과 변인 Y 간 공분산을 생각해 보자.

$$C(XZ,Y)=E\{[XZ-E(XZ)][Y-E(Y)]\} \quad \textbf{(A.9)}$$

여기서

$$Y-E(Y)=y \quad \textbf{(A.10)}$$

이고

$$XZ-E(XZ)=xz+xE(Z)+zE(X)-C(X,Z) \quad \textbf{(A.11)}$$

이다.
위의 식 A.11은 식 A.2와 A.4의 차이로 구성할 수 있음을 주목하자.

식 A.10과 A.11을 곱하여 다음을 구한다.

$$C(XZ, Y) = E[xyz + xyE(Z) + zyE(X) - yC(X, Z)]$$

$E(xy) = C(X, Y)$, $E(xy) = C(Z, Y)$, $E(y) = 0$임을 이용여 기댓값을 취한다.

$$C(XZ, Y) = E(xyz) + C(X, Y)E(Z) + C(Z, Y)E(X) \quad \textbf{(A.12)}$$

다변량 정규 분포를 가정하면 세 번째 모멘트 $E(xyz)$는 없어지고 다음과 같이 쓸 수 있다.

$$C(XZ, Y) = C(X, Y)E(Z) + C(Z, Y)E(X) \quad \textbf{(A.13)}$$

식 A.13은 곱셈항 XZ와 다른 변인 Y 간 공분산은 곱셈항과 관련된 변인의 기댓값에 종속되어 있지만 다른 변인에 대해서는 종속되어 있지 않다는 것을 보여준다. 이를 곱셈 변인을 포함하는 회귀의 맥락에서 생각하면 결과 변인 Y를 덧셈 상수를 통해 변환하는 것은 회귀분석에 아무런 영향이 없다는 것을 알 수 있다.

 교차곱항과 그 요소 간의 공분산

예측 변인 X, Z, XZ를 포함하는 회귀분석에서 교차곱 XZ와 각 요소들 간의 공분산도 확인해야 한다. 분포에 대한 가정 없이 다음과 같이 쓸 수 있다.

$$C(XZ, X) = E(x^2z) + V(X)E(Z) + C(Z, X)E(X) \quad \textbf{(A.14)}$$

X와 Z가 2변량 정규 분포라면 이 식은 다음과 같이 단순화된다.

$$C(XZ, X) = V(X)E(Z) + C(Z, X)E(X) \quad \textbf{(A.15)}$$

교차곱과 그 요소 중 하나와 공분산은 교차곱항에 포함되는 두 변인의 기댓값에 종속된다.

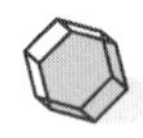 중심화된 변인

제3장에서 상호작용항을 포함하는 회귀방정식을 소개하였다. 중심화된 변인으로 시작하였으며 중심화된 변인의 평균은 0이다. 여기서는 $\mathrm{E}(X) = \mathrm{E}(Z)$에 대해 식 A.4, A.8, A.13, A.15에서 주어진 기댓값, 분산, 공분산에 대한 식을 알아본다. 첫 번째로, 분포에 대한 가정 없이 $\mathrm{E}(X) = 0$과 $\mathrm{E}(Z) = 0$을 A.4에 대입한다.

$$\mathrm{E}(XZ) = \mathrm{C}(X, Z) \tag{A.16}$$

다시 말해, 교차곱항의 평균은 X와 Z 간 공분산과 같다. X와 Z가 중심화되었더라도 교차곱 XZ는 일반적으로 중심화되지 않는다는 점에 주의하자.

두 번째, 분포에 대한 가정 없이 $\mathrm{E}(X) = 0$과 $\mathrm{E}(Z) = 0$을 A.7에 대입한다.

$$\mathrm{V}(XZ) = \mathrm{E}(x^2 z^2) - \mathrm{C}^2(X, Z) \tag{A.17}$$

2변량 정규 분포를 가정하면 이 식은 다음과 같이 단순화된다.

$$\mathrm{V}(XZ) = \mathrm{V}(X)\mathrm{V}(Z) - \mathrm{C}^2(X, Z)$$

세 번째, 분포에 대한 가정 없이 $\mathrm{E}(X) = 0$과 $\mathrm{E}(Z) = 0$을 A.12에 대입한다.

$$\mathrm{C}(XZ, Y) = \mathrm{E}(xyz) \tag{A.18}$$

다변량 정규 분포를 가정하면 이 식은 다음과 같이 단순화된다.

$$C(XZ, Y) = 0 \tag{A.19}$$

이 결과는 놀랍게 보인다. 이 식이 알려 주는 것은 두 예측 변인 X와 Z와 결과 변인 Y가 다변량 정규 분포일 때 곱셈항 XZ와 Y의 공분산이 0이라는 것이다. 이것이 X, Z, Y가 다변량 정규 분포라면 상호작용이 존재하지 않는다는 것을 의미하는가? 그렇다. 논리를 뒤집어 보면, 만약 X와 Z가 Y를 예측함에 있어 상호작용이 존재한다면 필수적으로 X, Y, Z가 다변량 정규 분포가 아니라는 것을 의미한다. 그러나 고정효과 다중 회귀에서 분산 가정은 결과 변인에만 적용된다는 것을 떠올려 보자. 다시 말하면, 정규 분포의 가정은 결과 변인의 측정오차에만 적용된다. 따라서 식 A.19의 결과는 유의도 테스트에 대한 문제점을 나타내는 것이 아니다.

회귀분석에서 다중공선성이나 예측 변인 간 높은 상관에 많은 신경을 쓴다. 교차곱항과 그 요소 간의 공분산은 변인의 중심화를 통해 상당 부분 줄어든다. 분포에 대한 가정 없이 A.14로부터 다음을 도출할 수 있다.

$$C(XZ, X) = E(x^2 z) \tag{A.20}$$

2변량 정규 분포를 가정하면 다음과 같다.

$$C(XZ, X) = 0 \tag{A.21}$$

A.14를 A.20과 비교한다면 교차곱항과 그 요소 간의 공분산은 예측 변인의 중심화를 통해 극적으로 줄어든다는 것을 알 수 있다. 제4장에서 보았던 것처럼, 중심화를 할 것인가 하지 않을 것인가는 곱셈항을 가진 다중 회귀의 최고차 상호작용항에는 영향을 주지 않는다. 그러나 중심화를 통해 계산의 어려움을 피할 수도 있다.

스케일 불변 항을 확인하기 위한 알고리즘

제6장에서 권장한 바와 같이 고차항이 있는 회귀방정식을 단순화하기 위해 위계적 하향(hierarchical step-down) 절차를 사용하기 위해서는 각 단계에서 스케일 불변 항을 확인해야 한다. 제3장에서 변인에 대한 덧셈 변환의 확인하기 위해 보여 준 대수적 전략을 어떤 회귀방정식에서 스케일 불변 항을 확인하기 위해 사용할 수 있다. 이러한 알고리즘을 회귀식 5.4를 통해 살펴보자.

$$\hat{Y} = b_1 X + b_2 X^2 + b_3 Z + b_4 XZ + b_5 X^2 Z + b_0 \tag{5.4}$$

덧셈 변환을 살펴보고 있지만 이러한 절차는 표준화와 관련된 곱셈 변환에도 일반화할 수 있다(Cohen, 1978 참고).

단계 1. 고려 중인 전체 회귀방정식을 작성한다. 여기서는 식 5.4를 고려한다.

단계 2. 변환된 예측 변인에 대해 회귀방정식을 재작성한다. 덧셈 변환을 위해 $X' = X + c$, $Z' = Z + f$ 또는 $X = X' - c$, $Z = X' - f$의 변환을 사용한다. 이러한 변환식을 식 5.4에 대입하면 다음의 결과를 얻는다.

$$\hat{Y} = b_1(X' - c) + b_2(X' - c)^2 + b_3(Z' - f) + b_4(X' - c)(Z' - f) + b_5(X' - c)^2(Z' - f) + b_0 \tag{B.1}$$

단계 3. 식을 전개하고 회귀방정식의 변환된 변인을 모은다.

$$\begin{aligned}\widehat{Y} = & (b_1 - 2b_2c - b_4f + 2b_5cf)X' + (b_2 - b_5f)X'^2 \\ & + (b_3 - b_4c + b_5c^2)Z' + (b_4 - 2b_5c)X'Z' + b_5X'^2Z' \\ & + (b_0 - b_1c + b_2c^2 - b_3f + b_4cf - b_5c^2f)\end{aligned} \quad \text{(B.2)}$$

또는 동치로 다음과 같이 쓸 수 있다.

$$\widehat{Y} = b_1'X' + b_2'X'^2 + b_3'Z' + b_4'X'Z' + b_5'X'^2Z' + b_0' \quad \text{(B.3)}$$

단계 4. 각 원 계수와 그에 해당하는 변환된 계수를 열거한다. 식 $X' = X + c$, $Z' = Z + f$을 통해 변환된 자료에 대한 분석에서 얻어진 식 B.3의 각 계수 b_i'은 식 B.2에서 변환되지 않은 원 자료의 계수(b_i')와 스케일 상수(c와 f)의 함수로 표현되어 있다. 예를 들어 다음과 같다.

$$b_1' = b_1 + 2b_2c + b_4f + 2b_5cf \quad \text{(B.4)}$$

부록 〈표 B-1〉은 원 자료의 계수와 변환된 자료의 계수 간의 이러한 관계를 모두 보여 준다. 〈표 B-1〉에서 '계수 관계'라고 표시된 부분에서 변환된 방정식의 각 계수를 원 방정식 계수의 함수에 더해 변환으로 인한 조정(modification due to transformation)으로 보여 준다. b_1에서 b_5 열의 '변환으로 인한 조정'으로 표시된 항의 존재는 계수가 스케일 종속임을 의미한다. b_5' 계수에 대한 행만이 '변환으로 인한 조정' 아래에 아무런 항도 가지고 있지 않으며 따라서 b_5' 계수만이 스케일 불변이다.

단계 5. 스케일 불변 항에 대한 테스트가 유의하지 않다면 회귀방정식에서 제거한다. 고차항의 삭제를 통해 만들어진 회귀방정식에 대해서 '변환으로 인한 조정'에 해당하는 열을 삭제한다. 예를 들어, 식 5.4에서 b_5 항이 삭제된다면 다음의 회귀방정식이 만들어진다.

$$\hat{Y} = b_1X + b_2X^2 + b_3Z + b_4XZ + b_0 \tag{B.5}$$

'변환으로 인한 조정'의 b_5 열을 삭제한다. 삭제 후 '변환으로 인한 조정' 아래에 내용이 없는 계수(여기서는 $b_2{}'$와 $b_4{}'$)가 축소된 방정식에서 스케일 불변이다. 따라서 식 B.5에서 b_2와 b_4가 스케일 불변이다.

b_4와 b_5에 대한 결합 테스트가 유의하지 않다면 식 5.4에서 두 항 모두 삭제되고 $b_2{}'$와 $b_3{}'$ 계수가 '변환으로 인한 조정' 아래에 내용이 없어지게 된다. 따라서 식 $\hat{Y} = b_1X + b_2X^1 + b_3Z + b_0$에서 b_2와 b_3가 스케일 불변이다. 두 항 또한 유의도 테스트를 할 수 있다.

부록 〈표 B-1〉 식 5.4의 원 변인의 선형 변환 후 고차항 회귀방정식의 개수

원 방정식:

$$\hat{Y} = b_1X + b_2X^2 + b_3Z + b_4XZ + b_5X^2Z + b_0$$

변환된 방정식:

$$\hat{Y} = b_1{}'X' + b_2{}'X'^2 + b_3{}'Z' + b_4{}'X'Z' + b_5{}'X'^2Z' + b_0{}'$$

변환: $X' = X + c, \quad Z' = Z + f$

계수 관계:

계수: 변환된 방정식	계수: 원 방정식	변환으로 인한 조정: b_1	b_2	b_3	b_4	b_5
$b_1{}'$	b_1		$-2b_2c$		$-b_4f$	$+2b_5cf$
$b_2{}'$	b_2					$-b_5f$
$b_3{}'$	b_3				$-b_4c$	$+b_5c^2$
$b_4{}'$	b_4					$-2b_5c$
$b_5{}'$	b_5					
$b_0{}'$	b_0	$-b_1c$	$+b_2c^2$	$-b_3f$	$+b_4cf$	$-b_5c^2f$

주: 계수 관계는, 예를 들어, 변환된 방정식의 계수 $b_1{}'$이 값($b_1 - 2b_2c - b_4f + 2b_5cf$)과 같다는 것을 의미한다($b_i$ 계수는 원 방정식에서 나옴).

이러한 전략은 2 개의 비선형 효과와 그들 간의 상호작용을 포함하는 식 5.5나 세 변인 X, Z, W와 그들 간의 상호작용을 포함하는 식 4.1과 같은 더욱 복잡한 회귀식에도 적용할 수 있다. 부록 〈표 B-2〉는 이러한 회귀식에서 스케일 불변 항을 결정하는 요약 차트를 제공한다.

부록 〈표 B-2〉 식 5.5와 4.1의 원 변인의 선형 변환 후 고차항 회귀방정식의 계수
여기서 $X' = X + C$, $Z' = Z + f$, $W' = W + L$

a. 2차(quadratic)×2차 상호작용을 포함하는 2요인 방정식

원 방정식:

$$Y = b_1X + b_2Z + b_3X^2 + b_4Z^2 + b_5XZ + b_6XZ^2 + b_7X^2Z + b_8X^2Z^2 + b_0$$

변환된 방정식:

$$Y = b_1'X' + b_2'Z' + b_3'X'^2 + b_4'Z'^2 + b_5'X'Z' \\ b_6'X'Z'^2 + b_7'X'^2Z + b_8Z'^2 + b_0'$$

변환: $X' = X + c$, $Z' = Z + f$

계수 관계:

계수		변환으로 인한 조정							
변환된 방정식	원 방정식	b_1	b_2	b_3	b_4	b_5	b_6	b_7	b_8
b_1'	b_1			$-2b_3c$		$-b_5cf^2$	$+b_6f^2$	$+2b_7cf$	$-2b_8cf$
b_2'	b_2				$-2b_4f$	$-b_5c$	$+2b_6cf$	$+b_7c^2$	$-2b_8c^2f$
b_3'	b_3							$-b_7f$	$+b_8f^2$
b_4'	b_4						$-b_6c$		$+b_8c^2$
b_5'	b_5						$+2b_6f$	$-2b_7c$	$+4b_8cf$
b_6'	b_6								$-2b_8c$
b_7'	b_7								$-2b_8f$
b_8'	b_8								
b_0'	b_0	$-b_1c$	$-b_2f$	$-b_3c^2$	$-b_4f^2$	$+b_5cf$	$+b_6cf^2$	$-b_7c^2f$	$+b_8cf$

b. 모든 선형 항을 포함하는 3요인 방정식

(i) 원 방정식:

$$\hat{Y} = b_1X + b_2Z + b_3W + b_4XZ + b_5XW + b_6ZW + b_7XZW + b_0$$

(ii) 변환된 방정식:

$$Y = b_1'X' + b_2'Z' + b_3'W + b_4'X'Z' b_5'X'W' + b_6'Z'W' + b_7'X'Z'W' + b_0'$$

(iii) 계수 관계:

계수		변환으로 인한 조정						
변환된 방정식	원 방정식	b_1	b_2	b_3	b_4	b_5	b_6	b_7
b_1'	b_1				$-b_4f$	$-b_5h$		$+b_7fh$
b_2'	b_2				$-b_4c$		$-b_6h$	$+b_7ch$
b_3'	b_3					$-b_5c$	$-b_6f$	$+b_7cf$
b_4'	b_4							$-b_7h$
b_5'	b_5							$-b_7f$
b_6'	b_6							$-b_7c$
b_7'	b_7							
b_0'	b_0	$-b_1c$	$-b_2f$	$-b_3h$	$+b_4cf$	$+b_5ch$	$+b_6fh$	$-b_7cfh$

주: 3요인 방정식에서 계수 관계는, 예를 들어, 변환된 방정식의 계수 b_1'이 값($b_1 - b_4f - b_5h + b_7fh$)과 같다는 것을 의미한다($b_i$ 계수는 원 방정식에서 나옴).

유의 영역의 테스트를 위한 SAS 프로그램

Jenn-Yun Tein, Arizona State University 작성

이 프로그램은 두 집단과 하나의 연속형 변인이 있는 경우에 회귀선을 비교하는 데 사용할 수 있다. 이 프로그램은 Johnson-Neyman 절차(제7장)를 확장한 Potthoff(1964)의 방법을 통해 두 회귀선이 유의하게 달라지는 유의 영역을 확인한다. 각 집단에 대한 별개의 회귀분석을 통해 이 프로그램에 필요한 데이터를 얻을 수 있다.

아래의 순서로 스페이스로 분리된(자유 형식, free format) 변인을 입력한다. 제7장의 예에 대한 각 변인의 값은 프로그램 라인 23과 24에 있다. 이 프로그램은 종속 변인의 이름, 영역 1의 한계(XL1), 영역 2의 한계(XL2)를 출력한다.

DEPVAR (종속 변인의 짧은 이름)

ALLN －N (두 집단을 합친 전체 N)

N1＝n_1 (집단 1의 참가자 수)

N2＝n_2 (집단 1의 참가자 수)

SXSQR1＝SSX(l) (집단 1의 예측 제곱합)

SXSQR2＝SSX(2) (집단 2의 예측 제곱합)

MEAN1＝X(l) (집단 1의 예측 변인 평균)

MEAN2＝X(2) (집단 2의 예측 변인 평균)

F＝$F_{2, N-4}$ (표에 나온 F 값)

SSRES＝SS_{res} (잔차 제곱합, 집단 1과 2의 잔차 제곱의 합)

B1 = $B_{1(1)}$ (집단 1의 기울기)

B01 = $B_{0(1)}$ (집단 1의 절편)

B2 = $B_{1(2)}$ (집단 2의 기울기)

B02 = $B_{0(2)}$ (집단 2의 절편)

프로그램

```
00001 (local system Job Control Language [JCL])
00002 (local system JCL)
00003 (local system JCL)
00004 DATA J0HNNEYK:
00005 INPUT DEPVBL $ ALLN N1 N2 SXSQR1 SXSQR2
  MEANX1 MEANX2 F
00006 SSRES B1 B01 B2 B02;
00007 MXSQR1= MEANX1**2;
00008 MXSQR2 = MEANX2**2;
00009 SUM1= (I/SXSQRI) + (1/SXSQR2);
00010 SUM2 = (MEANX1/SXSQR1) + (MEANX2/SXSQR2);
00011 SUM3 = (ALLN/(N1*N2) ) + ( MXSQRI/SXSQRI) + ( MX
  SQR2/SXSQR2) ;
00012 SUMB1 = B1-B2;
00013 SUMB0 = B01-B02;
00014 SUMB1SQ = SUMB1**2;
00015 SUMB0SQ = SUMB0**2;
00016 A = ( ( (-2*F) / (ALLN-4) ) * SSRES * SUM1) +
  SUMB1SQ;
00017 B = ( ( ( 2*F) / (ALLN-4) ) * SSRES * SUM2) + (SUMB0
  * SUMBI) ;
```

```
00018 C = ( ( (-2*F) / ( ALLN-4) ) * SSRES * SUM3) +
  SUMB0SQ;
00019 SQRTB2AC = ( ( B**2) - (A*C ) )**.5;
00020 XL1 = (-B-SQRTB2AC) /A;
00021 XL2 = (-B+SQRTB2AC) /A;
00022 CARDS;
00023 SALARY 25 10 15 21768.4 6671180.4 2.40 2.99 3.47
00024             870923 122.9 27705.0 1872 18401.6
00025 PROC PRINT; VAR DEPVBL XL1XL2;
00026 RUN;
00027 (local system JCL)
```

Allison, P. D. (1977). Testing for interaction in multiple regression. *American Journal of Sociology, 83*, 144−153.

Althauser, R. P. (1971). Multicollinearity and non-additive regression models. In H. M. Blalock (Ed.), *Causal models in the social sciences*. Chicago: Aldine.

Alwin, D. F., & Jackson, D. J. (1980). Measurement models for response errors in surveys: Issues and applications. In K. F. Schuessler (Ed.), *Sociological methodology*. San Francisco: Jossey- Bass.

Alwin, D. F., & Jackson, D. J. (1981). Applications of simultaneous factor analysis to issues of factorial invariance. In D. J. Jackson & E. F. Borgotta (Eds.), *Factor analysis and measurement in sociological research* (pp. 249−279). Beverly Hills, CA: Sage.

Anderson, L. R., & Ager, J. W. (1978). Analysis of variance in small group research. *Personality and Social Psychology Bulletin, 4*, 341−345.

Appelbaum, M. I., & Cramer, E. M. (1974). Some problems in the nonorthogonal analysisof variance. *Psychological Bulletin, 81*, 335−343.

Arnold, H. J., & Evans, M. G. (1979). Testing multiplicative models does not require ratio scales. *Organizational Behavior and Human Performance, 24*, 41−59.

Arvey, R. D., Maxwell, S. E., & Abraham, L. M. (1985). Reliability artifacts in comparable worth procedures. *Journal of Applied Psychology, 70*, 695−705.

Atkinson, A. C. (1985). *Plots, transformations, and regression*. Oxford, UK: Clarendon Press.

Belsley, D. A., Kuh, E., & Welsh, R. E. (1980). *Regression diagnostics: Identifying influential data and sources of collinearity*. New York: John Wiley.

Bentler, P. M. (1980). Multivariate analyses with latent variables: Causal modeling. In M. R. Rosenzweig & L. W. Porter (Eds.), *Annual Review of*

Psychology, 31. Palo Alto, CA: Annual Reviews.

Bentler, P. M. (1989). *EQS: Structural equations program manual*. Los Angeles: BMDP Statistical Software.

Bentler, P. M., & Chou, C. P. (1988). Practical issues in structural modeling. In J. S. Long (Ed.), *Common problems/proper solutions: Avoiding error in quantitative research* (pp. 161–192). Newbury Park, CA: Sage.

Berk, R. A. (1990). A primer on robust regression. In J. Fox & J. S. Long (Eds.), *Modern methods of data analysis* (pp. 292–324). Newbury Park, CA: Sage.

Blalock, H. M., Jr. (1965). Theory building and the concept of interaction. *American Sociological Review, 30*, 374–381.

Bornstedt, G. W. (1983). Measurement. In P. H. Rossi, J. D. Wright, & A. B. Anderson (Eds.), *Handbook of Survey Research* (pp. 69–121). New York: Academic Press.

Bornstedt, G. W., & Carter, T. M. (1971). Robustness in regression analysis. In H. L. Costner (Ed.), *Sociological Methodology* (pp. 118–146). San Francisco: Jossey-Bass.

Bornstedt, G. W., & Goldberger, A. S. (1969). On the exact covariance of products of random variables. *Journal of the American Statistical Association, 64*, 325–328.

Bornstedt, G. W., & Marwell, G. (1978). The reliability of products of two random variables. In K. F. Schuessler (Ed.), *Sociological methodology*. San Francisco: Jossey-Bass.

Bollen, K. A. (1989). *Structural equations with latent variables*. New York: John Wiley.

Bollen, K. A., & Barb, K. H. (1981). Pearson's rand coarsely categorized measures. *American Sociological Review, 46*, 232–239.

Bollen, K. A., & Jackman, R. W. (1990). Regression diagnostics: An expository treatment of outliers and influential cases. In J. Fox and J. S. Long (Eds.), *Modern methods of data analysis* (pp. 257–291). Newbury Park, CA: Sage.

Borich, G. D. (1971). Interactions among group regressions: Testing homogeneity of group regressions and plotting regions of significance. *Educational and Psychological Measurement, 31*, 251–253.

Borich, G. D., & Wunderlich, K. W. (1973). Johnson-Neyman revisited:

Determining interactions among group regressions and plotting regions of significance in the case of two groups, two predictors, and one criterion. *Educational and Psychological Measurement, 33*, 155–159.

Box, G. E. P., & Cox, D. R. (1964). An analysis of transformations (with discussion). *Journal of the Royal Statistical Society* (Section B), *26*, 211–246.

Browne, M. W. (1984). Asymptotic distribution free methods in analysis of covariance structures. *British Journal of Mathematical and Statistical Psychology, 37*, 62–83.

Busemeyer, J. R., & Jones, L. E. (1983). Analyses of multiplicative combination rules when the causal variables are measured with error. *Psychological Bulletin, 93*, 549–562.

Byrne, B. M., Shavelson, R. J., & Muthen, B. (1989). Testing for the equivalence of factor covariance and mean structures: The issue of partial measurement invariance. *Psychological Bulletin, 105*, 456–466.

Campbell, D. T., & Fiske, D. W. (1959). Convergent and discriminant validation by the multitrait-multimethod matrix. *Psychological Bulletin, 56*, 81–105.

Champoux, J. E., & Peters, W. S. (1987). Form, effect size, and power in moderated regression analysis. *Journal of Occupational Psychology, 60*, 243–255.

Chaplin, W. F. (1991). The next generation of moderator research in personality psychology. *Journal of Personality, 59*, 143–178.

Chaplin, W. F. (1997). Personality, interactive relations and applied psychology. In S. Briggs, S. R. Hogan, & W. H. Jones (Eds.), *Handbook of Personality Psychology* (pp. 873–890). Orlando, FL: Academic Press.

Cleary, P. D., & Kessler, R. C. (1982). The estimation and interpretation of modifier effects. *Journal of Health and Social Behavior, 23*, 159–169.

Cobb, S. (1976). Social support as a moderator of life stress. *Psychosomatic Medicine, 38*, 300–314.

Cohen, J. (1968). Multiple regression as a general data-analytic system. *Psychological Bulletin, 70*, 426–443.

Cohen, J. (1977). *Statistical power analysis for the behavioral sciences*. New York: Academic Press.

Cohen, J. (1978). Partialed products are interactions; partialed vectors are curve components. *Psychological Bulletin, 85*, 858–866.

Cohen, J. (1983). The cost of dichotomization. *Applied Psychological Measurement, 7*, 249–253.

Cohen, J. (1988). *Statistical power analysis for the behavioral sciences* (2nd ed.). Hillsdale, NJ: Lawrence Erlbaum.

Cohen, J., & Cohen, P. (1975). *Applied multiple regression/correlation analyses for the behavioral sciences* (1st ed.). Hillsdale, NJ: Lawrence Erlbaum.

Cohen, J., & Cohen, P. (1983). *Applied multiple regression/correlation analyses for the behavioral sciences* (2nd ed.). Hillsdale, NJ: Lawrence Erlbaum.

Cook, R. D., & Weisberg, S. (1980). Characterization of an empirical influence function for detecting influential cases in regression. *Technometrics, 22*(4), 495–508.

Cramer, E. M., & Appelbaum, M. I. (1980). Nonorthogonal analysis of variance-once again. *Psychological Bulletin, 87*, 51–57.

Cronbach, L. J. (1987). Statistical tests for moderator variables: Flaws in analyses recently proposed. *Psychological Bulletin, 102*, 414–417.

Cronbach, L. J., & Snow, R. E. (1977). *Aptitudes and instructional methods*. New York: Irvington.

Daniel, C., & Wood, F. S. (1980). *Fitting equations to data* (2nd ed.). New York: John Wiley.

Darlington, R. B. (1990). *Regression and linear models*. New York: McGraw-Hill.

Domino, G. (1968). Differential predictions of academic achievement in conforming and independent settings. *Journal of Educational Psychology, 59*, 256–260.

Domino, G. (1971). Interactive effects of achievement orientation and teaching style academic achievement. *Journal of Educational Psychology, 62*, 427–431.

Duncan, O. D. (1975). *Introduction to structural equation models*. New York: Academic Press.

Dunlap, W. P., & Kemery, E. R. (1987). Failure to detect moderator effects: Is multicollinearity the problem? *Psychological Bulletin, 102*, 418–420.

Dunlap, W. P., & Kemery, E. R. (1988). Effects of predictor intercorrelations and reliabilities on moderated multiple regression. *Organizational Behavior and Human Decision Processes, 41*, 248–258.

England, P., Farkas, G., Kilboume, B. S., & Dou, T. (1988). Explaining occupational segregation and wages: Findings from a model with fixed effects. *American Sociological Review, 53*, 544–558.

Etezadi-Amoli, J., & McDonald, R. P. (1983). A second generation nonlinear factor analysis. *Psychometrika, 48*, 315–342.

Evans, M. G. (1985). A Monte Carlo study of the effects of correlated method variance in moderated multiple regression analysis. *Organizational Behavior and Human Decision Processes, 36*, 305–323.

Feucht, T. E. (1989). Estimating multiplicative regression terms in the presence of measurement error. *Sociological Methods & Research, 17*, 257–282.

Fiedler, F. E. (1967). *A theory of leadership effectiveness.* New York: McGraw-Hill.

Fiedler, F. E., Chemers, M. M., & Mahar, L. (1976). *Improving leadership effectiveness: The leader match concept.* New York: John Wiley.

Finney, J. W., Mitchell, R. E., Cronkite, R. C., & Moos, R. H. (1984). Methodological issues in estimating main and interactive effects: Examples from coping/social support and stress field. *Journal of Health and Social Behavior, 25*, 85–98.

Fisher, G. A. (1988). Problems in the use and interpretation of product variables. In J. Scott Long (Ed.), *Common problems/proper solutions: Avoiding error on quantitative research* (pp. 84–107). Newbury Park, CA: Sage.

Friedrich, R. J. (1982). In defense of multiplicative terms in multiple regression equations *American Journal of Political Science, 26*, 797–833.

Fuller, W. A. (1980). Properties of some estimators for the errors-in- variables model. *The Annals of Statistics, 8*, 407–422.

Fuller, W. A. (1987). *Measurement error models.* New York: John Wiley.

Fuller, W. A., & Hidiroglou, M. A. (1978). Regression estimation after correcting for attenuation. *Journal of the American Statistical Association, 73*, 99–104.

Gallant, A. R. (1987). *Nonlinear statistical models.* New York: John Wiley.

Gulliksen, H. (1987). *Theory of mental tests.* Hillsdale, NJ: Lawrence Erlbaum. (Originally published by John Wiley, 1950).

Hayduk, L. A. (1987). *Structural equation modeling with LISREL: Essentials and advances.* Baltimore, MD: Johns Hopkins Press.

Hays, W. L. (1988). *Statistics* (4th ed.). New York: Holt, Rinehart, & Winston.

Heise, D. R. (1975). *Causal analysis.* New York: John Wiley.

Heise, D. R. (1986). Estimating nonlinear models. *Sociological Methods and Research, 14,* 447–472.

Herr, D. G., & Gaebelein, J. (1978). Nonorthogonal two-way analysis of variance. *Psychological Bulletin, 85,* 207–216.

Huitema, B. E. (1980). *The analysis of covariance and alternatives.* New York: John Wiley.

Huynh, H. (1982). A comparison of four approaches to robust regression. *Psychological Bulletin, 92,* 505–512.

Jaccard, J., Turrisi, R., & Wan, C. K. (1990). *Interaction effects in multiple regression.* Newbury Park, CA: Sage.

Johnson, P. O., & Fay, L. C. (1950). The Johnson-Neyman technique, its theory and application. *Psychometrika, 15,* 349–367.

Johnson, P. O., & Neyman, J. (1936). Tests of certain linear hypotheses and their applications to some educational problems. *Statistical Research Memoirs, 1,* 57–93.

Jöreskog, K. G. (1971). Simultaneous factor analysis in several populations. *Psychometrika, 36,* 409–426.

Jöreskog, K. G., & Sörbom, D. (1979). *Advances in factor analysis and structural equation modeling.* Cambridge, MA: Abt.

Jöreskog, K. G., & Sörbom, D. (1981). *LISREL 6: Analysis of linear structural relationships by the method of maximum likelihood.* Chicago: National Educational Resources.

Jöreskog, K. G., & Sörbom, D. (1988). *LISREL 7: A guide to the program and applications.* Chicago: SPSS.

Jöreskog, K. G., & Sörbom, D. (1989). *LISREL 7: User's reference guide.* Mooresville, IN: Scientific Software.

Judd, C. M., & McClelland, G. H. (1989). *Data analysis: A model comparison approach.* San Diego: Harcourt, Brace, Jovanovich.

Judge, G. G., & Bock, M. E. (1978). *The statistical implications of pre-test and Stein-rule estimates in enconometrics.* Amsterdam: North Holland.

Judge, G. G., Hill, R. C., Griffiths, W. E., Lutkepul, H., & Lee, T. C. (1982).

Introduction to the theory and practice of econometrics. New York: John Wiley.

Kenny, D. A. (1975). A quasi-experimental approach to assessing treatment effects in the nonequivalent control group design. *Psychological Bulletin, 82*, 345–362.

Kenny, D. A. (1979). *Correlation and causality*. New York: John Wiley.

Kenny, D. A. (1985). *Quantitative methods for social psychology*. In G. Lindzey & E. Aronson (Eds.), *Handbook of Social Psychology* (3rd ed., Vol. 1., pp. 487–508). New York: Random House.

Kenny, D., & Judd, C. M. (1984). Estimating the nonlinear and interactive effects of latent variables. *Psychological Bulletin, 96*, 201–210.

Kenny, D. A., & Judd, C. M. (1986). Consequences of violating the independence assumption in analysis of variance. *Psychological Bulletin, 99*, 422–431.

Kirk, R. E. (1982). *Experimental design: Procedures for the behavioral sciences* (2nd ed.). Belmont, CA: Brooks/Cole.

Kmenta, J. (1986). *Elements of econometrics* (2nd ed.). New York: Macmillan.

Lance, C. E. (1988). Residual centering, exploratory and confirmatory moderator analysis, and decomposition of effects in path models containing interactions. *Applied Psychological Measurement, 12*, 163–175.

Lane, D. L. (1981). Testing main effects of continuous variables in nonadditive models. *Multivariate Behavioral Research, 16*, 499–509.

LaRocco, J. M., House, J. S., & French, J. R. P., Jr. (1980). Social support, occupational stress, and health. *Journal of Health and Social Behavior, 21*, 202–228.

Lautenschlager, G. J., & Mendoza, J. L. (1986). A step-down hierarchical multiple regression analysis for examining hypotheses about test bias in prediction. *Journal of Applied Measurement, 10*, 133–139.

Levine, D. W., & Dunlap, W. P. (1982). Power of the F test with skewed data. Should one transform or not? *Psychological Bulletin, 92*, 272–280.

Long, J. S. (1983a). *Confirmatory factor analysis: A preface to LISREL*. Beverly Hills, CA: Sage.

Long, J. S. (1983b). *Covariance structure models: An introduction to LISREL*. Beverly Hills, CA: Sage.

Lord, F. M., & Novick, M. R. (1968). *Statistical theories of mental test scores*.

Reading, MA: Addison-Wesley.

Lubin, A. (1961). The interpretation of significant interaction. *Educational and Psychological Measurement, 21*, 807–817.

Lubinski, D., & Humphreys, L. G. (1990). Assessing spurious "moderator effects": Illustrated substantively with the hypothesized ('synergistic') relation between spatial and mathematical ability. *Psychological Bulletin, 107*, 385–393.

Maddala, G. S. (1977). *Econometrics*. New York: McGraw-Hill.

Mansfield, E. R., Webster, J. T., & Gunst, R. F. (1977). An analytic variable selection technique for principal component regression. *Applied Statistics, 26*, 34–40.

Marascuilo, L. A., & Levin, J. R. (1984). *Multivariate statistics in the social sciences*. Belmont, CA: Brooks/Cole.

Marquardt, D. W. (1980). You should standardize the predictor variables in your regression models. *Journal of the American Statistical Association, 75*, 87–91.

Marsden, P. V. (1981). Conditional effects in regression models. In P. V, Marsden (Ed.), *Linear Models in Social Research* (pp. 97–116). Beverly Hills, CA: Sttge,

McCleary, R., & Hay, R. A., Jr. (1980). *Applied time series analysis*. Beverly Hills, CA: Sage.

Mooijaart, A., & Bentler, P. M. (1986). Random polynomial factor analysis. In E, Diday et al. (Eds.), *Data analysis and informatics* (pp. 241–250). Amsterdam: Elsevier Science.

Morris, J. H., Sherman, J. D., & Mansfield, E. R. (1986). Failures to detect moderating effects with ordinary least squares—moderated multiple regression: Some reasons and a remedy. *Psychological Bulletin, 99*, 282–288.

Morrison, D. F. (1976). *Multivariate statistical methods* (2nd ed.). New York: McGraw-Hill.

Mosteller, F., & Tukey, J. W. (1977). *Data analysis and regression: A second course in statistics*. Reading, MA: Addison-Wesley.

Myers, J. L. (1979). *Fundamentals of experimental design. Boston*: Allyn & Bacon.

Neter, J., Wasserman, W., & Kutner, M. H. (1989). *Applied Linear Regression*

Models (2nd ed.). Homewood, IL: Irwin.

Nunnally, J. C. (1978). *Psychometric Methods* (2nd ed.). New York: McGraw-Hill.

O'Brien, R. G., & Kaiser, M. D. (1985). MANOVA method for analyzing repeated measures designs: An extensive primer. *Psychological Bulletin, 97*, 316–333.

Oldham, G. R., & Fried, Y. (1987). Employee reactions to workplace characteristics. *Journal of Applied Psychology, 72*, 75–80.

Overall, J. E., Lee, D. M., & Homick, C. W. (1981). Comparisons of two strategies for analysis of variance in nonorthogonal designs. *Psychological Bulletin, 90*, 367–375.

Overall, J. E., & Spiegel, D. K. (1969). Concerning least squares analysis of experimental data. *Psychological Bulletin, 72*, 311–322.

Overall, J. E., Spiegel, D. K., & Cohen, J. (1975). Equivalence of orthogonal and nonorthogonal analysis of variance. *Psychological Bulletin, 82*, 182–186.

Paunonen, S. V., & Jackson, D. N. (1988). Type I error rates for moderated multiple regression analysis. *Journal of Applied Psychology, 73*, 569–573.

Pedhazur, E. J. (1982). *Multiple regression in behavioral research*. New York: Holt, Rinehart & Winston.

Peixoto, J. L. (1987). *Hierarchical variable selection in polynomial regression models. The American Statistician, 41*, 311–313.

Potthoff, R. F. (1964). On the Johnson-Neyman technique and some extensions thereof. *Psychometrika, 29*, 241–256.

Rao, C. R. (1973). *Linear statistical inference and its applications*. New York: John Wiley.

Rogosa, D. (1980). Comparing nonparallel regression lines. *Psychological Bulletin, 88*, 307–321.

Rogosa, D. (1981). On the relationship between the Johnson-Neyman region of significance and statistical tests of parallel within group regressions. *Educational and Psychological Measurement, 41*, 73–84.

Schmidt, F. L. (1973). Implications of a measurement problem for expectancy theory research. *Organizational Behavior and Human Performance, 10*, 243–251.

Simonton, D. K. (1987). Presidential inflexibility and veto behavior: Two individual-situational interactions. *Journal of Personality, 55*, 1–18.

Smith, K. W., & Sasaki, M. S. (1979). Decreasing multicollinearity: A method for models with multiplicative functions. *Sociological Methods and Research, 8*, 35–56.

Sobel, M. E. (1982). Asymptotic confidence intervals for indirect effects in structural equation models. In K. Schuessler (Ed.), *Sociological methodology*, San Francisco: Jossey-Bass.

Sockloff, A. L. (1976). The analysis of nonlinearity via linear regression with polynomial and product variables: An examination. *Review of Educational Research, 46*, 267–291.

Southwood, K. E. (1978). Substantive theory and statistical interaction: Five models. *American Journal of Sociology, 83*, 1154–1203.

Sprecht, D. A., & Warren, R. D. (1975). Comparing causal models. In D. R. Heise (Ed.), *Sociological methodology*. San Francisco: Jossey- Bass.

Stevens, J. P. (1984). Outliers and influential data points in regression analysis. *Psychological Bulletin, 95*(2), 334–344.

Stimson, J. A., Carmines, E. G., & Zeller, R. A. (1978). Interpreting polynomial regression. *Sociological Methods and Research, 6*, 515–524.

Stine, R. (1990). An introduction to bootstrap methods. In J. Fox & J. S. Long (Eds.), *Modern methods of data analysis* (pp. 325–374). Newbury Park, CA: Sage.

Stolzenberg, R. M. (1979). The measurement and decomposition of causal effects in nonlinear and nonadditive models. In K. F. Schuessler (Ed.), *Sociological methodology*. San Francisco: Jossey- Bass.

Stolzenberg, R. M., & Land, K. C. (1983). Causal modeling and survey research. In P. H. Rossi, J. D. Wright, & A. B. Anderson (Eds.), *Handbook of survey research* (pp. 613–675). New York: Academic Press.

Stone, E. F., & Hollenbeck, J. R. (1984). Some issues associated with the use of moderated regression. *Organizational Behavior and Human Performance, 34*, 195–213.

Stone, E. F., & Hollenbeck, J. R. (1989). Clarifying some controversial issues surrounding statistical procedures for detecting moderator variables: Empirical evidence and related matters. *Journal of Applied Psychology, 74*, 3–10.

Tate, R. L. (1984). Limitations of centering for interactive models. *Sociological*

Methods and Research, 13, 251−271.

Tatsuoka, M. M. (1975). *The general linear model: A "new" trend in analysis of variance*. Champaign, IL: Institute for Personality and Ability Testing.

Teghtsoonian, R. (1971). On the exponents in Stevens' law and the constant in Ekman's law. *Psychological Review, 78*, 71−80.

Thomas, G. B. (1972). *Calculus and analytic geometry* (4th ed.). Reading, MA: Addison−Wesley.

Velleman, P. F., & Welsh, R. E. (1981). Efficient computing of regression diagnostics. *American Statistician, 35*, 234−242.

Wenger, B. (Ed.). (1982). *Social attitudes and psychophysical measurement*. Hillsdale, NJ: Lawrence Erlbaum.

West, S. G., & Aiken, L. S. (1990). *Conservative tests of simple effects*. Unpublished manuscript, Arizona State University, Tempe, AZ.

West, S. G., & Finch, J. F. (1997). Measurement analysis issues in the investigation of structure. In S. Briggs, R. Hogan, & W. Jones (Eds.), *Handbook of Personality Psychology*. New York: Academic Press.

West, S. G., Sandler, I., Pillow, D. R., Baca, L., & Gersten, J. C. (1991). The use of structural equation modeling in generative research. *American Journal of Community Psychology*.

Winer, B. J. (1971). *Statistical principles in experimental design* (2nd ed.). New York: McGraw-Hill.

Won, E. Y. T. (1982). Incomplete corrections for regressor unreliabilities. *Sociological Methods and Research, 10*, 271−284.

Wong, S. K., & Long, J . S. (1987). *Parameterizing nonlinear constraints in models with latent variables*. Unpublished manuscript, Indiana University, Department of Sociology, Bloomington, IN.

Wonnacott, R. J. & Wonnacott, T. H. (1979). *Econometrics* (2nd ed.). New York: John Wiley.

Wright, G. C., Jr. (1976). Linear models for evaluating conditional relationships. *American Journal of Political Science, 20*, 349−373.

Yerkes, R. M., & Dodson, J. D. (1908). The relation of strength of stimulus to rapidity of habit formation. *Journal of Comparative Neurology of Psychology, 18*, 459−482.

기호 용어 정리

- a: 예측 변인의 분산–공분산 행렬 S_{XX}의 고윳값 벡터
- ANOReg: 회귀분석(analysis of regression)
- ANOVA: 분산 분석(analysis of variance)
- $b_1, b_2, \cdots b_k$: 중심화된 예측 변인에 기반한 비표준화 회귀 계수
- $b_1', b_2' \cdots b_k'$: 중심화되지 않은 예측 변인에 기반한 비표준화 회귀 계수
- $b_1^*, b_2^* \cdots b_k^*$: 표준화 회귀 계수
- b_0: 중심화된 예측 변인에 기반한 회귀 상수(Y 절편)
- b_0^*: 상호작용을 포함하는 표준화 회귀방정식의 회귀 상수(Y 절편)
- b_{YX}: 단일 예측 변인인 경우 Y의 X에 대한 비표준화 회귀 계수
- $b_{YX.Z}$: 두 개의 예측 변인(X와 Z)인 경우 Y의 X에 대한 비표준화 회귀 계수
- b: 중심화된 변인에 기반한 비표준화 회귀 계수의 벡터
- c: 덧셈 상수
- Cov_{XZ}: X와 Z 간 공분산
- $\mathrm{C}(X, Y)$: X와 Y 간 공분산
- CV_Z: Z의 조건부 값, X에 대한 Y의 단순 회귀를 고려하는 Z의 값
- CV_W: W의 조건부 값, X에 대한 Y의 단순 회귀를 고려하는 W의 값
- d: 주성분 회귀(principal component regression)에서 회귀 계수의 벡터
- df: 자유도(degrees of freedom)
- D_i: 집단의 소속을 나타내는 더미 코드
- E_i: 집단의 소속을 나타내는 효과 코드
- f: 덧셈 상수
- f^2: 효과 크기

- G: 범주형(집단) 변인의 수준의 수
- I_i: 기울기/절편 계산에서 집단 i의 절편
- k: 회귀방정식에서 회귀 상수 b_0을 제외한 예측 변인의 수
- MR: 다중 회귀(multiple regression)
- $\mathrm{MS}_{Y-\hat{Y}}$: 회귀분석의 잔차 제곱합
- n: 표본에서 관찰값의 수
- OLS: 일반최소제곱(ordinar least squares)
- PCR: 주성분 회귀(principal component regression)
- $r^2_{Y(\mathrm{I.M})}$: 세트 M에 대해 부분화(partialled)되었을 때 세트 I와 결과 변인 간 준부분(또는 부분) 상관 제곱
- $r^2_{Y\mathrm{I.M}}$: 세트 M에 대해 부분화(partialled)되었을 때 세트 I와 결과 변인 간 다중 상관 제곱
- $r^2_{Y.\mathrm{MI}}$: 세트 M과 해당 변인들 간 상호작용 세트 I를 통한 결과 변인의 결합 예측의 결과로 구한 다중 상관 제곱
- R^2_{in}: 결과 변인을 예측하기 위해 예측 변인 i에 예측 변인 j가 더해진 위계적 회귀에서 i와 j 모두가 회귀방정식에 포함되었을 때 다중 상관 제곱
- R^2_{out} : 결과 변인을 예측하기 위해 예측 변인 i에 예측 변인 j가 더해진 위계적 회귀에서 회귀방정식에 i가 포함되고 j가 포함되지 않았을 때 다중 상관 제곱
- r_{XX}, r_{ZZ}: 예측 변인 X의 모집단 신뢰도 ρ_{XX}와 Z의 모집단 신뢰도 ρ_{ZZ}의 표본 추정치
- r_{XX}: X와 Y 간 영순위 상관
- $r_{X.Y}$: X와 Y 간 영순위 상관
- S_b: 회귀 계수의 표본 분산-공분산 행렬
- S_b: 단순 기울기의 표준오차
- S_d: 두 단순 기울기 차이의 표준오차
- S_i: 예측 변인 i의 표준편차

- S_i: 기울기/절편 계산에서 집단 i에 대한 기울기
- S_{ii}: 비표준화 회귀 계수 b_i의 표본 분산, 중심화 예측 변인에서 S_b의 i번째 대각 요소
- s_{ij}: 비표준화 회귀 계수 b_i와 b_j 간 표본 공분산, 중심화 예측 변인에서 S_b의 비대각 요소
- $s_{i'j'}$: 비표준화 회귀 계수 b_i'와 b_j' 간 표본 공분산, 비중심화 예측 변인에서 S_b의 비대각 요소
- s_L, s_M, s_H: Z_L, Z_M, Z_H에서 X에 대한 Y의 단순 기울기의 표준오차(중심화된 경우)
- s_L', s_M', s_H': Z_L', Z_M', Z_H'에서 X에 대한 Y의 단순 기울기의 표준오차(중심화되지 않은 경우)
- s_L^*, s_M^*, s_H^*: 표준화 $Z=-1.0, 0.0, 1.0$일 때 X에 대한 Y의 단순 기울기의 표준오차(즉, 표준화된 예측 변인 Z의 평균에서 1 표준편차 아래에서, Z의 평균에서, Z의 평균에서 1 표준편차 위에서)
- S_{XX}: 예측 변인의 표본 분산-공분산 행렬
- s_{XY}: 각 예측 변인과 결과 변인 간 공분산 행렬
- s_Y: 예측 변인 Y의 표준편차
- T_X: 변인 X의 진점수
- U: 회귀 계수의 선형 조합
- u_i: S_{XX}의 주성분(principal component) i의 성분 점수 벡터
- w_j: 단순 기울기를 구성하기 위해 회귀 계수 j에 적용한 가중치
- W: 중심화 예측 변인 W(편차 점수)
- w: 단순 기울기를 구성하기 위해 회귀 계수 벡터에 적용한 가중치
- WABOVE: $(W-\mathrm{CV}_W)$, 여기서 $\mathrm{CV}_W = W$의 1 표준편차
- WBELOW: $(W-\mathrm{CV}_W)$, 여기서 $\mathrm{CV}_W = W$의 -1 표준편차
- W_{CV}: $(W-\mathrm{CV}_W)$, 조건부 값 CV_W를 빼는 예측 변인 W
- W_L, W_H: 중심화 예측 변인 W의 평균에서 1 표준편차 아래, 1 표준편

차 위 점수

- X: 중심화 예측 변인 X(편차 점수)
- $\overline{X}$: X의 표본 평균
- X': 비중심화 예측 변인 X
- X^*: 구조방정식에서 잠재 변인 X
- X_{cross}: Z의 값에서 X에 대한 Y의 2개의 단순 회귀선이 교차하는 X의 값, X는 중심화
- X'_{cross}: Z의 값에서 X에 대한 Y의 2개의 단순 회귀선이 교차하는 X의 값, X는 비중심화
- XZ: 중심화 X와 중심화 Z의 교차곱
- $X'Z'$: 비중심화 X와 비중심화 Z의 교차곱
- X^*Z^*: 구조방정식 모형에서 잠재 변인 X^*와 Z^*의 곱
- X^2Z: 중심화 X^2과 Z 간 교차곱
- XZW: X, Z, W 세 변인의 교차곱
- XZABOVE: X와 ZABOVE의 곱
- XZBELOW: X와 ZBELOW의 곱
- $\hat{Y}$: 비표준화 회귀방정식에서 예측 점수
- Z: 중심화 예측 변인 Z(편차 점수)
- Z': 비중심화 예측 변인 Z
- Z^*: 구조방정식 모형에서 잠재 변인 Z
- ZABOVE: $(Z-\text{CV}_Z)$, 여기서 $\text{CV}_Z = Z$의 1 표준편차
- ZBELOW: $(Z-\text{CV}_Z)$, 여기서 $\text{CV}_Z = Z$의 -1 표준편차
- Z_{CROSS}: X의 값에서 Z에 대한 Y의 2개의 단순 회귀선이 교차하는 Z의 값, Z는 중심화
- Z_{CV}: $(Z-\text{CV}_Z)$, 조건부 값 CV_Z를 빼는 예측 변인 Z
- Z_{L}, Z_{M}, Z_{H}: 중심화 예측 변인 Z의 평균에서 1 표준편차 아래, Z의 평균, Z의 평균에서 1 표준편차 위 점수
- Z_{L}', Z_{M}', Z_{H}': 비중심화 예측 변인 Z'의 평균에서 1 표준편차 아래, Z'

의 평균, Z'의 평균에서 1 표준편차 위 점수

- z_X, z_Z: 중심화 X와 Z의 표준화 예측 변인
- $z_X{'}$, $z_Z{'}$: 비중심화 X와 Z의 표준화 예측 변인
- $z_X z_Z$: 중심화 예측 변인 X와 Z의 z-점수의 교차곱
- $\hat{z}_Y$: 표준화 회귀방정식에서 얻어진 예측된 표준화 점수
- ϵ_i: 잔차$(Y-\hat{Y})$
- ϵ_X: 변인 X의 관찰 점수의 측정오차
- λ_i: 구조방정식의 측정 모형에서 요인 부하량(factor loadings)
- λ_i: 예측 변인의 공분산 행렬의 고윳값(characteristic roots, 또는 eigenvalue)
- μ_X, μ_Z: X와 Z의 모집단 평균
- ρ_{XX}, ρ_{ZZ}: X와 Z의 모집단 신뢰도
- ρ_{XY}: X와 Y의 모집단 영순위 상관
- $\rho_{XZ,XZ}$: 교차곱항 XZ의 모집단 신뢰도
- Σ_b: 회귀 계수의 모집단 분산-공분산 행렬
- σ_b^2: 단순 기울기의 모집단 분산
- σ_ϵ^2: 잔차의 모집단 분산, $\Sigma(Y-\hat{Y})$
- $\sigma_{\epsilon X}^2$, $\sigma_{\epsilon Z}^2$: 예측 변인 X와 Z의 측정오차의 모집단 분산
- $\sigma_{\epsilon XZ}^2$: 교차곱 XZ의 측정오차의 모집단 분산
- σ_{ij}: 두 회귀 계수 b_i, b_j 간 모집단 공분산
- σ_{jj}: 회귀 계수 j의 모집단 분산
- $\sigma_{T_X}^2$: X의 진점수의 분산
- σ_X^2, σ_Z^2: 예측 변인 X, Z의 모집단 분산
- σ_{XZ}^2: 교차곱항 XZ의 모집단 분산

찾아보기

인명

내용

저자 소개

Leona Aiken

Leona Aiken은 애리조나 주립대학교(Arizona State University) 심리학과의 계량심리학 프로그램(Quantitative concentration)을 개설하고 2017년까지 책임자로 재직하였으며, 현재 애리조나 주립대학교 심리학과의 President's Professor이다. Leona Aiken은 다중 회귀의 상호작용과 그 확장에 대한 많은 연구를 남겼으며, 그 업적을 인정받아 계량심리학 분야의 가장 권위 있는 학회 중 하나인 'Society of Multivariate Experimental Psychology'를 비롯하여 'Western Psychological Association', 'the Division of Evaluation, Measurement, and Statistics of the American Psychological Association'의 학회장을 역임하였다. 또한 『Multiple Regression: Testing and Interpreting Interactions』와 『Applied Multiple Regression/Correlation Analysis for the Behavioral Sciences』의 저자로도 유명하며, 이 두 책은 지금까지 수많은 사회과학 분야 대학원 통계수업의 교재로 사용되고 있다.

Stephen West

Stephen West는 현재 애리조나 주립대학교(Arizona State University) 심리학과의 교수다. Stephen West는 인과 추론, 다중 회귀, 구조방정식, 종단 모형 등의 계량심리학 주제뿐만 아니라 성격과 건강심리학 등의 분야에서 다양한 연구를 진행해 왔다. 지금까지 150편 이상의 논문과 13권의 책을 출판하여 미국심리학회 5분과(evaluation, statistics, and methods), 8분과(personality and social psychology), 'Multivariate Experimental Psychology' 등의 학회로부터 공로상을 수상하고, 현재 'Multivariate Behavioral Research'의 부편집장과 다양한 방법론 학술지의 편집위원으로 활동하고 있다. Stephen West는 『Multiple Regression: Testing and Interpreting Interactions』와 『Applied Multiple Regression/Correlation Analysis for the Behavioral Sciences』 두 책의 공저자이기도 하다.

역자 소개

조승빈(Seung Bin Cho)

조승빈은 미주리 주립대학교(University of Missouri)에서 계량심리학 전공으로 박사학위를 받고 버지니아 정신의학 및 행동유전학 연구소(Virginia Institute for Psychiatry and Behavioral Genetics)에서 박사후과정을 거쳐 Virginia Commonwealth University 심리학과에서 연구교수로 재직하고, 현재 부산대학교 심리학과 계량심리학 전공 교수로 재직 중이다. 종단자료 분석과 잠재 변인, 분류 모형 등의 주제뿐만 아니라 이러한 방법들을 행동유전학과 정신의학에 적용하여 행동 문제의 발생 기제를 이해하는 것에 관심이 있으며, 『Behavior Genetics, Alcoholism: Clinical and Experimental Research』, 『Psychology of Addictive Behavior』 등의 학술지에 다수의 논문을 출판하였다.

〈주요 논문〉

Cho, S. B., Smith, R. L., Bucholz, K., Chan, G., Edenberg, H. J., Hesselbrock, V., ... & Salvatore, J. E. (2021). Using a developmental perspective to examine the moderating effects of marriage on heavy episodic drinking in a young adult sample enriched for risk. *Development and psychopathology, 33*(3), 1097-1106.

Cho, S. B., Su, J., Kuo, S. I., Bucholz, K. K., Chan, G., Edenberg, H. J., ... & Dick, D. M. (2019). Positive and negative reinforcement are differentially associated with alcohol consumption as a function of alcohol dependence. *Psychology of Addictive Behaviors, 33*(1), 58.

Cho, S. B., Aliev, F., Clark, S. L., Adkins, A. E., Edenberg, H. J., Bucholz, K. K., ... & Dick, D. M. (2017). Using patterns of genetic association to elucidate shared genetic etiologies across psychiatric disorders. *Behavior genetics, 47*(4), 405-415.

다중 회귀

상호작용의 테스트와 해석

Multiple Regression: Testing and Interpreting Interactions

2022년 6월 20일 1판 1쇄 인쇄
2022년 6월 30일 1판 1쇄 발행

지은이 • Leona S. Aiken · Stephen G. West
옮긴이 • 조승빈
펴낸이 • 김진환
펴낸곳 • (주) 학지사
04031 서울특별시 마포구 양화로 15길 20 마인드월드빌딩
대표전화 • 02)330-5114 팩스 • 02)324-2345
등록번호 • 제313-2006-000265호

홈페이지 • http://www.hakjisa.co.kr
페이스북 • https://www.facebook.com/hakjisabook

ISBN 978-89-997-2698-9 93310

정가 18,000원

역자와의 협약으로 인지는 생략합니다.
파본은 구입처에서 교환해 드립니다.